现代食品深加工技术丛书

"十三五"国家重点出版物出版规划项目

脉冲电场食品非热加工技术

曾新安　主编

科　学　出　版　社

北　京

内 容 简 介

本书在参阅与整理国内外脉冲电场领域最新的研究进展基础上，汇集作者课题组二十多年硕博研究生主要的研究成果，详细介绍了脉冲电场技术原理与概念、脉冲电场的杀菌、脉冲电场对食品组分的影响、脉冲电场辅助提取、电场强化干燥与浸渍工艺、脉冲电场强化化学反应、脉冲电场加速酒的陈酿以及脉冲电场技术在工业上的应用现状，充分展现了脉冲电场作为非热加工技术的巨大潜力，以期为我国脉冲电场技术的发展提供参考。

本书可供脉冲电场相关方面的爱好者、专业研究人员和技术人员参考，也可作为食品、物理、生物、化工、材料等相关专业本科生和研究生的教辅书。

图书在版编目（CIP）数据

脉冲电场食品非热加工技术/曾新安主编. —北京：科学出版社，2019.11
（现代食品深加工技术丛书）
"十三五"国家重点出版物出版规划项目
ISBN 978-7-03-063095-7

Ⅰ. ①脉… Ⅱ. ①曾… Ⅲ. ①电磁脉冲–电场–应用–食品加工 Ⅳ. ①TS205

中国版本图书馆 CIP 数据核字（2019）第 247196 号

责任编辑：贾 超 侯亚薇 / 责任校对：杜子昂
责任印制：吴兆东 / 封面设计：东方人华

科学出版社 出版
北京东黄城根北街 16 号
邮政编码：100717
http://www.sciencep.com

北京虎彩文化传播有限公司 印刷
科学出版社发行 各地新华书店经销
*
2019 年 11 月第 一 版 开本：720×1000 1/16
2019 年 11 月第一次印刷 印张：17 1/2
字数：340 000

定价：98.00 元
（如有印装质量问题，我社负责调换）

丛书编委会

总 主 编： 孙宝国

副总主编： 金征宇　罗云波　马美湖　王　强

编　　委（以姓名汉语拼音为序）：

毕金峰　曹雁平　邓尚贵　高彦祥　郭明若

哈益明　何东平　江连洲　孔保华　励建荣

林　洪　林亲录　刘宝林　刘新旗　陆启玉

孟祥晨　木泰华　单　杨　申铉日　王　硕

王凤忠　王友升　谢明勇　徐　岩　杨贞耐

叶兴乾　张　敏　张　慜　张　偲　张春晖

张丽萍　张名位　赵谋明　周光宏　周素梅

秘　　书： 贾　超

联系方式

电话：010-64001695

邮箱：jiachao@mail.sciencep.com

本书编委会

主　　编：曾新安

编　　委：韩　　忠（华南理工大学）

　　　　　刘志伟（湖南农业大学）

　　　　　洪　　静（河南工业大学）

　　　　　张智宏（江苏大学）

　　　　　王满生（中国农业科学院麻类研究所）

　　　　　汪浪红（西北大学）

　　　　　许飞跃（华南理工大学）

　　　　　陈博儒（华南理工大学）

丛 书 序

　　食品加工是指直接以农、林、牧、渔业产品为原料进行的谷物磨制、食用油提取、制糖、屠宰及肉类加工、水产品加工、蔬菜加工、水果加工、坚果加工等。食品深加工其实就是食品原料进一步加工，改变了食材的初始状态，例如，把肉做成罐头等。现在我国有机农业尚处于初级阶段，产品单调、初级产品多；而在发达国家，80%都是加工产品和精深加工产品。所以，这也是未来一个很好的发展方向。随着人民生活水平的提高、科学技术的不断进步，功能性的深加工食品将成为我国居民消费的热点，其需求量大、市场前景广阔。

　　改革开放 30 多年来，我国食品产业总产值以年均 10% 以上的递增速度持续快速发展，已经成为国民经济中十分重要的独立产业体系，成为集农业、制造业、现代物流服务业于一体的增长最快、最具活力的国民经济支柱产业，成为我国国民经济发展极具潜力的、新的经济增长点。2012 年，我国规模以上食品工业企业 33 692 家，占同期全部工业企业的 10.1%，食品工业总产值达到 8.96 万亿元，同比增长 21.7%，占工业总产值的 9.8%。预计 2020 年食品工业总产值将突破 15 万亿元。随着社会经济的发展，食品产业在保持持续上扬势头的同时，仍将有很大的发展潜力。

　　民以食为天。食品产业是关系到国民营养与健康的民生产业。随着国民经济的发展和人民生活水平的提高，人民对食品工业提出了更高的要求，食品加工的范围和深度不断扩展，所利用的科学技术也越来越先进。现代食品已朝着方便、营养、健康、美味、实惠的方向发展，传统食品现代化、普通食品功能化是食品工业发展的大趋势。新型食品产业又是高技术产业。近些年，具有高技术、高附加值特点的食品精深加工发展尤为迅猛。国内食品加工中小企业多、技术相对落后，导致产品在市场上的竞争力弱。有鉴于此，我们组织国内外食品加工领域的专家、教授，编著了"现代食品深加工技术丛书"。

本套丛书由多部专著组成。不仅包括传统的肉品深加工、稻谷深加工、水产品深加工、禽蛋深加工、乳品深加工、水果深加工、蔬菜深加工，还包含了新型食材及其副产品的深加工、功能性成分的分离提取，以及现代食品综合加工利用新技术等。

各部专著的作者由工作在食品加工、研究开发第一线的专家担任。所有作者都根据市场的需求，详细论述食品工程中最前沿的相关技术与理念。不求面面俱到，但求精深、透彻，将国际上前沿、先进的理论与技术实践呈现给读者，同时还附有便于读者进一步查阅信息的参考文献。每一部著作对于大学、科研机构的学生或研究者来说，都是重要的参考。希望能拓宽食品加工领域科研人员和企业技术人员的思路，推进食品技术创新和产品质量提升，提高我国食品的市场竞争力。

中国工程院院士

2014 年 3 月

前　　言

历经多年酝酿与辛勤撰写,《脉冲电场食品非热加工技术》一书终于可以付梓。自 1994 年至今,作者课题组从事脉冲电场(PEF)技术研究的 40 余名研究生或博士后先后毕业了,含出站博士后 1 名、博士 14 名、硕士 25 名;另外,还有 20 余名在读的博士与硕士研究生,在夜以继日地继续进行着师兄师姐们未详尽的 PEF 相关技术研究。在此,要感谢电器设备工程师潘永康 20 多年一直不离不弃地陪着我们进行设备研发,潘师傅是"救火队员",也是大伙儿的信心保障。

1994 年,我有幸进入华南理工大学攻读硕士学位。所在单位为教育部直属轻化工研究所,当时号称有四大研究法宝——"电磁声光"。那时,研究所的"溶剂-超声波协同起晶技术"已在数百家糖厂工业化应用,获国家科学技术进步奖二等奖。天然溶液研究室在电磁应用的研究方面也颇有建树。入校不久,大约在 1994 年 10 月,导师找我谈话,谈到广东省是调味品大省,但酱油的沉淀问题一直限制着行业的发展,我国酱油与日本酱油相比,澄清度相差很大,澄清度虽然不影响风味,但卖相不佳,严重影响出口。是否可以采用电磁场处理去除二次沉淀呢?接到这个课题后,我到图书馆查找了很久,也没有找到多少相关资料,便求助于当时在中国农业大学同样就读食品专业的高中同桌邓志平,当时我也就是抱着试试看的态度给老同学写了封信,没想到几个月后我这位同桌煞费苦心地从北京图书馆查到 3 篇文章,复印后寄给我。相比于信息高度发达、检索手段全面快捷的当今社会,当时找到这 3 篇文章甚是不易。拿到这份资料时,我如获至宝。邓志平师从罗云波教授,后来去了普渡大学、斯坦福大学,我们一直都有密切联系。这 3 篇文章中,一篇是 Howard Zhang(张庆华)老师关于高强脉冲电场灭菌的综述,一篇是德国 D. Knorr 教授的文章,还有一篇是殷涌光老师在美国申请的一项关于脉冲电场灭菌的专利。我以仅有的这些文献作为参考,开始进行脉冲电场研究，并逐渐着迷，成为"钻石级"脉冲电场发烧友；同时也与张庆华、殷涌光等老师建立了数十年的脉冲电场缘分。2017 年，在美国诺福克举行第二届世界生物、医药、食品和环境技术电穿孔和脉冲电场大会，我和张老师共同主持脉冲电场食品加工分会场，与脉冲电场食品非热加工技术的前辈同台，那一刻令我永生难忘。

关于电场催陈也是一个美妙的故事。现在看来，在 20 多年前要搭建一套符合有效灭菌要求的脉冲电场设备确实很难。我们串联了 32 个 60 W 的绝缘栅双极晶体管(IGBT)希望能获得理想高压，为了测量峰值电压，设备会经常性被烧掉，要重新试验。现在的 IGBT 比那时好用多了，单个功率在 1000 W 以上。脉冲电场技术在食品工业中的产业化应用迎来了真正的春天。而电场对酒催陈而言不需要杀菌那么高的设备条件，物料不与酒接触，因此电流很小，这样设备的设计制造就相对容易很多。1997 年，我刚硕士毕业留校工作，深圳红葡萄酒公司进口葡萄原浆发酵生产葡萄酒，想研发一种加速酒陈酿的技术。当时，我所在实验室的研究人员每天进行各种催陈试验与品尝，渐渐地能感觉到酒质量变化的细微差别。后来，我们确定电场催陈是一种有效、可靠的技术，并研发了瓶装酒、散装酒、橡木桶装酒等形式的催陈设备，在深圳红葡萄酒公司、江苏红葡萄酒厂、云南红酒庄葡萄酒有限公司、新疆新天系列葡萄酒销售有限公司(现中信国安葡萄酒业股份有限公司)等数十家企业进行产业化应用。2008 年，*New Scientist*、*Nature China* 以及"CCTV-1 科技博览"的相关亮点报道，使脉冲电场在当时算是掀起了一波小高潮。由于对葡萄酒、果酒感官品评的深刻体会以及与葡萄酒企业的密切联系，2011 年我成为中国酒业协会葡萄酒国家评酒委员，也正是与葡萄酒、果酒企业深度合作项目的经费支撑着本课题组脉冲电场灭菌技术设备的研发持续不断。

超高静压技术的发展促进了脉冲电场技术的发展。超高静压和脉冲电场似乎是完全不搭界的两项技术，两者唯一共同点是均被冠以"非热"的新型处理技术。食品非热加工技术在华南理工大学被称作食品绿色加工技术，是一个学科方向；江苏大学在马海乐教授领导下发展了食品物理加工技术，两者外延不尽相同，但都以"非热"为本质特征。2013 年，在胡小松、廖小军教授的领导下，我、刘东红、马海乐、杨瑞金和张德权等发起成立"中国食品科学技术学会非热加工技术分会"，为本领域标志性事件。"食品非热加工国际研讨会"及"食品物理加工技术国际研讨会"已连续召开多届，热度逐渐上涨，非热概念逐渐深入人心。特别是，超高静压应用技术的突破和非浓缩还原果汁的逐渐流行，极大地引领了非热产业的发展。脉冲电场技术在产业化进程中还有很多"瓶颈"技术要解决，还有很多"硬骨头"要啃。当前国际上脉冲电场研究的热点已经从美洲转移到了欧洲，超过130家欧洲企业在产业化应用脉冲电场技术，且预计年增长超过30%，这极大地激励和鼓舞着国内脉冲电场技术的发展。我国第一台工业化脉冲电场灭菌设备正在酝酿之中，而应用于提取、干燥、改性修饰等方面的加工设备也即将面世，请各位读者拭目以待。

本书共8章，由曾新安教授主持编写。编写分工如下：第1章绪论，由曾新安与陈博儒负责编写；第2章脉冲电场技术原理和概念，由曾新安与许飞跃负责编写；第3章脉冲电场杀菌，由刘志伟负责编写；第4章脉冲电场对食品组分的影响，由韩忠与洪静共同合作完成编写；第5章脉冲电场辅助提取，由张智宏负责编写；第6章电场强化干燥与浸渍工艺，由王满生负责编写；第7章脉冲电场强化化学反应与加速酒的陈酿，由曾新安与汪浪红负责编写；第8章脉冲电场技术的工业化应用，由洪静与陈博儒编写。

本书在参考与整理脉冲电场领域最新的国际研究进展的基础上，集成了20多年作者课题组硕博研究生的主要研究成果，同时也在2005年出版的《脉冲电场非热灭菌技术》基础上完善扩充，有再版之意。书中某些内容可能欠周密论证，难免疏漏，在此先行致歉，同时热切欢迎广大读者批评指正！

2019年11月于广州

目　　录

第1章　绪　　论

1.1　脉冲电场简介

1.1.1　传统食品热加工与脉冲电场非热加工

民以食为天。新鲜食物保存期短，不利于贮藏与运输。原始的食物加工方式多为晾晒、风干或火烤，后来发展为盐腌制、糖浸渍等，但这些方法耗时长，质量难以保证。随着人类社会的进步与发展，食品加工方式不断改进，热加工逐渐在食品加工与贮藏中作为改善食品品质、延长贮藏期最常用的方法。目前，食品工业普遍采用巴氏灭菌、高温短时灭菌、超高温瞬时灭菌、热烫、蒸发浓缩等热加工方式，具有杀灭致病菌与致腐菌、钝化酶类、去除有害成分、改善食品品质特性以及提高食品中营养成分的可利用率和可消化性等作用。然而热加工技术存在较为明显的不足，如破坏食品中热敏性营养成分，导致色泽、香气、口感、质构发生劣变，还有可能在加工过程中产生食品安全问题，如在高温下某些食物会发生美拉德反应产生 4-甲基咪唑等有害物质。

巴氏灭菌奶采用低温长时加热处理，将鲜牛奶置于 62～65℃ 保持 30 min，处理后在 4℃ 左右冷藏能保存 10 d 左右，虽然处理条件温和，风味及营养保持好，但杀菌不彻底，存在一定的安全风险。而采用超高温(135～150℃)瞬时加热处理，其货架期长达 6 个月，但风味及营养物质会大幅下降。酱油等调味品的热杀菌过程是将酱油升温至 85℃、保持 30 min，不仅能耗大，风味品质等也受到影响，二次沉淀物也会大量增加。对液态蛋进行热加工难度较大，原因在于液态蛋的蛋白质热凝固点较低，温度略高易导致蛋白质变性，破坏其功能特性。

随着人们生活水平的提高，消费者对食品质量与安全性能的要求也越来越高。今天的消费者不仅要求食品新鲜安全，而且要求食品保持原有的天然风味和营养成分。利用传统热加工技术生产的食品已越来越不能满足消费者的需求。为了解决这一问题，很多新兴的食品加工技术应运而生，其中食品非热加工技术已得到广泛的研究，并取得了很好的进展，主要包括高强度脉冲电场、超高静压技术、高压二氧化碳技术、辐照技术、脉冲磁场技术等。它们主要用于食品的杀菌与钝酶，也能对某些食品大分子进行降解或改性，增强功能性。食品"非热加工"与传统的"热加工"相比，具有加工温度低、更好保持食品原有的色香味等特点，特别是对热敏性食品功能性营养成分具有极佳的保护作用；同时，非热加工还具有环境污染小、加工能耗低与污染排放少等优点，而日渐受到追捧。

脉冲电场(PEF)技术是一种温和的非热加工技术，将物料作为电介质放置在两个电极之间进行处理，使微生物细胞膜发生不可逆电穿孔效应，达到细胞失活或有效成分溶出的目的，是一种温和高效的细胞破碎技术，由于具有非热和提取液杂质少等优点，可有效提取活性成分，主要用于果蔬汁、液态乳制品和液态蛋等黏性及电导率相对较低的食品加工。此技术还可改变果蔬细胞的内部组织结构，使物料细胞产生不可逆破坏，导致细胞快速失水，有利于提高食品干燥速率。随着健康、新鲜、营养的观念深入人心，脉冲电场非热加工技术在食品绿色生产与加工、保障食品质量与安全方面发挥独到的作用。

1.1.2 脉冲电场技术的发展

早在19世纪末，就出现了利用电流进行食品加工的相关报道，研究发现直流电或低频交流电可通过热效应和电化学效应进行杀菌[1]。20世纪20年代，人们将鲜牛奶预热至52℃置入平行平板电场，对其施加220 V连续交流电，当电流通过食品时产生焦耳效应，将牛奶加热至71℃，并在此温度下保持15 s后，便得到"电力消毒牛奶"[2]。20世纪40年代，苏联学者Flaumenbaum发现通过交流电场可将苹果泥中的细胞破碎，提高了苹果的出汁率，这个过程称作"电聚合"[3]。20世纪50年代，人们开始利用高电压脉冲放电杀菌，该工艺是将电极置于液体介质中，通过高压脉冲产生电弧，以及高达250 MPa的瞬态压力冲击波、紫外光、强电流和臭氧等综合效应，可将悬浮在蒸馏水中的大肠杆菌、粪链球菌、枯草芽孢杆菌、克氏链球菌和耐辐射微球菌灭活，灭活率高达95%[4]。相比直流电流和低频交流电流，高电压脉冲更能快速有效地杀灭微生物，能量利用率更高，但其电解损耗、电解产物以及冲击波、紫外光等可能给食品带来污染，因此当初该技术被认为不适合用于食品加工。

1.1.2.1 脉冲电场之父——Heinz Doevenspeck 的开创性工作

20世纪60年代，德国工程师Heinz Doevenspeck首次报道了脉冲电场的产生、应用及对微生物细胞膜的影响。他发现脉冲电场能将物料细胞破壁，改善细胞内的相分离，可应用于微生物的灭活。另外，一系列试验研究验证了脉冲电场会对物质表面电荷产生影响，可通过电絮凝的方式去除废水中悬浮的蛋白质，可用于鱼类污水的处理[5]。Doevenspeck与德国一家鱼粉生产商展开合作，开发鱼粉加工新工艺。与传统鱼粉加工不同的是，该工艺采用脉冲电场替代传统蒸煮系统加工鱼粉, 并从 1964 年沿用至今。脉冲电场处理后的鱼粉质量高, 保质期长, 消化率可达 100%, 高于传统鱼粉消化率 97%, 并且没有破坏鱼粉中的维生素 A、维生素 B_1、维生素 B_2、维生素 B_6、维生素 B_{12} 等微量营养成分[6]。

Doevenspeck 推测脉冲电场对物质的影响可能与所施加的电场强度密切相关, 为了验证其猜想, 在 1962~1963 年, 他探究了脉冲电场强度对大肠杆菌生长的影响。研究发现, 当用功率较低、持续时间较长的弱脉冲(低于 3 kV/cm)处理大肠杆菌时, 会促进大肠杆菌生长; 而提高电场强度, 用功率较高、持续时间较短的强脉冲处理大肠杆菌时, 会导致大肠杆菌死亡。1967 年, 他采用脉冲电场(电容 2.5 μF、峰值电压 6 kV)处理啤酒, 可有效增强德式乳酸杆菌细胞膜的通透性, 使其不能维持正常的细胞内外渗透压, 抑制啤酒中微生物的生长, 提高了啤酒的生物稳定性, 对啤酒的风味和色泽并没有产生不良影响, 有利于啤酒的生产与加工[7]。

1.1.2.2　脉冲电场的中期发展

1967 年, 英国学者 Sale 和 Hamilton 研制了高强度脉冲电场间歇处理室, 率先对脉冲电场杀菌机理进行了系统性研究。在 25 kV/cm 脉冲电场条件下, 细胞形态发生变化, 细胞膜破裂, 引起细胞内容物外渗, 导致细菌营养体和酵母失活, 证明电解产物和热力学效应均不是致死原因, 电脉冲宽度与脉冲频率的乘积和脉冲电场强度是影响杀菌效果的两个主要因素; 不同种类的微生物对电场的敏感程度不同, 酵母菌比营养细菌更敏感, 细菌芽孢可忍耐高达 30 kV/cm 的电场。此外, 通过一系列试验, 他们推断细胞与胞外环境间的选择性通透屏障功能发生了不可逆转的丧失, 导致细胞溶解或死亡, 提出脉冲电场破坏微生物细胞膜的非热致死理论[8]。

在 Sale 和 Hamilton 的研究基础上, 人们发现高强脉冲电场可增加细胞膜的通透性, 有效实现细胞膜和核膜电穿孔, 同时不影响正常细胞, 将各种外源物质(蛋白质、DNA 片段、药物等)导入细胞[9]。因此, 人们对脉冲电场技术的研究变得活跃起来。在食品加工领域, 研究主要集中在液态食品杀菌[10]、酶的失活[11]等。在医学和基因工程领域, 研究者开始探索脉冲电场在细胞水平上的作用机制, Zimmermann 研究了细胞膜的通透性, 将其应用于生物工程, 并提出了电介质破坏理论, 该理论认为细胞膜的脂双层具有电容性质, 可将其视为一个充满电解质的电容器。在特定外加电场的作用下, 细胞膜两侧带电离子重新分布, 向脂双层的两极移动, 细胞膜内电介质极化, 膜两侧相斥离子之间产生相互吸引的库仑力在膜两侧施加强大挤压力导致细胞膜被破坏, 发生不可逆损伤, 从而导致细胞死亡[12]。由 Hülsheger 领导的小组研究了不同种类的微生物对脉冲电场的敏感性,他们将灭活动力学描述为电场强度和处理时间的函数表达式[13]。

　　20 世纪 80 年代，人们开始关注用于工业生产的脉冲电场设备相关研究。德国汉堡的克虏伯公司的技术中心建立了中试规模的脉冲电场处理系统，是当时较早用于工业应用的脉冲电场设备。图 1-1 为该设备的主要部件——脉冲发生器，其功率为 80 kW，频率范围为 1～16.7 Hz，容量为 5 μF、10 μF、15 μF、20 μF、25 μF、30 μF 和 35 μF，最大电压为 8 kV。

图 1-1　20 世纪 80 年代中试规模的脉冲电场系统[14]

　　在 Doevenspeck 的指导下，克虏伯公司开发了用于加工肉或鱼泥、甜菜、棕榈果、油料种子和水果泥等食物原料的 Elcrack®设备，对动植物细胞进行可逆击穿，提高后续操作物料细胞脂肪的提取率，处理能力可达 200 kg/h[15]，如图 1-2 所示。该处理过程包括：固形物经 Elcrack®设备进行初次过滤后输送至螺旋压力机，进行进一步分离，压榨液进入倾析器移除残渣，处理后的液体进入离心机进行油、水分离，最后通过超滤单元去除水相中的蛋白质。但由于整个鱼加工单元的分离技术过于复杂，且电极不稳定，导致后续固液分离、蛋白质回收利用等环节出现诸多问题，仅运行几个月后，安装的第一台设备便被拆除。

　　1986 年，克虏伯公司开发了 Elsteril®中试试验装置。该装置的高压脉冲发生器峰值电压为 15 kV，频率为 22 Hz，存储电容量范围为 0.5～5 μF，配备了两个平行板碳电极，电极间距为 5 mm 或 12 mm，流速为 165 L/h（图 1-3）。1990 年，克虏伯公司与美国联邦海事委员会合作，将 Elsteril®设备应用于橙汁加工，对橙汁杀菌取得了良好的效果，且对橙汁质量没有产生不良影响。

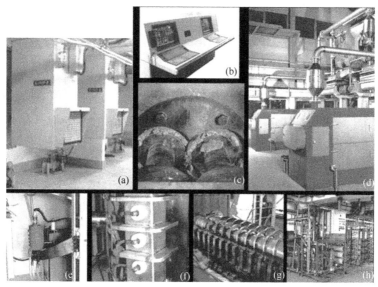

图 1-2 Elcrack®脉冲电场加工设备[15]

(a)开关箱；(b)控制单元；(c)压力插座；(d)螺旋压力机；
(e)高压开关；(f)电容器组；(g)可拆卸螺旋压力机；(h)超滤单元

图 1-3 Elsteril®原型设备[16]

　　1995 年，PurePulse 技术公司开发了 CoolPure®脉冲电场处理系统，用于液态或可泵送食品的杀菌。同年，美国食品药品监督管理局(FDA)发布了一份关于脉冲电场使用的"不反对函"，批准了 PurePulse 技术应用于工业。1996 年，FDA 也批准了脉冲电场在规定的安全范围内可用于液态蛋的加工，并要求管理机构与生产厂家之间保持积极持续的沟通。各机构对这项技术的兴趣与日俱增，从而进一步推动了脉冲电场的发展。

1.1.2.3 脉冲电场的发展现状

从 2000 年到现在，PEF 技术取得了较大的发展。目前，国际上从事 PEF 研究的团队或单位主要有：美国 Diversified Technologies 公司（DTI），在世界各地的大学和研究中心组建数十个实验室和试点单位，开发的工业化规模设备 DTI PowerMod™系统平均功率为 25 kW，最高输出电压达到 30 kV，处理量达 400 L/h，可应用于废水处理、细胞降解与液态食品的贮藏；德国食品技术研究所（DIL），从事商业化规模的设备研制与应用，已开发的污水设备处理量可达 10000 L/h；德国 Elea GmbH 公司，为德国 DIL 的子公司，是世界领先的 PEF 系统供应商，为食品、饮料和科学部门提供 PEF 系统，设计开发出工业化规模 PEF 设备，主要应用于果汁和冰沙、乳制品、干制食品、素食薯片、炸薯条等；美国俄亥俄州立大学的无菌技术研究中心，开发出整套 PEF 处理设备和无菌包装设备，另外还开发了 OSU 系列设备产品，建成一条工业化水平的生产线，处理能力达 2000 L/h，主要用于处理橙汁、苹果汁、酸奶等产品；美国农业部东部研究中心，主要从事 PEF 在液体食品加工与贮藏方面的应用研究；法国 HAZEMEYER 公司，开发出工业化 PEF 设备，应用于苹果汁的榨取等方面；新西兰奥塔戈大学，通过 PEF 技术对炸薯条食品进行加工研究，使炸薯条过程中糖释放更加可控、着色更均匀和油吸收量更少。美国其他研究 PEF 技术的研究者还有怀俄明州立大学的 Bibek Ray、明尼苏达州立大学的 Roger Ruan 以及伊利诺伊技术研究所和美国国家食品安全与技术中心的 V. M. Balasubramaniam。而在英国和荷兰的 Unilever 实验室，英国 Campden Chorleywood 的食品研究中心，德国的柏林科技大学，加拿大的归尔甫派大学、阿尔伯塔大学、纽芬兰纪念大学，西澳大利亚大学，新加坡国立大学，荷兰的代尔夫特理工大学，新西兰的林肯大学，西班牙的 Lieida，韩国的延世大学，日本的北海道大学和大阪府立大学都有这方面的研究工作。

国内在 20 世纪 90 年代后期开始开展 PEF 相关方面的研究，由于 PEF 技术研究起步较晚，因而在设备的研究上相比于欧美国家要落后。国内对 PEF 的研究主要集中在两个方面：脉冲装置的研究和 PEF 杀菌效果与机理的研究。主要研究团队有：华南理工大学曾新安团队，该团队开发了多套 PEF 处理系统，运用该系统研究了 PEF 对食品中组分的影响、微生物的致死机理、加快常温催化化学反应等；江南大学杨瑞金、赵伟团队，该团队主要从事 PEF 对液态蛋、牛奶、果蔬汁等液体食品的加工与应用以及大功率 PEF 设备的研制；中国农业大学廖小军团队，该团队对 PEF 系统进行了开发与设计，将该系统应用于微生物的控制、食品中内源酶的钝化、花色苷的提取等方面的研究；清华大学深圳研究院张若兵团队，已开发 4 代高压脉冲发生器设备；吉林大学殷涌光团队，在 PEF 技术应用于辅助提取、液体食品杀菌等方面做了大量工作；浙江大学王剑平团队，在绝缘空心管内安置平行平板电极，开发研制出一种连续式液态食品杀菌的高压脉冲电场(HPEF)处理室；福建农林大学郑金贵团队，将 PEF 用于激发植物释放负离子的能力、集成冷冻浓缩保留茶汤的香气成分、多糖的提取等方面的研究；哈尔滨理工大学魏新劳团队，开发研制出用于工业化 HPEF 杀菌设备的大容量固态开关及新型高压脉冲电源；山西农业大学郭玉明团队，在 HPEF 预处理果蔬真空冷冻干燥方面进行了系统的研究分析，并研究了电场参数对果蔬介电特性的影响机理；大连工业大学林松毅和孔繁东团队，研制了高压方波脉冲发生装置，研究了设备参数-电场强度、脉冲数和脉宽变化对食品中常见菌(如枯草芽孢杆菌、灰绿青霉、酵母菌等)的致死作用，比较了几种微生物的灭活效果，探讨了 PEF 杀菌机理；重庆大学姚成果、李成祥团队，主要对高频纳秒 PEF 诱导肿瘤细胞凋亡的机理进行研究。此外，国内从事 PEF 技术研究的单位还有北京科技大学、哈尔滨工业大学、华中农业大学、北京化工大学、西安交通大学、南昌大学等。

1.2　脉冲电场在食品加工中的应用

1.2.1　脉冲电场技术加工食品的特点

　　PEF 技术作为新兴的食品非热加工技术之一，以其良好的应用特性如均匀性、能耗低、省时、处理温度低、效率高和对食品原有品质保存效果好等特点，吸引了国内外广大研究者的关注。与其他食品加工技术相比，PEF 技术不仅具有更好的杀菌、钝酶效果，还能改善食品风味，有效降解残留农药，减少食品添加剂的使用等。因此，将 PEF 技术应用于食品工业中，可有效提高食品质量与食品安全性，为食品行业的发展开辟新途径。

1.2.1.1　非热加工

　　作为一种新兴的物理加工技术，与其他方法相比，PEF 完全处于对物料风味特征进行充分保护的"冷处理"范围，产热少，副产物少，对环境无污染，符合目前能源利用趋势。

1.2.1.2　处理时间短且均匀

　　物料实际接受 PEF 作用的时间在毫秒以内，整体加工工序操作时间在数秒以内，在电场处理过程中各部分的物料均受到了相同大小场强的处理(气泡、固体颗粒、电极边缘除外），处理均匀且充分。

1.2.1.3 能耗低

PEF 技术利用的是电能，处理食品耗能低，PEF 杀菌技术的耗能仅为热处理的 40%左右。据国外资料报道，PEF 用于液态食品处理的操作费用只需 0.7 美分/L 的电费和 0.22 美分/L 的维护费，并且针对不同的处理对象选择最有效的处理波形时，费用还可进一步降低[17]。

1.2.1.4 保持食品的营养价值

脉冲保鲜技术与一般加热杀菌保鲜技术有本质区别，它主要是利用强电场脉冲的介电阻断原理，对微生物产生抑制作用，而食品本身的温度无明显变化，在适宜的处理参数下可克服加热引起的蛋白质变性和维生素破坏，减少风味物质和营养成分的损失。

1.2.1.5 食品安全

食品中含有的某些营养素及酶类物质经氧化后会成为自由基的来源之一，自由基在很多情况下对人体有损害作用。一些加工方法，如辐照、超声波处理等，会使食品产生自由基，而这些自由基会促进人体衰老、削弱细胞的抵抗力、破坏体内蛋白质和酶、引起心脑血管疾病等。目前，PEF 技术在有效杀灭微生物过程中，没有发现有害物质产生，提高了食品的安全性。

1.2.2 脉冲电场在食品加工应用中的研究进展

近几年来，PEF 技术在食品工业中的应用逐渐成熟和完善，除了可用于液体食品连续低温杀菌、钝酶外，其引起的质壁分离或者细胞膜电穿孔现象，可将 PEF 应用范围进一步拓宽于提高果汁或者某些特定细胞代谢产物的提取率，如提取大分子、蔗糖、色素、风味物质以及生物活性物质等，或者反过来促进某些溶质（如氯化钠、蔗糖等）渗透到生物组织中。PEF 处理还可对食品大分子进行改性，对食品加工进行预处理，以提高加工效率等。下面将对 PEF 技术在杀菌、食品成分影响、食品干燥预处理、目标成分提取、钝酶、诱导细胞凋亡、强化化学反应以及酒类陈酿等方面的应用研究新进展进行分类简述。

1.2.2.1 PEF 在食品杀菌方面的应用研究

PEF 杀菌利用强电场脉冲的介电阻断原理对食品微生物产生抑制作用，可在室温下有效杀灭许多食品中的微生物，而不损害感官和营养质量，已成功应用于液态食品(如酒类、乳品、液态蛋、果蔬饮料、茶饮料、调味品等)的杀菌。目前研究者们对 PEF 杀菌机理以及应用已经进行了比较深入的研究。

Tao 等[18]研究了 PEF 对大肠杆菌和酿酒酵母杀菌率的影响,PEF 对大肠杆菌和酿酒酵母具有显著的灭活作用,PEF(35 kV/cm,90 s)处理分别使酿酒酵菌和大肠杆菌减少 5.30 和 5.15 个数量级,随着电场强度和处理时间的增加,灭活效果增强。在相同条件下 PEF 处理酿酒酵母的杀菌率高于大肠杆菌,证明酿酒酵母对 PEF 更敏感。此外,PEF 处理后,酿酒酵母细胞表面有凹陷、孔洞,胞内原生质体变形、聚集、缺失和胞质溶解,酿酒酵母细胞表现出胞内大分子(即蛋白质和核酸)外渗、细胞膜通透性改变和 DNA 变性。这些结果支持了"膜穿孔"假说,这可能解释了 PEF 杀菌的机理。与单纯采用热处理相比,在恒温场中,PEF 和热处理的联合应用可加速内生孢子的失活[19]。Cregenzán-Alberti 等[20]发现枯草芽孢杆菌内生孢子在牛奶中比在水中更耐热,采用高温 PEF 处理(双极方波脉冲,10 ms,38 kV/cm,466 Hz),最高处理温度为 123℃时,牛奶和水中的枯草芽孢杆菌内生孢子失活值均大于 4.5 个对数周期,两者之间无显著差异。PEF 处理可以提高酵母细胞活性和发酵能力且酵母死亡比例较低;高强度脉冲电场 PEF 处理对酿酒酵母具有灭活效果,对酿酒酵母的工业应用具有指导意义[21]。

1.2.2.2 PEF 在食品成分方面的应用研究

1)对蛋白质和游离氨基酸的影响

氨基酸是构成蛋白质的基本单位,蛋白质是建造和修复身体的重要原料。人体的发育以及受损细胞的修复和更新,都离不开蛋白质。蛋白质分子在受到外界的物理和化学因素的影响后,分子的肽链虽不裂解,但其天然的立体结构可能遭到改变和破坏,从而易导致蛋白质生物活性的丧失和其他的物理、化学性质的变化。

采用 25~35 kV/cm 的电场强度可引起蛋清蛋白质结构改变,蛋白质表面疏水基团和疏基增多,发生疏水作用和二硫键交联作用形成蛋白质聚集,以致形成不溶性蛋白质聚集体,溶解度下降,蛋清蛋白起泡和乳化功能下降。采用 25 kV/cm 的电场强度可引起卵白蛋白结构发生变化,但未形成蛋白质聚集体;当电场强度增加到 30 kV/cm 和 35 kV/cm,卵白蛋白在疏水和二硫键作用下,形成卵白蛋白聚集体,且 PEF 处理未改变卵白蛋白的等电点。PEF 处理(35 kV/cm,800 μs)与热处理(60℃,3.5 min)所引起的蛋清蛋白聚集程度相当,两种方式所引起的不溶性蛋白质聚集体的主导作用力,除二硫键外,不存在其他的共价键,而较弱的静电、氢键和疏水作用等非共价键作用力对热作用下蛋白质聚集体的形成起了更大的作用[22]。采用傅里叶变换红外光谱(FTIR)和差示扫描量热法(DSC)分析 PEF 处理大豆分离蛋白的结构和热稳定性的变化，当外加 PEF 处理强度大于 35 kV/cm时，大豆分离蛋白二级结构中的氨基酸侧链、反式平行 β 片层结构、β 转角和平行 β 片层结构内键振动均发生显著变化，表明 PEF 处理可能是一种新的大豆分离蛋白的加工方法。例如，将 C＝O、C—O、C—O—C 等键的偶极矩部分极化，同时用 DSC 测定，β-球蛋白和大豆球蛋白完全变性。此外，在强 PEF 处理条件下，大豆分离蛋白结构中的 β 转角自发组装为 α 螺旋，说明 PEF 处理可使 α螺旋偶极矩趋于稳定。这表明 PEF 处理技术可能是一种制备蛋白质纳米管的新方法[23]。

　　Odriozola-Serrano 等[24]分别用 PEF(35 kV/cm，4 μs)和热加工(90℃，60 s)处理番茄汁及草莓汁，通过 PEF 和热加工处理后的番茄汁及草莓汁的初始游离氨基酸含量降低，但 PEF 处理样品比热处理样品保留了更多的游离氨基酸，且番茄汁中总游离氨基酸含量在贮藏过程中显著增加，这可能与微生物的蛋白水解有关。经 PEF 处理(35 kV/cm，1700 μs，双极脉冲频率为 100 Hz)，草莓汁在加工后和贮藏期间比热处理保持了更好的营养价值，PEF 处理提高了草莓汁中苯丙氨酸(27%)、谷氨酸(6.8%)、缬氨酸(6.3%)、丝氨酸(5.5%)和丙氨酸(4.8%)的含量，进而使草莓汁中游离氨基酸的含量上升。

　　2)对食品碳水化合物的影响

　　碳水化合物是一切生物体维持生命活动所需能量的主要来源。它不仅是营养物质，而且有些还具有特殊的生理活性。

　　Ma 等[25]研究了 PEF 对甜菜果胶的改性。结果表明，随着 PEF 强度从 18 kV/cm增加到 30 kV/cm、总能量输入从 124 J/mL 增加到 345 J/mL，果胶衍生物酯化度明显提高。热重分析研究表明，与未处理的果胶相比，改性果胶具有更高的热稳定性。电场强度越大，总能量越大，果胶的结构及基团活性越好。Zeng 等[26]研究发现经过 PEF 处理后，糯米淀粉的颗粒大小、结晶结构和热性质发生变化，结晶度和衍射强度均有所下降，其糊化起始温度、峰值温度、缔合温度和熔值均低于天然淀粉，PEF 处理后提高了快速消化淀粉含量，降低了慢速消化淀粉含量，表明 PEF 处理可促使糯米淀粉的结构发生变化并显著影响其消化率。宋艳波等[27]发现经 PEF 处理的玉米淀粉，淀粉膜比未经 PEF 处理的膜表面更为光滑、细致，且透明度提高。当脉冲强度较高时，可以影响膜的均匀分布和分子间力，提高膜的断裂伸长率和抗张强度，降低膜水蒸气透过系数。

　　3)对脂质和脂肪酸的影响

　　不饱和脂肪酸可用于调整人体的各种机能，排除人体内多余的"垃圾"，具有积极健康的作用。PEF 处理对食品中脂质影响的作用机理比较特殊，因为 PEF 处理过程中会发生电化学问题和电极腐蚀问题。在 PEF 处理食品的过程中，电极中铁、铬、镍等金属会从电极少量释放到食品中，这些因素决定了 PEF 处理加工食品过程中可能发生电化学反应，产生的自由基、活性氯、活性氧等很可能引发氧化反应，生成一系列复杂的氧化产物。这些假设有待进一步证实。

PEF 对橙汁乳饮料进行处理后，其饱和脂肪酸、单不饱和脂肪酸或多不饱和脂肪酸的含量无显著变化，仅发现脂肪含量略有减少[28]。梁琦等[29]研究了 PEF 处理对油酸理化性质的影响及 PEF 处理过的油酸在贮藏过程中理化性质的变化，结果表明油酸的过氧化值随着 PEF 处理强度和贮藏时间的增加显著增大，油脂酸价变化不明显，羰基值在 1 周后迅速升高，油酸碘值在贮藏 2 d 后有下降趋势，总体表明 PEF 处理对油酸的氧化进程产生了影响。PEF (35 kV/cm，800 μs 或 1400 μs)处理豆乳饮料会导致一定程度的脂质氧化，油酸和亚油酸含量下降，但经电场处理的花生油较热处理(90℃，60 s)的样品在贮藏期间累积的酸败产物少，脂肪酸成分变化小[30]。

4) 对维生素 C 的影响

维生素 C 又称抗坏血酸，是一种普遍存在于果蔬中的重要而特殊的水溶性维生素，具有分子结构简单、理化性质不稳定，人体每日需要量大，膳食分布集中等特殊性质，在维持人体正常功能方面具有重要作用。但维生素 C 是一种热敏性生物活性成分，在不同贮藏条件以及不同的加工方式下易受到破坏作用从而丧失应有的生物活性。在食品加工中，维生素 C 是评估食品营养价值的一项十分重要的质量指标和营养指标，通常作为 PEF 处理中对食品影响的指示性物质。

不同处理条件，如温度、氧含量和光，可导致维生素 C 含量降低。关于 PEF 对维生素 C 含量的影响已有大量研究报道，研究结果表明 PEF 对液体食品中维生素 C 破坏程度较小。通过 PEF (28 kV/cm，50 μs)和巴氏杀菌对橙汁进行处理，经 PEF 处理的橙汁中 L-抗坏血酸含量降低了 8.0%，而经热处理的橙汁中 L-抗坏血酸含量降低了 17.2%。这一结果说明 PEF 和巴氏杀菌处理均会破坏维生素 C，但是相对于巴氏杀菌，PEF 处理可以保留橙汁中更多的维生素 C[31]。张智宏等[32]研究了 PEF 对维生素 C 结构及其抗氧化性能的影响，研究表明 PEF 处理改变了维生素 C 的分子构型，并可以抑制维生素 C 含量的下降，其机理可能是产生了大量的高能电子或者活性氧基团作用于氧化态维生素 C 内酯环的羰基，促进了维生素 C 酮式构型向烯醇式构型的转变，从而稳定了维生素 C 的结构，抑制了维生素 C 的降解过程。

1.2.2.3 PEF 在食品干燥预处理方面的应用研究

目前，国内外食品工业主要采用热风干燥、对流干燥、冷冻干燥、真空干燥、渗透脱水等干燥加工方式，这些加工方式普遍存在干燥时间长、耗能大、成本高、贮藏期品质大幅度下降等一系列缺陷。PEF 技术利用高强脉冲在较低温度下对细胞膜及液泡膜进行可逆击穿，增强细胞膜通透性，提高脱水速率，加快食品干燥的扩散传质，避免了食品组织结构中功能成分的大量流失，提高了干燥速率，缩短了加工时间，减少了加工能耗，降低了生产成本。PEF 技术已成功应用于苹果、椰子、胡萝卜、红辣椒、马铃薯等食品的干燥加工。

Yu 等[33]研究发现 PEF 预处理对蓝莓干的干燥动力学及营养品质的影响取决于干燥方法和干燥温度，且 PEF 预处理对新鲜蓝莓中花色苷、总酚、维生素 C 含量和抗氧化活性无显著影响。此外，Weibull 模型可很好地拟合蓝莓的干燥数据，可用该模型预测样品的干燥时间。Ostermeier 等[34]研究了 PEF 预处理洋葱的对流干燥影响，发现细胞裂解度越高，越有利于水分释放到样品表面，Page 回归模型可反映恒温下 PEF 预处理的洋葱干燥过程的变化规律，但不适用于反映整个干燥过程中 PEF 预处理的能量输入与含水率间的关系。干燥温度为 60℃时，PEF 预处理(4 kJ/kg，1.07 kV/cm)可使洋葱对流干燥时间节省 40%。Rizvi[35]研究发现 PEF 预处理可缩短法国香菜和胡萝卜的干燥时间。PEF 预处理缩短干燥时间不仅取决于食品基质，还取决于温度。PEF 在温和热干燥条件(50℃和 60℃)下处理胡萝卜，其干燥效率增加；而干燥温度为 70℃时，干燥效率降低。相反，50℃和 60℃下，PEF 预处理对法国香菜的干燥效率影响较小，水分扩散率值无明显变化；而在 70℃下，PEF 预处理样品的水分扩散率比未经 PEF 处理的干燥法国香菜高 38%；且在低温下，PEF 预处理没有改变胡萝卜和法国香菜干制样品切割所需的剪切应力，但 70℃下干燥的样品切割所需剪切应力显著增加。Liu 等[36]研究了 PEF 和对流空气干燥对马铃薯油炸过程中水分损失和吸油率的影响。PEF 处理条件为电场强度 600 V/cm，PEF 预处理对油脂吸收和质地变化有良好的影响。

1.2.2.4　PEF 在目标成分提取方面的应用研究

细胞膜具有通透性，PEF 提取目标成分很大程度上取决于生物材料的细胞破壁状况，利用细胞膜电穿孔原理，使组织细胞发生不可逆的破坏，物质传质系数随之增大，从而促进细胞内目标组分的流出，有效提高目标成分提取率，且处理过程不会造成原料温度的升高，可有效保护提取物的生理活性。

1)酚类物质的提取

Darra 等[37]采用中温加热、超声波和 PEF 三种预处理方法对'赤霞珠'葡萄酚类物质的提取进行了研究。结果表明，在红葡萄酒发酵过程中，三种预处理方法均能提高酚类物质的提取率(花色苷和单宁含量)和自由基清除活性。中等电场脉冲(0.8 kV/cm)和高等场强脉冲(5 kV/cm)对酚类化合物的提取效果最好，提取率分别提高了 51%和 62%，而中温加热和超声波预处理分别只提高了 20%和 7%。

与中温加热和超声波预处理相比，PEF 预处理对花色苷和单宁的提取效果较好，颜色强度最高。Median-Meza 等[38]利用水果榨汁后的废弃物，对李子皮和葡萄皮进行研究，通过对比超声波提取法，发现 PEF 技术提取花青素和多酚的最佳工艺参数为电流 290 L/h、处理室直径 25 mm、电压 25 kV、频率 10 Hz、脉宽 6 μs，且在提取时间和脉冲数增加的条件下提取效果更为明显。

2）多糖类物质的提取

Zhao 等[39]通过 PEF 技术提取玉米须多聚糖，确定最佳提取条件为电场强度 30 kV/cm、料液比 1∶50、脉宽 6 μs，多聚糖的提取量达到 7.31%±0.15%。Li 等[40]采用高强度 PEF、微波和超声波辅助提取法对木耳多糖的提取进行了研究，并测定了木耳多糖的抗凝血活性。与空白对照组相比，所有提取物均能延长凝血时间。在三种提取工艺中，高强度 PEF 提取效果最佳，当电场强度达到 24 kV/cm 时，提取物的抗凝血活性随电场强度的增加而增强。范超等[41]报道经电场强度 25 kV/cm、脉宽 10 μs、料液比 1∶30 条件处理，人参多糖的提取率为 7.20%，与传统煎煮法及超声法相比，PEF 预处理后样品中人参多糖提取率最高。

3）蛋白质的提取

随着电场强度、温度和处理时间的增加，白蘑菇提取物中蛋白质的含量增加，当电场强度为 38.4 kV/cm、处理温度为 85℃、处理时间为 272 μs 时，蛋白质提取率为 49%±0.09%（2.7 mg/g 蘑菇），明显高于传统热溶剂法，表明采用 PEF 与温和加热相结合，可使提取率明显提高[42]。采用 PEF 预处理从贻贝中提取蛋白质，结果表明，与传统提取方法相比，PEF 提取蛋白质速度快，且提取率高。在电场强度为 20 kV/cm、脉冲次数为 8、酶解时间为 2 h 时，蛋白质的提取率最高，可达 77.08%，可广泛用于快速、低污染的蛋白质提取[43]。

4）其他活性物质的提取

将 PEF 用于番茄红素的提取，当以乙酸乙酯为提取溶剂、电场强度 30 kV/cm、液料比 9 mL/g、脉冲数 8、温度 30℃、单次提取为参数时，番茄红素提取率能达到 96.7%，与常规有机溶剂提取法、微波辅助提取法、超声波辅助提取法相比，PEF 辅助提取法番茄红素提取率高、处理时间短，是一种快速有效的番茄红素提取方法[44]。Luengo 等[45]研究了不同强度 PEF 处理对小球藻细胞质膜电穿孔、类胡萝卜素和叶绿素提取的影响，经 20 kV/cm 处理 75 μs 后，类胡萝卜素、叶绿素 a 和叶绿素 b 的提取率分别提高了 0.5 倍、0.7 倍和 0.8 倍。采用 PEF 从鱼骨中提取硫酸软骨素（CS），当料液比为 1 g∶15 mL、电场强度为 16.88 kV/cm、脉冲数为 9 个、NaOH 浓度为 3.24% 的条件下，提取率可达 6.92 g/L。用琼脂糖凝胶电泳分析 CS 纯度，提取的 CS 纯度高，提取物中不含任何其他糖胺聚糖[46]。经过 PEF 处理（2.5 kV/cm、90 个脉冲和 45℃）后，洋葱黄酮类化合物（FC）的产率显著提高。

在此条件下,提取物中 FC 的含量以槲皮素(QE)为标准物质计为 37.58 mgQE/100 g 鲜重,比对照(非 PEF 处理)增加了 2.7 倍。同时,提取物的抗氧化活性随着电场强度和处理时间的增加而增加[47]。

1.2.2.5　PEF 在钝酶方面的应用研究

热处理是传统灭酶的方法,处理的温度因酶种类而异,但大多是 60～90℃之间的高温短时或者超高温瞬时灭酶的方法。热处理虽然灭活效果好,但高温处理在一定程度上破坏了食品原有的风味、品质和营养物质。研究发现高压 PEF 既可以杀死 90% 以上的微生物,对酶活性的钝化也有较好的效果。也有报道指出,温和的 PEF 处理可导致酶活性的增加。

Sanchezvega 等[48]发现采用超高温处理,在最高温度和最短时间内可使多酚氧化酶活性降低 95%。而在 50℃、38.5 kV/cm 和 300 个脉冲的 PEF 处理条件下,多酚氧化酶活性降低了 70%,但在品质特性方面,与未经处理的果汁相比,PEF 对果汁的颜色、pH、酸度和可溶性固形物的影响均小于超高温处理。Leong 等[49]探讨了 PEF 灭活胡萝卜中的抗坏血酸氧化酶和过氧化物酶,研究发现酶在 0.8 kV/cm 电场中、能量输入为 166 kJ/kg 的处理条件下失活。与 PEF 预处理温度 10℃相比,在 20℃、30℃和 40℃预处理温度下,PEF 处理对胡萝卜中抗坏血酸氧化酶和过氧化物酶的钝化率至少提高了 20%～50%。

1.2.2.6　PEF 诱导细胞凋亡的医学应用

当电场作用于细胞时,细胞膜两侧电荷的不平衡会引起脂双层移动,改变细胞膜的通透性,在细胞膜上形成纳米级细孔,称为电穿孔。利用细胞膜的电穿孔特性,PEF 已被广泛应用于基因研究、药物转化和肿瘤治疗中,并取得了较好的疗效。相对于传统的肿瘤治疗方式,PEF 具有快捷、可控、可视、选择性和非热机理等独特的优势,可用于邻近血管、神经等重要器官和组织的肿瘤治疗。

Gowrishankar 等[50]研究了多细胞的不可逆电穿孔现象,包括不可逆电穿孔的场强阈值,以及跨膜电位与击穿时间的关系,并对 PEF 作用后细胞的活性进行研究,结果表明细胞坏死效果与脉冲强度、宽度及脉冲数量之间存在一定的关系。Yin 等[51]研究表明纳米 PEF 可以不结合任何化疗药物,以剂量依赖的方式诱导肝癌细胞死亡。在高转移肝癌细胞系(HCCLM3)异种移植小鼠模型上,纳米 PEF 处理(单剂量和多次分次剂量)对肿瘤生长有明显的抑制作用。除局部效应外,纳米 PEF 治疗可减少肝转移瘤,还可通过体外培养的巨噬细胞增强对肝癌细胞的吞噬功能,有效控制肝癌进展并减少其转移。Wu 等[52]在纳米 PEF(15～25 kV/cm)处理前用 0.38 μmol/L 吉西他滨处理乳腺癌细胞系 MCF-7 和 MDA-MB-231,发现在治疗 24 h 和 48 h 后纳米 PEF 对降低两种细胞系的细胞活力均表现出较强的协同作用，表明纳米 PEF 能促进吉西他滨等药物的抗肿瘤效果。

1.2.2.7　PEF 强化化学反应

1) PEF 对醇酸常温酯化反应的影响

曾新安等[53]研究发现反应温度、反应时间、流速一定时，PEF 对乳酸与乙醇酯化反应的促进作用随着场强的增强而增强。同一温度下，施加电场相对于未施加电场对反应具有明显的促进作用。20 kV/cm PEF 处理使反应的活化能从43.43 kJ/mol 降至 25.05 kJ/mol，说明 PEF 处理是一种潜在的降低活化能、促进化学反应的方法。林志荣[54]研究了 PEF 对乙醇和乙酸无水体系酯化反应的影响。研究发现在各种不同的反应条件下，PEF 均能促进乙醇和乙酸酯化反应进行。改变电场强度，酯化反应速率随着 PEF 场强的增加而增大；改变反应温度，低温下 PEF对酯化反应的促进作用更为明显。当 PEF 场强为 6.6 kV/cm、13.3 kV/cm 和20.0 kV/cm 时，反应活化能由 76.64 kJ/mol 分别降至 71.50 kJ/mol、67.50 kJ/mol和 59.10 kJ/mol，场强越大，活化能降低值就越大。

2) PEF 低温强化美拉德反应

陈刚等[55]研究发现经 PEF 处理可以引发葡萄糖、蔗糖、麦芽糖和乳糖分别与谷氨酸钠体系发生美拉德反应，其中间产物量、褐变程度和抗氧化活性都有明显提高，是一种提高还原糖-谷氨酸钠体系发生美拉德反应的有效方法。贺湘等[56]研究发现 PEF 能在低热条件下(低于 60℃)有效促进天冬酰胺-果糖体系的美拉德反应，使溶液的 pH 下降，褐变程度增加，抗氧化活性增强。反应体系的褐变程度、抗氧化活性均与反应时间和 PEF 强度呈正相关。

3) PEF 与活性氧协同对大分子壳聚糖降解的影响

罗文波[57]对 PEF 和过氧化氢协同降解壳聚糖进行了研究，研究发现，PEF 和过氧化氢协同作用效果明显。处理 60 min 后，PEF 和过氧化氢的降解效率分别为25%和 90.7%，而 PEF 和过氧化氢联用的降解效率达到 94.8%。他还对 PEF 和臭氧协同降解壳聚糖进行了研究，发现 PEF 和臭氧降解壳聚糖的协同作用效果同样非常明显，随着处理时间的增加，分子量显著降低，40 min 后已达 5000 Da 以下，为完全水溶性产物。处理 30 min 后，PEF 和臭氧的降解效率分别为 20.5%和 93.8%，而 PEF 和臭氧联用的降解效率达到 98.5%。这说明 PEF 与活性氧联用降解壳聚糖时存在协同效应，是制备低分子量活性壳聚糖的良好方法。

4) PEF 对花青素聚合的影响

赵丹等[58]研究了 PEF 作用下儿茶素与乙醛的聚合规律，PEF 处理对(+)-儿茶素-乙醛间接缩合反应具有明显的加速作用，反应速率随着 PEF 场强的增加而增大，随着 pH 增加而减小。PEF 处理可显著降低 (+)-儿茶素-乙醛间接缩合反应的活化能。40 kV/cm 场强处理，可使 (+)-儿茶素-乙醛间接缩合反应活化能由 41.59 kJ/mol 降低至 28.98 kJ/mol。

1.2.2.8　PEF 酒类陈酿

现有的酒类陈酿方法需要较长时间，且占用大量库房、容器设备，积压流动资金。为了尽快使酒类达到最佳饮用期，提高企业经济效率，文献报道了多种现代科学方法来加速酒类的陈酿，主要涉及电、磁、声、光、红外、辐射等物理学科。研究发现，电场作为能量供给的同时，还增加了游离氧的含量，不仅可以提高酒的质量，还可以实现酒的快速催陈，有利于陈酿进行。

高压 PEF 处理条件温和、操作简便、速度快、耗能小、设备规模化容易。曾新安等[59]报道了应用交流高压电场加速'赤霞珠'陈酿的中试创新技术。在电场强度为 600 V/cm、频率为 1000 Hz 的处理条件下，可加速酒的陈酿，使原酒口感和谐、细腻，经高效液相色谱(HPLC)、气相色谱/质谱(GC/MS)结合常规化学分析方法鉴定，挥发性化合物中高级醇和醛类含量均显著降低，而酯类和游离氨基酸含量略有增加，其他各处理均无变化。研究结果表明，在选择适宜的工艺条件下，高压电场加速葡萄酒陈酿技术是缩短葡萄酒陈酿工艺时间、提高葡萄酒质量的可行方法。张斌等[60]研究了电场作用下橡木桶存储白兰地酒的物质溶出及陈酿规律，对已添加白兰地酒的橡木桶两端施加电场强度(约为 1 kV/cm)，每天电场处理 12 h，处理室温度控制在 15～20℃，相对湿度控制在 65%，连续处理 15 个月。研究发现陈酿 6 个月时，电场处理样的有益成分(如单宁、总酚、挥发性酚类物质和酯类物质等)的含量均增加，一些有害化合物(如乙醛、缩醛、高级醇)含量减少。在外加电场的作用下，白兰地中溶质分子的跃迁频率和激活熵被提高，增大了扩散过程中分子的自由度，加快了分子的扩散过程，同时活化能降低，扩散系数增大，从而促进了白兰地酒对橡木成分的提取。

1.2.3　脉冲电场对经济和环境因素的影响

PEF 作为新型非热加工技术，有助于提高食品加工的环境绩效。在消费升级力量的推动下，新一代消费者不仅愿意购买高品质的产品，同时也关注生产方式对自然环境的影响，因此大大促进了传统加工替代技术的发展，这些技术比传统技术投入的能源更低、资源更少，此外，还可以提高原材料和副产品的利用率。

PEF 杀菌所需的电场强度远高于 PEF 用于诱导植物或动物细胞分裂的电场强度，工业规模的 PEF 杀菌系统处理量达 5 t/h，预计投资成本与食品介质的电气特性及食品中潜在的致病菌、致腐菌对 PEF 的耐受性有关，大约在 200 万～300 万美元之间[61]。在加工过程中,能量使用效率是影响成本的一个重要因素,加工系统输出能量密度过高,易导致产品产热严重,需要消耗更多时间和能量冷却产品,随之能量效率降低。研究表明,在 40℃时,采用 PEF 设备对液态蛋进行杀菌,输入能量为 357 kJ/L,包括冷却所需总能量为 714 kJ/L,液态蛋保质期约为 26 d。冷却能量是脉冲能量传递的直接函数,处理时间延长,意味着能源支出增加,为了尽可能减少冷却能量,一种可行的方法是产品在 PEF 处理后、产品稳定性所需的最小能量基础上,在产品入口冷流和热流之间使用再生热交换,加快冷却速率。因此,PEF 处理的总能量输入不仅包括电气系统消耗的能量,还包括换热装置输入能量。

与仅采用 PEF 技术灭酶相比,PEF 结合微热不仅有利于酶失活,而且有利于减少输入能量。当热回收率为 95%时,在较高温度条件下,PEF 协同热效应,可减少 PEF 能量输入,能量输入接近传统巴氏灭菌所需的 20 kJ/L。提高产品质量的同时,也减少了能源消耗,降低了生产成本。传统干燥、提取工艺需消耗大量的机械热能,时间长,加工成本高,PEF 预处理工艺可实现对果蔬细胞的可逆击穿,提高果蔬脱水速率,可有效节约能源,PEF 提取甜菜汁的能量输入约为 3 MJ/t,远低于热提取通常需要的能量。通过 PEF 对玉米、橄榄、大豆和菜籽油进行预处理,可以大幅增加油脂提取率和功能性食品成分的含量,如植物甾醇、异黄酮或生育酚等,从而降低了比能耗。当 PEF 能量输入为 18 kJ/kg 时,橄榄油产量增加了 7.4%[62]。在生产过程中充分利用 PEF 预处理的节能特点,使产品在生产过程中减少能耗,降低成本,从能源效率的角度出发,提出了今后深入研究的方向。

1.3 本章小结

PEF 技术被公认是极具创新性、科学性和先进性的非热加工技术之一,是对传统热加工技术的革命,其以优良的处理效果、相对低廉的加工费用,具有广阔的应用前景。在使用 PEF 技术对各种食品进行杀菌保鲜方面已有大量报道,但在提取、干燥、冷冻和解冻等方面研究相对较少,未来的工作主要集中在微生物灭活的动力学机制以及 PEF 处理后的食品成分、质量安全问题及对医学、环境方面的影响。目前,国内的相关研究尚处于实验室阶段,与大规模工业生产应用还有一定的距离,需要研究者不断地改进 PEF 设备处理系统,相信随着对 PEF 技术研究的不断深入,其工业化应用指日可待。

思考题

1. 脉冲电场与传统热加工的根本区别是什么?

2. 脉冲电场有哪些特点?

3. 脉冲电场可以应用到哪些方面?

4. 就脉冲电场发展趋势谈谈想法。

参考文献

[1] Prochownick L, Spaeth F. Ueber die keimtödtende wirkung des galvanischen stromes[J]. Deutsche Medizinische Wochenschrift, 1890, 26: 564-565.

[2] Beattie J M, Lewis F C. The electric current (apart from the heat generated). A bacteriological agent in the sterilization of milk and other fluids[J]. Journal of Hygiene, 1925, 24: 123-137.

[3] Heinz V, Knorr D. Effect of pH, ethanol addition and high hydrostatic pressure on the inactivation of *Bacillus subtilis* by pulsed electric fields[J]. Innovative Food Science and Emerging Technologies, 2000,1: 151-159.

[4] Gilliland S E, Speck M L. Inactivation of microorganisms by electrohydraulic shock[J]. Appllied Microbiology, 1967, 15(5): 1031-1037.

[5] Sitzmann W. About the first industrial scale PEF–plants and Heinz Doevenspeck's Role–a historical review[C]//Jarm T, Kramar P. 1st World Congress on Electroporation and Pulsed Electric Fields in Biology, Medicine and Food & Environmental Technologies. Singapore: Springer, 2016: 3-6.

[6] Doevenspeck H. Influencing cells and cell walls by electrostatic impulses[J]. Fleischwirtschaft, 1961, 13(12): 968-987.

[7] Doevenspeck H. Elektroimpulsverfahren und vorrichtung zur behandlung von stiffen[P]: EP0148380 A2. 1984.

[8] Sale A J H, Hamilton W A. Effects of high electric fields on microorganisms: I. Killing of bacteria and yeasts[J]. BBA-General Subjects, 1967, 148(3):789-800.

[9] Benz R F, Zimmermann U. Reversible electrical breakdown of lipid bilayer membranes: a charge-pulse relaxation study[J]. The Journal of Membrane Biology, 1979, 48:181-204.

[10] Grahl T, Markl H. Killing of microorganisms by pulsed electric fields[J]. Applied Microbiology and Biotechnology, 1996, 45: 148-157.

[11] Aibara S, Esaki K. Effects of high-voltage electric field treatment on bread starch[J]. Bioscience, Biotechnology and Biochemistry, 1998, 62: 2194-2198.

[12] Zimmermann U, Pilwat G, Riemann F. Dielectric breakdown in cell membranes[J]. Biophysical Journal, 1974,14: 881-899.

[13] Hülsheger H, Niemann E G. Lethal effects of high voltage pulses on *E. coli* K12[J]. Radiation and Environmental Biophysics, 1980, 18: 281-288.

[14] Sitzmann W, Munch E W. Das ELCRACK verfahren: ein neues verfahren zur verarbeitung tierischer rohstoffe[J]. Die Fleischmehlindustrie, 1988, 40(2): 22-28.

[15] Toepfl S, Heinz V. Pulsed electric fields (PEF) applications in food processing-process and equipment design and cost analysis[C]. IEEE International Conference on Plasma Science, 2008.

[16] Grahl T. Abtöten von mikroorganismen mit hilfe elektrischer hochspannungsimpulse[D]. Hamburg: TU Hamburg-Harburg, 1994.

[17] 吴新颖, 李钰金, 郭玉华, 等. 高压脉冲电场技术在食品加工中的应用[J]. 中国调味品, 2010, 35(9): 26-29.

[18] Tao X Y, Chen J, Li L N, et al. Influence of pulsed electric field on *Escherichia coli* and *Saccharomyces cerevisiae*[J]. International Journal of Food Properties, 2015, 18(7): 1416-1427.

[19] Reineke K, Schottroff F, Meneses N, et al. Sterilization of liquid foods by pulsed electric fields-an innovative ultra-high temperature process[J]. Frontiers in Microbiology, 2015, 400(6): 1-11.

[20] Cregenzán-Alberti O, Arroyo C, Dorozko A, et al. Thermal characterization of *Bacillus subtilis* endospores and a comparative study of their resistance to high temperature pulsed electric fields (HTPEF) and thermal-only treatments[J]. Food Control, 2017, 73: 1490-1498.

[21] 张涛, 范成凯, 杨勇, 等. 高压脉冲电场对酵母活性变化与致死双重效应研究[J]. 核农学报, 2018, 32(8): 1556-1561.

[22] Zhao W, Yang R J, Wang M, et al. Effects of pulsed electric fields on bioactive components, colour and flavour of green tea infusions[J]. International Journal of Food Science and Technology, 2010, 44(2): 312-321.

[23] Yan Y L, Xin A Z, Deng Z, et al. Effect of pulsed electric field on the secondary structure and thermal properties of soy protein isolate[J]. European Food Research and Technology, 2011, 233(5): 841-850.

[24] Odriozola-Serrano I, Garde-Cerdán T, Soliva-Fortuny R, et al. Differences in free amino acid profile of non-thermally treated tomato and strawberry juices[J]. Journal of Food Composition and Analysis, 2013, 32(1): 51-58.

[25] Ma S, Wang Z H. Pulsed electric field-assisted modification of pectin from sugar beet pulp[J]. Carbohydrate Polymers, 2013, 92(2): 1700-1704.

[26] Zeng F, Gao Q Y, Han Z, et al. Structural properties and digestibility of pulsed electric field treated waxy rice starch[J]. Food Chemistry, 2016, 194: 1313-1319.

[27] 宋艳波, 刘振宇, 闫静, 等. 脉冲电场对玉米淀粉成膜性能的影响与优化[J]. 食品工业科技, 2017, 38(24): 222-226.

[28] Zulueta A, Esteve M J, Frasquet I, et al. Fatty acid profile changes during orange juice-milk beverage processing by high-pulsed electric field[J]. European Journal of Lipid Science and Technology, 2010, 109(1): 25-31.

[29] 梁琦, 杨瑞金, 赵伟, 等. 高压脉冲电场对油酸的影响[J]. 食品工业科技, 2009, (4): 86-89.

[30] Pena M D L, Salvia-Trujillo L, Rojas-Graü M A, et al. Impact of high intensity pulsed electric fields or heat treatments on the fatty acid and mineral profiles of a fruit juice-soymilk beverage during storage[J]. Food Control, 2011, 22(12): 1975-1983.

[31] Cserhalmi Z, Sass-Kiss Á, Tóth-Markus M, et al. Study of pulsed electric field treated citrus juices[J]. Innovative Food Science and Emerging Technologies, 2006, 7(1): 49-54.

[32] Zhang Z H, Zeng X A, Brennan C S, et al. Effects of pulsed electric fields (PEF) on vitamin C and its antioxidant properties[J]. International Journal of Molecular Sciences, 2015, 16(10): 24159-24173.

[33] Yu Y, Jin T Z, Xiao G. Effects of pulsed electric fields pretreatment and drying method on drying characteristics and nutritive quality of blueberries[J]. Journal of Food Processing and

Preservation, 2017, 41(6): e13303.

[34] Ostermeier R, Giersemehl P, Siemer C, et al. Influence of pulsed electric field (PEF) pre-treatment on the convective drying kinetics of onions[J]. Journal of Food Engineering, 2018, 237: 110-117.

[35] Rizvi A, Lyng J G, Daniele F, et al. Effect of pulsed electric field pretreatment on drying kinetics, color, and texture of parsnip and carrot[J]. Journal of Food Science, 2018, 83(8): 2159-2166.

[36] Liu C, Grimi N, Lebovka N, et al. Effects of preliminary treatment by pulsed electric fields and convective air-drying on characteristics of fried potato[J]. Innovative Food Science and Emerging Technologies, 2018, 47: 454-460.

[37] Darra N E, Grimi N, Maroun R G, et al. Pulsed electric field, ultrasound, and thermal pretreatments for better phenolic extraction during red fermentation[J]. European Food Research and Technology, 2013, 236(1): 47-56.

[38] Medina-Meza I G, Barbosa-Cánovas G V. Assisted extraction of bioactive compounds from plum and grape peels by ultrasonics and pulsed electric fields[J]. Journal of Food Engineering, 2015, 166: 268-275.

[39] Zhao W, Yu Z, Liu J, et al. Optimized extraction of polysaccharides from corn silk by pulsed electric field and response surface quadratic design[J]. Journal of the Science of Food and Agriculture, 2011, 91(12): 2201-2209.

[40] Li C, Mao X, Xu B. Pulsed electric field extraction enhanced anti-coagulant effect of fungal polysaccharide from Jew's ear (*Auricularia auricula*)[J]. Phytochemical Analysis, 2012, 24(1): 36-40.

[41] 范超, 徐凌志, 孙长波, 等. 高压脉冲电场辅助提取人参中多种水溶物的工艺优化[J]. 西北农林科技大学学报(自然科学版), 2017, 45(6):193-198.

[42] Xue D, Farid M M. Pulsed electric field extraction of valuable compounds from white button mushroom (*Agaricus bisporus*)[J]. Innovative Food Science and Emerging Technologies, 2015, 29: 178-186.

[43] Zhou Y, Qin H, Dan Z. Optimization extraction of protein from mussel by high-intensity pulsed electric fields: extraction of protein from mussel[J]. Journal of Food Processing and Preservation, 2017, 41(3): 1-8.

[44] 金声琅, 殷涌光. 高压脉冲电场辅助提取番茄皮渣的番茄红素[J]. 农业工程学报, 2010, 26(9): 368-373.

[45] Luengo E, Condón-Abanto S, Álvarez I, et al. Effect of pulsed electric field treatments on permeabilization and extraction of pigments from chlorella vulgaris[J]. The Journal of Membrane Biology, 2014, 247(12): 1269-1277.

[46] He G, Yin Y, Yan X, et al. Optimisation extraction of chondroitin sulfate from fish bone by high intensity pulsed electric fields[J]. Food Chemistry, 2014, 164(3): 205-210.

[47] Liu Z W, Zeng X A, Ngadi M. Enhanced extraction of phenolic compounds from onion by pulsed electric field (PEF)[J]. Journal of Food Processing and Preservation, 2018, 42(9): 1-8.

[48] Sanchezvega R, Mujicapaz H, Marquezmelendez R, et al. Enzyme inactivation on apple juice treated by ultra-pasteurization and pulsed electric fields technology[J]. Journal of Food Processing and Preservation, 2010, 33(4): 486-499.

[49] Leong S Y, Richter L K, Knorr D, et al. Feasibility of using pulsed electric field processing to inactivate enzymes and reduce the cutting force of carrot (*Daucus carota* var. Nantes)[J]. Innovative Food Science and Emerging Technologies, 2014, 26: 159-167.

[50] Gowrishankar T R, Esser A T, Smith K C, et al. Intracellular electroporation site distributions: modeling examples for nsPEF and IRE pulse waveforms[C]. International Conference of the IEEE Engineering in Medicine and Biology Society, 2011, 2011: 732-735.

[51] Yin S Y, Chen X H, Chen H, et al. Nanosecond pulsed electric field (nsPEF) treatment for hepatocellular carcinoma: a novel locoregional ablation decreasing lung metastasis[J]. Cancer Letters, 2014, 346(2): 285-291.

[52] Wu S, Guo J, Wei W, et al. Enhanced breast cancer therapy with nsPEFs and low concentrations of gemcitabine[J]. Cancer Cell International, 2014, 14(1): 98.

[53] 曾新安, 刘新雨. 脉冲电场对乳酸乙醇酯化反应的影响[J]. 华南理工大学学报(自然科学版), 2011, 39(12): 127-131.

[54] 林志荣. 脉冲电场对醇酸常温酯化反应影响研究[D]. 广州: 华南理工大学, 2013.

[55] 陈刚, 于淑娟. 脉冲电场对还原糖-谷氨酸钠体系美拉德反应的影响[J]. 食品工业科技, 2011, 32(7): 132-134.

[56] 贺湘, 于淑娟, 史文慧, 等. 脉冲电场强化天冬酰胺-果糖体系的研究[J]. 食品科学, 2011, 32(1): 78-81.

[57] 罗文波. 脉冲电场-活性氧协同作用降解壳聚糖研究[D]. 广州: 华南理工大学, 2011.

[58] Zhao D, Zeng X A, Sun D W, et al. Effects of pulsed electric field treatment on (+)-catechin-acetaldehyde condensation[J]. Innovative Food Science and Emerging Technologies, 2013, 20(4): 100-105.

[59] Zeng X A, Yu S J, Lu Z, et al. The effects of AC electric field on wine maturation[J]. Innovative Food Science and Emerging Technologies, 2008, 9(4): 463-468.

[60] 张斌, 曾新安, 杨华峰, 等. 电场对橡木桶陈酿白兰地中多酚类物质的影响[J]. 华南理工大学学报(自然科学版), 2012, 40(5): 145-148.

[61] Toepfl S, Mathys A, Heinz V, et al. Potential of high hydrostatic pressure and pulsed electric fields for energy efficient and environmentally friendly food processing[J]. Food Reviews International, 2006, 22: 405-423.

[62] Guderjan M, Elez-Martinez P, Knorr D. Application of pulsed electric fields at oil yield and content of functional food ingredients at the production of rapeseed oil[J]. Innovative Food Science and Emerging Technologies, 2007, 8(1): 55-62.

第 2 章　脉冲电场技术原理和概念

2.1　电学基本概念

物质是由原子构成的，而原子本身是带电粒子，即带正电的质子和不带电的中子构成原子核，核外有带负电的电子。当原子核的正电荷与核外电子的负电荷一样多时，整个原子表现为电中性。原子核内的质子和中子被核力紧紧地束缚在一起，核外电子依靠质子的吸引力维持在原子核附近。通常，距离原子核越远的电子受到的束缚越弱，就越容易受到外界影响而脱离原子。因此，原本电中性的物体，得到电子而带负电，失去电子的物体带正电[1]。

1) 电荷

物体或构成物体的粒子带正电或负电，带正电的粒子称为正电荷(符号为"+")，带负电的粒子称为负电荷(符号为 "-")。

2) 电荷量

电荷的多少称为电荷量，简称电量，用 Q 表示，单位为库仑(C)。库仑是一个相当大的单位，闪电前云层的电量可达数百库仑，梳头时梳子的带电量不到百万分之一库仑。因此，在实际应用中常使用微库(μC)、纳库(nC)和皮库(pC)。

元电荷表示最小的电荷量，符号为 e，大小为 1.60×10^{-19} C。所有带电体的电荷量都是 e 的整数倍，故电量不能连续变化。

3) 起电方式

摩擦起电：物体相互摩擦，带上等量异种电荷的现象。接触起电：物体相互接触，带上电荷的现象。感应起电：导体在电场的作用下，电荷重新分布的现象。

4) 电荷守恒定律

电荷既不能创生，也不能被消灭，只能从一个物体转移到另一物体，或者从物体的一部分转移到另一部分。在转移过程中，电荷的总量不变。

5) 电场

电场是存在于带电体周围、传递电荷间相互作用的特殊媒介。只要有电荷存在，那么它周围就存在电场。而且，电场对放进电场中的电荷具有力的作用，电荷所受到的电场作用力仅由其所处位置的电场决定，与其他电场无关。

6）电场的种类

　　静止电荷产生的电场，称为静电场。静电场对在其电场内的电荷具有力的作用，图 2-1 表示两个异种电荷间的电场分布，电场线越密集，表明两个电荷间作用力越强。电量大小及电荷性质随着时间变化的电场称为交变电场。

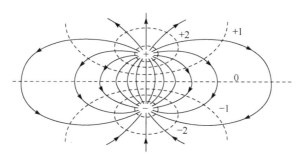

图 2-1　两个异种电荷间电场分布 [2]

　　电场按照电极形状分类：如图 2-2（a）所示，当两电极为平板（圆形、方形或者其他平面形状）时称为平行平板电场；如图 2-2（b）所示，当两电极为导电圆筒，同轴放置时称为同轴圆筒电场；以及其他形式的不规则电场。

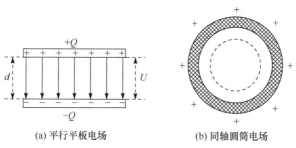

(a) 平行平板电场　　　　　　(b) 同轴圆筒电场

图 2-2　按电极形状分类的电场[3]

Q 表示电量，d 表示距离，U 表示电压

7）电势能和电势

　　电势能是电场中的电荷所具有的势能，符号为 W，单位为焦耳（J）。电势是指处于电场中某个位置的单位电荷所具有的电势能，符号为 φ，单位为伏特（V）。

8）电势差和电场强度

　　电场中两点间电势的差值称为电势差，也称为电压，用符号 U 表示，单位为 V，常用的有毫伏（mV）、千伏（kV）等。

　　电荷 q 在电场中从 A 点移动到 B 点，电场力所做的功 W_{AB} 与电荷量 q 的比值，称为 AB 两点间的电压，用 U_{AB} 表示：

$$U_{AB} = \frac{W_{AB}}{q} \tag{2-1}$$

电场强度是指电场中电荷在某处所受静电作用力与其电荷量的比值，符号为 E，单位为 V/m 或者 N/C。电场强度定义式：

$$E = \frac{F}{q} \tag{2-2}$$

式中，F 表示电场对试探电荷的作用力；q 表示放入电场中某点试探电荷的电荷量。

平行平板电场场强表达式：

$$E = \frac{U}{d} \tag{2-3}$$

式中，U 表示两电极间的电压；d 表示沿场强方向两点间距离。

9) 电容器与电容

电容器，顾名思义可以被形象地比作"装电的容器"，是一种容纳电荷的电器元件。任何两个彼此绝缘、相距很近的导体间均可构成电容器。电容，符号为 C，单位为法拉(F)，是指在给定电压下，电容器中电荷的储存量，等于电容器所带电量 Q 与电容器间电压 U 的比值。

$$C = \frac{Q}{U} \tag{2-4}$$

10) 电导与电阻

电导表示导体传输电流能力的大小，符号为 G，单位为西门子(S 或 Ω^{-1})。对于纯电阻电路，电导与电阻的关系方程为 $G=1/R$，导体的电阻越小，电导就越大。在交流电路中，电导不再是电阻的倒数，而是随着温度的变化有所变化。

2.2 脉冲电场基本知识

脉冲电场技术是以较高的电场强度(0.1～100 kV/cm)、较小的脉冲宽度(<50 μs)和较高的脉冲频率(<2000 Hz)对液体、半固体食品进行处理，从而实现杀菌钝酶、诱导改性、催陈老熟、强化反应、强化提取和强化干燥的新型非热食品加工处理技术。

2.2.1　脉冲电场处理系统

　　脉冲电场处理系统是由高压电源、电容组件、高压开关转换器、处理室和示波器组成的一套完整的电气系统。

　　(1)高压电源是设备的核心部件之一，需要能够提供预定电压 U_0，其中脉冲高压电源发生器的作用是将低能级电压转变成脉冲高强度电压。

　　(2)电容组件是将一个或多个暂时储存电能的电容器连接到平行电极上组成的部件，作用是对其进行充电-放电，从而产生强大的瞬时高压。

　　(3)高压开关转换器主要用于接通或断开导电回路的电器元件，是高压开关与其他控制、测量、保护、调节装置以及辅件和外壳等部件组成的总称。由于脉冲电场设备的单次脉冲时间持续极短(一般为几微秒)，因此，开关转化器必须能够经受住最大电压 U_{max} 及最大电流 I_{max} 强度。

　　(4)处理室是待处理物料接受脉冲电场处理的场所。一般是用碳、金属或者其他导电材料作为电极，外部采用绝缘材料，如有机玻璃、特氟纶等。

　　(5)示波器通过测定电极电压、脉冲宽度、脉冲频率等相关电参数，实时反映脉冲电场的处理情况。

2.2.2　脉冲电场处理室

　　图 2-3(a)为脉冲电场静态处理室示意图，该处理室由可移动式螺杆、可导电的上极板和下极板、处理腔、绝缘外壳等部分组成。将固体液体混合物料或者纯液体物料置于脉冲电场处理腔中，移动螺杆，使上极板与液面紧贴，不留任何空隙，而后可施加电脉冲处理。

　　图 2-3(b)为脉冲电场连续处理室，其由接地电极、高压电电极、绝缘体、O

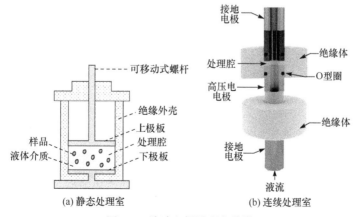

(a) 静态处理室　　　　　　(b) 连续处理室

图 2-3　脉冲电场处理室分类

型圈、处理腔等部分组成。通常处理室垂直放置，连续处理液体物料，物料"下进上出"，以保持物料的均匀性、连续性，同时可以准确控制物料的停留时间。管路中要先充满液料、排尽空气，方可接通电源进行脉冲电场处理，以防止管路中存在气泡，影响脉冲电场处理效果。

图 2-4 为三种常见的脉冲电场连续处理室的电极形状。

(1)平行平板式：整体管路为矩形，矩形的一侧接高压脉冲电，相对的一侧接地，液体物料由两板间空隙均匀流过，接通脉冲电场电源，从而形成均匀的平行平板脉冲电场。其中，平板式电场分布最均匀，电极设计最简单，利于实验的进行。

(2)同轴圆筒式：整体管路为圆形，中间有一根圆形实心导棒，外壳接地，内芯导棒接脉冲电高压端，液体物料在内芯导棒与外壳间均匀流过，接通脉冲电场电源，从而形成均匀脉冲电场。

(3)共场式：整体管路为圆形，上、下两小节管路接地，中间一节管路接脉冲电，液体物料由中间空隙均匀流过，接通脉冲电场电源，从而形成特殊的脉冲电场。

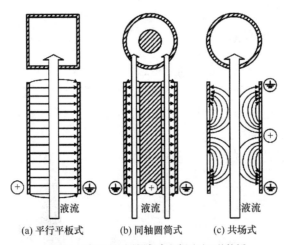

图 2-4　常见的连续脉冲电场电极形状[4]

脉冲电场处理物料时，尤其对于杀菌操作，单次处理很难达到杀菌效果，因此，需要设计多级处理室。图 2-5 为连续式多级脉冲电场处理装置图，其特点在于流体物料经单次泵送，依次流经四个串联的处理室，并且处理室直接配备冷却区，以控制物料温度，有利于降低产热，最大限度地保持物料的品质。

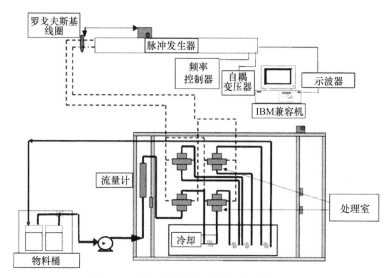

图 2-5　连续式多级脉冲电场处理装置图[5]

2.2.3　脉冲波形

脉冲信号是指短时间内作用于电路的电压或电流信号。广义上说，凡是非正弦波都可称为脉冲信号，如平方波、矩形波、钟形波、三角波和锯齿波等。图 2-6 表示实际矩形脉冲波形，下面将说明脉冲波形的主要参数。

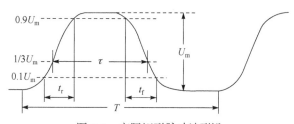

图 2-6　实际矩形脉冲波形[6]

（1）脉冲幅度 U_m：脉冲电压波形变化的最大值，单位为 V。

（2）脉冲上升时间 t_r：脉冲电压波形从 $0.1U_m$ 上升到 $0.9U_m$ 所需的时间，反映电压上升过渡过程的快慢。

（3）脉冲下降时间 t_f：脉冲电压波形从 $0.9U_m$ 下降到 $0.1U_m$ 所需的时间，反映电压下降过渡过程的快慢。

（4）脉冲宽度 τ：脉冲持续的时间，即同一脉冲内脉冲上升沿 $1/3U_m$ 至下降沿 $1/3U_m$ 的时间间隔。通常食品加工中脉冲电场设备的脉冲宽度为几微秒至几十微秒。

(5)脉冲周期 T：在周期性脉冲中，相邻两个脉冲波形相位相同点之间的时间间隔。

(6)脉冲频率 f：每秒时间内脉冲出现的次数，单位为赫兹(Hz)，$f=1/T$。频率大小主要与脉冲产生形式密切相关。电容充放电，电信号直接放大，频率就可以达到数百或数千赫兹。

(7)占空比 q：脉冲宽度与脉冲重复周期的比值，$q=\tau/T$，描述脉冲波形疏密的物理量。

脉冲上升时间和下降时间越短，越接近理想的矩形脉冲。脉冲上升时间和下降时间很关键，时间越短，产热越少。假设某个脉冲源的频率为 100 Hz，脉冲持续时间为 10 μs，则脉冲与脉冲间歇的时间约为 9990 μs，脉冲间歇时间远大于脉冲持续时间，这使得物料实际接受处理的时间极短，在绝大部分时间里处于"休息"状态，这也是脉冲电场处理技术能实现非热杀菌的基本原理之一。

2.2.3.1 脉冲电场主要波形

图 2-7 是三种常见典型的脉冲波形示意图，分别是平方波、指数衰减波和钟形波。可以看出，方波上升沿和下降沿的时间较短，使得产生的脉冲绝大部分处于峰值状态，有利于脉冲电场技术的应用；而指数衰减波上升沿时间虽然很短，但下降沿需要相对较长的时间，产生长长拖尾。在实际应用中，真正起作用的电能是图中 τ 所示的那一部分，而绝大部分拖尾过程中的能量以热能形式耗散在食品中，使得食品整体温度升高，从而影响食品品质，失去非热加工的意义。因此，根据图中释放最高电压的效率分析，平方波的效果要优于指数衰减波和钟形波。

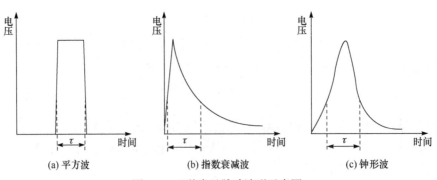

图 2-7　三种常见脉冲波形示意图

一般来说，脉冲电场处理系统的波形可分为平方波、指数衰减波、钟形波等多种形式，因此脉冲电路也有多种设计。平方波一般是通过一系列输送电线模拟的电感电容产生，脉冲发生电路价格较昂贵。而指数衰减波可用简单的电容充放电产生，价格比较便宜。图 2-8 是平方波和指数衰减波的简单模拟电路图。

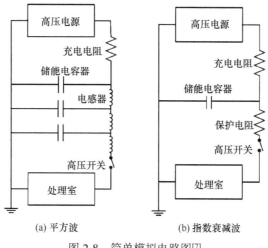

(a) 平方波　　　　　　(b) 指数衰减波

图 2-8　简单模拟电路图[7]

2.2.3.2　脉冲波的极性

脉冲波的极性可分为单极和双极两种形式。单极脉冲是指脉冲方向是单一的，要么总是正脉冲，要么总是负脉冲，也就是说电极上的电量大小随时间变化，但荷电性质不变。双极脉冲是指脉冲方向和大小均随时间做交替变化，这种形式的脉冲电场电极上电量和电荷性质均随时间变化，又称为交替脉冲波。

2.2.4　电介质物理

电介质物理研究电介质宏观介电性质、微观机制以及电介质的其他特殊效应，基本内容包括电介质极化和相对介电常数、极化的基本形式、电介质的损耗、电介质的击穿等。

2.2.4.1　电介质极化和相对介电常数

电介质是在电场作用下具有极化能力，并能长期存在于电场中的一种物质。通常电介质的带电粒子被原子、分子的内力或分子间的作用力紧密束缚着，因此这些粒子的电荷为束缚电荷，在外电场作用下，这些电荷也只能在微观范围内移动，从而产生极化。在外加电场作用下，电介质中的正、负电荷将沿着电场方向做有限的位移或转向，产生电矩，这种现象称为电介质的极化。

以真空平板电容器为例（图 2-9），填充介质极化前为

$$C_0 = \frac{Q_0}{U} = \frac{\varepsilon_0 \cdot A}{d} \tag{2-5}$$

填充介质极化后，则为

$$C = \frac{Q}{U} = \frac{Q_0 + \Delta Q}{U} = \frac{\varepsilon \cdot A}{d} \tag{2-6}$$

相对介电常数 ε_r 为

$$\varepsilon_r = \frac{C}{C_0} = \frac{Q_0 + \Delta Q}{Q_0} = \frac{\varepsilon}{\varepsilon_0} \tag{2-7}$$

式中，A 表示真空平板电容器的平板面积；ε 表示填充介质的介电常数；ε_0=8.86×10^{-14} F/cm，表示真空的介电常数。电介质的 ε_r 越大，电介质的极化特性越强，由其构成的电容器的电容量也越大，所以 ε_r 是表示电介质极化强度的一个物理参数。

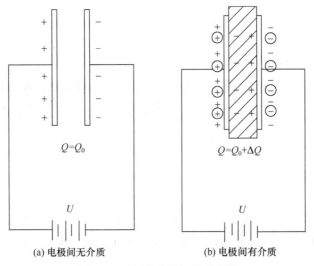

(a) 电极间无介质　　　　　　　　(b) 电极间有介质

图 2-9　平板电容器极化现象[8]

真空的 ε_r 为 1，各种气体电介质的 ε_r 都接近于 1，而液体、固体电介质的 ε_r 一般在 2～10 之间。几种常用电介质的 ε_r 列于表 2-1 中。

表 2-1　常用电介质的相对介电常数和电阻率[9]

材料类别		名称	ε_r (频率 50 Hz，20℃)	ρ_v /(Ω·m)
气体介质(标准大气压)		空气	1.00058	—
液体 介质	弱极性	变压器油	2.2	10^{10}～10^{13}
		液体有机硅	2.2～2.8	10^{12}～10^{13}

材料类别		名称	ε_r (频率 50 Hz，20℃)	ρ_v /(Ω·m)
液体 介质	极性	蓖麻油	4.5	$10^{10}\sim10^{11}$
		氯化联苯	4.6~5.2	$10^8\sim10^{10}$
	强极性	乙醇	33	$10^4\sim10^5$
		蒸馏水	81	$10^3\sim10^4$
固体 介质	中性或弱极性	石蜡	2.0~2.5	10^{14}
		聚苯乙烯	2.5~2.6	$10^{15}\sim10^{16}$
		聚四氟乙烯	2.0~2.2	$10^{15}\sim10^{16}$
		松香	2.5~2.6	$10^{13}\sim10^{14}$
		沥青	2.5~3.0	$10^{13}\sim10^{14}$
	极性	纤维素	6.5	10^{12}
		胶木	4.5	$10^{11}\sim10^{12}$
		聚氯乙烯	3.0~3.5	$10^{13}\sim10^{14}$
	离子性	云母	5~7	$10^{13}\sim10^{14}$
		电瓷	5.5~6.5	$10^{12}\sim10^{13}$

注：ρ_v表示体积电阻率。

当电场中充满不同的电介质时，电极之间各部分的电场分布不均匀，如图 2-10(a)所示，当电场中含有 ε_1 和 ε_2 两种电介质时，其电场按式(2-8)规律分布：

$$\frac{E_1}{E_2} = \frac{\varepsilon_2}{\varepsilon_1} \tag{2-8}$$

当电极之间的电压降仍然为 U 时，则式(2-9)成立：

$$E_1 \cdot d_1 + E_2 \cdot d_2 = U \tag{2-9}$$

当水相体系中含有气泡时，电场就属于不均匀电介质电场分布形式，一般说来空气的介电常数(ε_1)可认为是 1，水的介电常数(ε_2)为 81，则

$$E_1 = 81E_2 \tag{2-10}$$

图 2-10(b)中，实线(Ⅰ)的斜率表示空气相中的电场 E_1，U_1 表示空气中消耗的电压降；实线(Ⅱ)的斜率表示水相中的电场 E_2，U_2 表示水相中的电压降；虚线(Ⅲ)的斜率为假设整个体系为均相时的电场。从式(2-10)和图(2-10)可以看出，

空气相的电场强度远大于水相的电场强度，其电压降也很大。这说明当液相水中含有气相(空气)时，水相所获得的电场强度会大大小于均匀水相体系，因此在采用脉冲电场处理液体物料时，对物料预先进行脱气，保证液相中含有尽可能少的气泡。

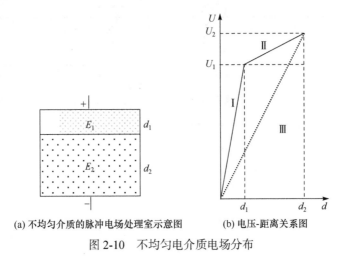

(a) 不均匀介质的脉冲电场处理室示意图　　　(b) 电压-距离关系图

图 2-10　不均匀电介质电场分布

在运用脉冲电场处理装置时，电介质的 ε_r 具有十分重要的实际意义。

(1)当处理的液体物料含有气泡时，由于气体和液体的 ε_r 相差很大，气体和液体之间，特别是气液界面的电场分布严重不均，从而会影响到电场的均匀度和处理效果。

(2)在交流及脉冲电压作用下，由于多层串联电介质中的电场分布与 ε_r 成反比，所以可利用不同 ε_r 的电介质的组合来改善绝缘体中的电场分布，使之尽可能趋于均匀，以充分利用电介质的绝缘强度，优化绝缘结构。

2.2.4.2　极化的基本形式

表 2-2 对极化的四种基本形式进行了比较。

表 2-2　各种极化方式的比较

极化类型	产生场合	极化时间	极化原因	能量损耗
电子式极化	任何电介质	10^{-15} s	束缚电荷的位移	没有
离子式极化	离子式结构电介质	10^{-13} s	离子的相对偏移	几乎没有
偶极子式极化	极性电介质	$10^{-10}\sim10^{-2}$ s	偶极子的定向排列	有
空间电荷极化	电极附近介质交界面	10^{-1} s～数小时	自由电荷的移动	有

1) 电子式极化

当没有外加电场作用于电介质时，电介质分子中围绕原子核旋转的电子云负电荷的作用中心与原子核所带正电荷的作用中心相重合。如图 2-11 (a) 所示，由于其正、负电荷量相等，此时电矩为零，对外不显电极性。如图 2-11 (b) 所示，当外加一个电场，电场力的作用将使电子的轨道相对于原子核产生位移，从而使原子中正、负电荷的作用中心不再重合，形成电矩。这种由于电子在外加电场作用下的位移所造成的极化称为**电子式极化**。电子式极化存在于所有电介质中，所需时间极短，约 10^{-15} s，在各种频率的交变电场中均能发生，其 ε_r 不随频率而变化，同时温度对这种极化的影响也极小。电子式极化所消耗的能量可以忽略不计，属于无损极化，且这种极化具有弹性，在去掉外电场作用时，依靠正负电荷之间的吸引力，其作用中心即刻恢复呈电中性。

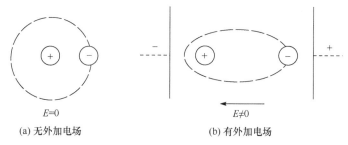

$E=0$ $E\neq0$

(a) 无外加电场   (b) 有外加电场

图 2-11 电子式极化

2) 离子式极化

图 2-12 (a) 表示由不同原子或离子组成的分子，如离子晶体中由正离子与负离子组成的结构单元，在无电场作用时，离子处于正常结点位置并对外保持电中性。但在外加电场作用下，如图 2-12 (b) 所示，正、负离子产生相对位移，正离子沿电场方向移动，负离子逆电场方向移动，破坏了原本呈电中性分布的状态，电荷重新分布，形成了偶极子，具有这类机制的极化形式称为**离子式极化**。

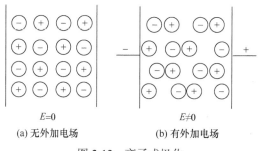

$E=0$ $E\neq0$

(a) 无外加电场   (b) 有外加电场

图 2-12 离子式极化

离子式极化时间极短，约 10^{-13} s，其极化响应速度通常在红外线频率范围，亦可在所有频率范围内发生，极化也是弹性的，也属于无损极化。

3) 偶极子式极化

对于极性电介质，其组成是具有偶极矩的极性分子，但在没有电场作用条件下，如图 2-13(a) 所示，极性分子混乱排布，固有偶极矩各个方向的分布概率相等，所有分子固有偶极矩的矢量和为零，整个介质仍然保持电中性。但在电场作用下，如图 2-13(b) 所示，每个极性分子在电场中都受到转动力矩的作用而产生旋转，并且有沿电场方向排布的趋向，其结果就是电介质的极化，这类极化形式称为**偶极子式极化**，也称为**转向极化**。

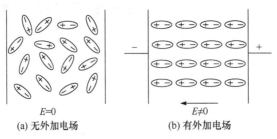

(a) 无外加电场   (b) 有外加电场

图 2-13 偶极子式极化

由于偶极子的结构尺寸比电子或离子大，当转向时需要克服分子间的吸引力而消耗能量，因此偶极子式极化属于有损极化，极化时间约为 $10^{-6} \sim 10^{-2}$ s，通常认为其极化响应速度在微秒以下。所以，在频率不高时，偶极子式极化的完成有可能跟不上电场的变化。因此，极性电介质的 ε_r 会随电源的频率而改变，频率增加，ε_r 会减小。

温度对极性电介质的 ε_r 也有很大影响，其关系较为复杂。当温度升高时，分子间的力削弱，使极化加强；但分子热运动加剧，又不利于偶极子沿电场方向进行有序排列，从而使极化减弱。所以极性电介质的 ε_r 最初随温度的升高而增大，当温度的升高使分子的热运动比较强烈时，ε_r 又随温度的升高而减小。

4) 空间电荷极化

由于电介质中存在一些可迁移的电子或离子，因而在电场作用下这些带电物质将发生移动，并聚积在电极附近的介质界面上，形成宏观的空间电荷，这种极化称为**空间电荷极化**。它是非均匀介质或存在缺陷的晶体介质所表现的主要极化形式之一。对于实际的晶体介质，其内部自由电荷在电场作用下移动，不可避免地会被晶体中存在的缺陷(如晶格缺位、杂质中心、位错等)部位所捕获，造成电荷的局部积聚，使电荷分布不均匀，从而引起极化。空间电荷极化一般进行得比较缓慢，而且需要消耗能量，属于有损极化。在电场频率较低的交变电场中容易发生这种极化，而在高频电场中，由于带电粒子来不及移动，这种极化难以发生。

夹层极化是指夹层介质在电场作用下的极化，是多层电介质组成的复合绝缘中产生的一种特殊的空间电荷极化，其极化过程特别缓慢，所需时间由几秒到几十分钟，甚至更长，且极化过程伴随有较大的能量损耗。夹层极化的发生是由于各层电介质的介电常数不同，其电导率也不同，当施加电压后，各层间的电场分布将会出现，从加压初瞬时按介电常数呈反比分布，逐渐过渡到稳态时的按电导率呈反比分布，由此在各层电介质中出现了一个电压重新分配的过程，最终导致在各层介质的交界面上出现宏观上的空间电荷堆积，形成所谓的夹层极化。

2.2.4.3 电介质的损耗

电介质在外电场的作用下，将一部分电能转变成热能的物理过程，称为电介质的损耗。电介质损耗的直接结果是电介质本身发热，温度上升。所以电介质的损耗与介质发热引起温度的上升是同一物理过程的两个方面。

在线路中，电介质损耗对电子材料及元器件是非常有害的。因为它不仅会引起线路上的附加衰减，而且使仪器设备中的元器件发热，工作环境温度上升，以致有可能破坏设备的正常工作，甚至使整个设备工作停止。因此，对于从事脉冲电场相关工作的技术人员来说，不仅要选择电性能优良的介质材料满足工程设备上的要求，而且要注意如何去减少材料的损耗，维护仪器设备的正常工作。人们必须了解电介质损耗的来源、发生的物理过程以及介质损耗随外部条件(交变电场的频率、处理温度等)变化的规律。

在直流电压下，由于介质中没有周期性的极化过程，而一次性极化所损耗的能量可以忽略不计，所以电介质中的损耗就只有电导引起的损耗，这时用电介质的电导率即可表达其损耗特性。因此，在直流电压下不需要再引入介质损耗这个概念。

在交流电压下，除了电导损耗外，还存在由于反复周期性进行的极化而引起的不可忽略的极化损耗，所以需要引入一个新的物理量来反映电介质的能量损耗特性。介质的能量损耗最终会引起介质发热，致使温度升高，温度升高又使介质的电导增大，泄漏电流增加，损耗进一步增大，如此形成恶性循环。长期的高温作用会加速绝缘体的老化过程，直至损坏绝缘体。

任何电介质在电压作用下都会有能量损耗。一种是电导损耗，是由电导引起的；一种是松弛极化损耗，是由某种极化所引起的；还有一种是谐振损耗。而且，同一介质在不同类型的电压作用下，其损耗类型是不同的。

1）电导损耗

电介质不是理想的绝缘体，不可避免地存在一些弱联系的导电载流子。在电场作用下，这些导电载流子将做定向漂移，在介质中形成传导电流。传导电流的大小由电介质本身的性质决定，这部分传导电流以热的形式被消耗，这种现象称为电导损耗。

2）松弛极化损耗

电介质在电场作用下发生极化，各种极化形式的充分建立都需要一定的时间。电子位移极化、离子位移极化建立的时间都非常短，仅需 $10^{-15}\sim10^{-14}$ s，在交变电源作用下，不会产生介质损耗而消耗能量。

热离子松弛极化、偶极子转向极化等所需建立的时间比较长，为 $10^{-8}\sim10^{-2}$ s，甚至更长。在外电场频率较低时，这一类极化能跟得上交变电场周期性的变化，极化得以完成；但当外电场频率比较高，如高频或超高频，偶极子转向极化等就跟不上电场周期的变化，产生松弛现象。致使电介质的极化强度滞后于外加电场强度，并且随着外电场频率的升高，电介质的介电系数下降；当外电场频率足够高，偶极子转向极化将完全跟不上电场周期性变化时，由这种极化形式提供的介电系数随频率上升而下降至零，过程中也消耗部分能量，而且在高频和超高频中，这类损耗将起主要作用，甚至比电导损耗还大，这种损耗称为松弛极化损耗。

3）谐振损耗（色散与吸收）

谐振损耗来源于原子、离子、电子在振动或转动时所产生的共振效应。这种效应发生在红外到紫外的光频范围。根据古典场论的观点，光是在真空或连续介质中传播的电磁波。电磁波在介质中传播的相对速度及介质的折射率依赖于频率，折射率随频率的变化形成色散现象。在原子、离子、电子振动或者转动的固有频率附近，色散现象非常显著。根据电磁场理论，色散的存在同时伴随着能量的损耗，色散的同时也存在着吸收。

2.2.4.4 电介质的击穿

当施加于电介质的电场强度增大到某一临界值时，电介质由绝缘状态突变为导电状态，这种现象称为介电强度的破坏，也称为电介质的击穿，与此相对应的"临界电场强度"称为介电强度或击穿电场强度。但严格地划分击穿类型是很困难的，但为了便于叙述和理解，通常将击穿类型分为两大类，一是热击穿，二是电击穿。

1）热击穿

热击穿的本质是处于电场中电介质的电势能转换为热量，当外加电压足够高时，就可能从发热与散热的热平衡状态转到不平衡的状态，若发出的热量比散去的多，介质温度将越来越高，直至出现永久性损坏，这就是热击穿。

2）电击穿

（1）气体的击穿。

一般在常温、常压下，气体具有良好的绝缘性。由于热运动碰撞、光照和辐照等作用，气体中产生少量的离子。这些离子会在外加电场作用下产生定向迁移，使气体产生一定程度的电导。如图 2-14 所示，当电场很小时，气体中的电流密度 j 与电场强度 E 成正比，此时气体的导电性遵循欧姆定律。当 E 持续增大，超过某值 E_1 之后，电流会出现饱和，此时气体中所有新产生的离子因被电场作用而都迅速移动到电极附近进行复合，两电极间缺乏更多的离子参加导电，因此电流不能再上升。饱和电流密度 j_s 的数值取决于气体中因各种原因产生离子的速度。对于正常情况下的空气来说，j_s 约为 6×10^{-15} A/m^2，这相当于 10^{16} 个空气分子中有一个离子。当电场继续增加至超过另一个值 E_2 时，电流又急剧上升；这是因为气体中导电质点，主要是电子，受电场作用而加速，得到了足够的能量，在与气体中其他分子碰撞后使后者电离，从而出现更多的电子参加导电。这种连锁反应使电流急剧增加至点 B，最后导致气体的电击穿。点 B 对应的场强 E_b 称为击穿场强。气体被击穿后随着电流的增加，两电极之间的电压下降，即场强减小；这是因为此时强烈电离的气体电导率很大，难以再建立强电场。正常情况下，空气的 E_2 值约为 10 kV/cm，而击穿场强 E_b 约为 30 kV/cm。

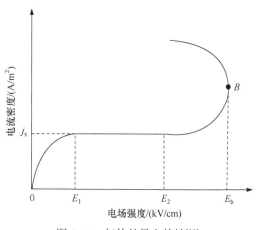

图 2-14　气体的导电特性[10]

气体在被击穿情况下的导电现象称为气体放电，雷电就是在大气中进行的气体放电现象。由于具体条件的不同，气体放电具有多种不同形式：①辉光放电：放电过程中发出不同颜色的辉光，不同放电气体辉光颜色不同，放电电流一般为

mA 级，为高电压、小电流放电；②弧光放电：气隙发生火花放电后立即发展至对面电极，形成非常明亮耀眼的白光（如电焊），电弧温度极高，为低电压、大电流的放电；③电晕放电：放电电流 μA 级，放电区发出晕光，放电局限在较小范围；④火花放电：出现又亮又响的放电火花，一般是高气压或尖端放电，即两极间电压增高至一定值时，气隙中突然发生明亮的火花，火花沿电力线伸展成细光束。若电源功率不大，则火花很快熄灭，接着又会突然发生下一次放电。

(2) 液体的电击穿。

液体介质含气时，无论是混入的其他气体，还是液体本身产生的气体，总是先在气泡内发生电离，这是因为气体的击穿场强要小得多，而气泡内的场强又总比周围液体的高。气泡电离产生的高能量电子可以使液体分子分解生成更多的气体，当气泡扩大至连通两极时，即导致液体的电击穿。

此外，电介质中强电场产生的电流在高温等某些条件下可以引起电化学反应，如离子导电的固体电介质中出现的电解、还原等。结果是电介质结构发生了变化，或分离出来的物质在两电极间构成导电的通路，或介质表面和内部的气泡中放电形成有害物质，如臭氧、一氧化碳等，使气泡壁腐蚀造成局部电导增加而出现局部击穿，并逐渐扩展成完全击穿。温度越高，作用时间越长，化学形成的击穿也越容易发生。

(3) 固体的电击穿。

固体介质电击穿理论是在气体放电的碰撞电离理论基础上建立的。大约在 19 世纪 30 年代，以 A. von Hippel 和 Frohlich 为代表，在固体物理基础上，以量子力学为工具，逐步建立了固体介质电击穿的碰撞理论，这一理论可简述如下。

在强电场下，固体介质中可能因冷发射或热发射存在一些原始自由电子。这些电子一方面在外电场作用下被加速，获得动能；另一方面与晶格振动相互作用，将电场能量传递给晶格。当这两个过程在一定温度和场强下平衡时，固体介质有稳定的电导；当电子从电场中得到的能量大于传递给晶格振动的能量时，电子的动能就越来越大，当电子能量大到一定值时，电子与晶格振动相互作用导致电离产生新电子，使自由电子数迅速增加，电导进入不稳定阶段，发生击穿。

2.2.5 主要操作参数

在脉冲电场处理中，有如下九个主要操作参数。

(1) 高压电源的电压。通过高压电源的电压决定了电容所能储存的电量的多少和通过电极的电压，并且对于不变的电极间距，还决定了电场强度。

(2) 平行电极间的电容储存量。对于给定的食品样品，假设电源电压保持恒定，平行电极间电容储存量决定了储存的能量和脉冲持续时间。

(3)电极间的距离。若通过电极的电压保持恒定，电极距离的增加将引起负载电阻的增加，并增加脉冲持续时间。

(4)脉冲总数。操作过程中持续施加的脉冲数量。

(5)脉冲发生的频率。一些设备允许不同频率的脉冲系列。

(6)脉冲波形。只有一些电子电源能够产生不同波形的脉冲。当处理的食品样品阻抗变化很大时，要想构造一个能够产生高压平方波的脉冲发生网络是非常困难的。在正弦曲线模式中，可以将食品看成一个电路。阻抗是很复杂的一项参数，与代表食品的电路中所有的电子元件(电阻和电容)相关。

(7)食品电阻率。在溶液或模型凝胶中，通过调整离子强度可以调整其电阻率，如加入能产生离子的盐。液体包围的固态食品(或固体食品的微粒)，其电阻率也能够被调整。食品样品电阻率的变化将引起样品阻抗的变化，并因此而改变整个电路的阻抗。

(8)通过处理室液体的流量。当电极处理室为连续式时，液态样品的流速(影响液体食品在处理室的停留时间)变成了一个独立参数。同脉冲持续时间、脉冲频率一起考虑这个参数是为了使每单位质量液态食品所消耗的能量保持恒定。

(9)样品温度。在食品样品进入处理室前可以调整它的初始温度。对于液态食品的连续式处理，在其接受电脉冲处理之前，可以通过热交换器将其冷却。通过将数个交换器平行放置，可以使液态食品以高流速经过较窄的电极间距，有利于形成高电场强度。而几个处理室串联和湍流能够减少样品在处理室的停留时间，从而提高处理的一致性。

2.3 食品电特性和相关模型

表2-3给出了一些食品的电阻率，其分布从$0.4\ \Omega \cdot m$(高盐分和高水分的食品)到$100\ \Omega \cdot m$(纯脂肪和高脂类的食品)，可见电阻率与食品的种类关系密切。另外，电阻率还在很大程度上取决于食品所处温度、脉冲电场频率以及所施加的电压。通过表2-3中不同NaCl含量食品的电阻率和电导率比较可知，随着NaCl含量的增加，电阻逐渐减低，电导率逐渐增加，表明离子含量会改变物料的电阻率和电导率。

表2-3 一些食品的电阻和导电特性[11]

食品或食品模型	电阻率/($\Omega \cdot m$)	电导率/(S/m)	温度/℃
蔬菜	20～111	0.009～0.048	25
水果	12.9～43.6	0.023～0.077	25

续表

食品或食品模型	电阻率/(Ω·m)	电导率/(S/m)	温度/℃
萝卜	33.3	0.03	30
	10	0.1	40
	6.66	0.15	80
番茄沙司	0.42	2.38	15
桃	25	0.04	20
鳄梨	10	0.1	20
苹果汁	5.7	0.17	15
浓缩橘汁	3.0	0.33	15
马铃薯	33.3	0.03	20
马铃薯葡萄糖琼脂	7.9	0.13	15
豌豆汤	3.8	0.26	15
脱脂乳	3.1	0.32	15
鸡肉	12.5	0.08	15
液体蛋	1.7	0.59	21
天然牛乳	2.6	0.38	15
2.05%脂肪的牛乳	2.04	0.48	15
3.5%脂肪的牛乳	2.2	0.45	15
0.1% NaCl	4.16	0.24	—
0.2% NaCl	2.38	0.42	—
0.3% NaCl	1.63	0.61	—
0.4% NaCl	1.23	0.81	—
0.5% NaCl	0.98	1.02	—
2% NaCl	0.34	2.9	

　　大部分食品的构成不均匀，因此会有不同成分和电阻率的区域。悬浮于液体中的固态食品可能会有与液体截然不同的电阻率。如果液体有较低的电阻率，那么电流可能直接流经液体而不通过固体。此外，在经过一个或几个电脉冲处理后，含有杂质的食品电特征可能会发生变化，特别是当细胞膜被击穿后。

　　要将食品样本看成一个电路模型，必须同时考虑它的电阻和电容特征：带电离子的传导可以看成电阻模型；偶极子的极化可看成电容模型。

　　液态食品主要由水和营养物质组成，如蛋白质、维生素、油脂和矿物质等，如图 2-15(a)所示，当将其置于电场中时，偶极分子产生极化，电荷携带者(如离子等)大量移动，产生电容电流和电阻电流；图 2-15(b)中，电路为电介质电路模型，形成电容；图 2-15(c)为电荷携带者传导电路模型，形成电阻；图 2-15(d)为(b)和(c)的联合电路，形成并联的电阻电容电路。假设食品物料有类似的电介质和电学特性，其有效电容和有效电阻可以计算如下：

$$C = \frac{\varepsilon_0 \cdot \varepsilon_r \cdot A}{d} \tag{2-11}$$

$$R = \frac{d}{\sigma \cdot A} = \frac{\rho \cdot d}{A} \tag{2-12}$$

式中，ε_0 表示空气介电常数 $8.84 \times 10^{-8}\ \mu F/cm$；$\varepsilon_r$ 表示食品物料的相对介电常数；A 表示电极面积；d 表示两平行电极的距离；σ 表示食品的电阻率；ρ 表示食品的电导率。

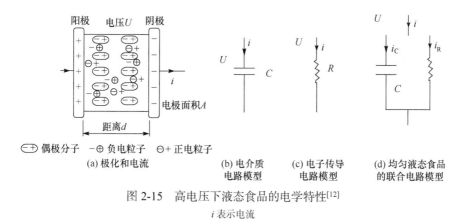

(a) 极化和电流　　(b) 电介质　　(c) 电子传导　　(d) 均匀液态食品
　　　　　　　　电路模型　　　电路模型　　　的联合电路模型

图 2-15　高电压下液态食品的电学特性[12]

i 表示电流

有时在平行电极间能够用电容 C_a 和电阻 R_a 来代表食品。食品在正弦曲线模式时的阻抗 Z 为

$$Z = \frac{R_a}{1 + j \cdot \omega_p \cdot C_a \cdot R_a} \tag{2-13}$$

式中，j 表示虚数因子；ω_p 表示电流的角频率，单位为 rad/s，按照 $\omega_p = 2\pi \cdot f$ 计算，其中 f 表示脉冲频率，角频率与通过电极的电压上升时间相关联。

在非常低频率的电路下，式(2-13)中的项 $j \cdot \omega_p \cdot C_a \cdot R_a$ 相对于 1 来讲可忽略不计，食品就像一个电阻。与之相反，如果电路频率很高，食品就像一个电容，电容的阻抗等于 $1/(j \cdot \omega_p \cdot C)$。

图 2-16 中，假设悬浮在液体中的一个生物细胞可用两个置于平行电极间的电路代替：电路 1 含有电阻 R_1 (细胞外液体)；电路 2 含有同电阻 R_2 (胞内细胞质液体)并联的电容 C (细胞膜)。假定 $R_2 < R_1$，在高频脉冲电场中，电路 2 的阻抗 Z_2 等于电阻 R_2，电容项忽略不计。因为 $1/Z_t = 1/Z_1 + 1/Z_2$，其中 Z_t 为电路的总电阻，因此 $1/Z_t = 1/R_1 + 1/R_2$。最终 Z_t 等于 R_2。悬浮于液体中细胞的行为就像一个电阻。

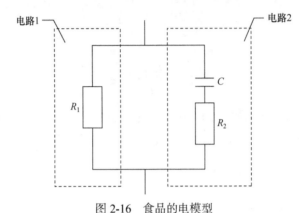

图 2-16　食品的电模型

R_1 表示细胞外液体电阻，C 表示细胞膜电容，R_2 表示胞内细胞质液体电阻；

电路 1 阻抗：$Z_1 = R_1$；电路 2 阻抗：$Z_2 = 1/(j \cdot \omega_p \cdot C) + R_2$；总电路阻抗：$1/Z_t = 1/Z_1 + 1/Z_2$

2.3.1　食品介质击穿

食品物料处于较强的脉冲电场下，中性、绝缘组分或分子会发生局部化合，变得极易导电，从而产生介质击穿现象。当生物体发生介质击穿，生物体的细胞膜通透性就会发生改变，更容易使电流和外加物质通过。

蛋白质、多糖或脂质，这些生物大分子运动缓慢，并且电流通过后的变化并不立刻显现出来。但是，它们可能会运载电荷。蛋白质和某些多糖含有离子基团，可看成偶极子；在强电场作用下，脂质也会诱变成偶极子。另外，电荷分离会引起大分子的重新定位或变形。例如，蛋白质的展开和变性，破坏蛋白质中的—SH 基团和 S—S 键的平衡，并且可能引起共价键的断开和发生氧化还原反应。

这些现象均不会引起较大的电流，除非大分子位于生物膜上，它们的变化导致脂双层膜穿孔或打开了蛋白质通道，这将会引起自由移动离子的快速通过，生成的电流导致欧姆加热，并加剧大分子的变化。

在相对无杂质的介质中，离子的存在会引起电流的急剧增加，还会引起电极电能的快速损耗。介质击穿也会发生在某些气体中，少数电子通过电场加速与 O_2 或 N_2 的外部电子相撞并且排斥它们，因而使这些分子电离产生强电流。当电场强度达到 10 kV/cm (潮湿空气)或 30 kV/cm (干燥空气)时，空气就会发生离子化，由此可以产生臭氧，甚至会产生过氧化氢。

含有杂质或者不均匀的食品更容易产生介质击穿现象，因为施加在食品上的电场更加不一致，局部的电场强度会很高。为了减少介质击穿的危险，需要对处理室和电极进行设计使其能够产生均一的电场，这就要求电极有光滑的表面和圆滑的边缘，并且电极间的距离相对于电极直径来讲相当小。同轴圆筒式电极由于边缘效应更小，一般会产生更为均一的电场。实际上，介质击穿常常是由气泡引起的，因此脉冲电场处理时应避免气泡的形成。液态食品，特别是以湍流状态经过连续式处理室时，预先除气泡是一种有效的方法。至于固态食品，必须将其在平板电极间进行轻微的压缩以排出多余的空气。否则，有些溶于食品中的空气在脉冲电场的作用下可能会发生演变，在电极间通过电化学反应生成 H_2、Cl_2 或其他气体，例如：

$$2H^+ + 2e^- \longrightarrow H_2 \qquad (2\text{-}14)$$

此时，气泡体积会膨胀得很快，甚至由于压力过高，产生爆破声，同时，流体汽化也会增加能量损耗，使液体迅速升温。

2.3.2　食品介电常数和电导率变化

1977 年，Pethig 报道了生物学材料的电介质和电学特性的理论模型[13]；1987 年，Kent 综述了与微波热相关的食品物料的电介质和电学性质[14]。概括地说，食品中的水分含量增加，介电常数也相应增加；温度增加，则介电常数降低。例如，脱脂牛奶的水分含量为 86%，在 0℃、30℃和 50℃时其介电常数分别是 63.6、60.0 和 55.0，而含水量 91%脱脂乳在三个温度下的介电常数分别为 70.1、66.3 和 60.7。

如表 2-4 所示，不同类型的啤酒、咖啡、果汁、牛奶和蔬菜汁，在 4～60℃之间，随着温度的升高，其电导率是不断增加的，这主要是分子的热运动造成的。

表 2-4　不同液体食品在不同温度下的电导率[15]

食品类别		电导率/(S/m)					
		4℃	22℃	30℃	40℃	50℃	60℃
啤酒	普通啤酒	0.080	0.143	0.160	0.188	0.227	0.257
	淡啤酒	0.083	0.122	0.143	0.167	0.193	0.218
咖啡	黑咖啡	0.138	0.182	0.207	0.237	0.275	0.312
	牛奶咖啡	0.265	0.357	0.402	0.470	0.550	0.633
	加糖咖啡	0.133	0.185	0.210	0.250	0.287	0.323

续表

食品类别		电导率/(S/m)					
		4℃	22℃	30℃	40℃	50℃	60℃
果汁	苹果汁	0.196	0.239	0.279	0.333	0.383	0.439
	葡萄汁	0.056	0.083	0.092	0.104	0.122	0.144
	柠檬水	0.084	0.123	0.143	0.172	0.199	0.227
	橘子汁	0.314	0.360	0.429	0.500	0.600	0.690
牛奶	3%脂肪的巧克力牛奶	0.332	0.433	0.483	0.567	0.700	0.800
	2%脂肪的巧克力牛奶	0.420	0.508	0.617	0.700	0.833	1.000
	脱脂巧克力牛奶	0.532	0.558	0.663	0.746	0.948	1.089
	无乳糖牛奶	0.380	0.497	0.583	0.717	0.817	0.883
	脱脂牛奶	0.328	0.511	0.599	0.713	0.832	0.973
	全脂牛奶	0.357	0.527	0.617	0.683	0.800	0.883
蔬菜汁	胡萝卜汁	0.788	1.147	1.282	1.484	1.741	1.980
	马铃薯汁	1.190	1.697	1.974	2.371	2.754	3.140
	混合蔬菜汁	1.087	1.556	1.812	2.141	2.520	2.828

液态食品电导率是受温度影响的，图 2-17 显示高场强脉冲下含 2%脂肪的牛奶的电导率与温度的关系，在处理温度为 15~23℃时，电导率为 0.32~0.51 S/m；30~34℃时，电导率为 0.60~0.65 S/m，电导率呈现随温度增高而增加的变化。

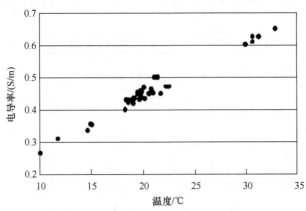

图 2-17　场强为 5~15 kV/cm 时含 2%脂肪的牛奶的电导率[12]

2.3.3　脉冲参数对物料温度的影响

表 2-5 是脉冲电场对不同初始温度的巴氏牛奶进行处理的结果，对比牛奶终止温度可以发现如下内容。

表 2-5　脉冲电场对巴氏牛奶的处理结果[16]

电场强度 /(kV/cm)	IT	脉冲数量/个							
		5		10		20		25	
		FT	Q_{PEF}	FT	Q_{PEF}	FT	Q_{PEF}	FT	Q_{PEF}
30	3	20	41	31	83	41	123	61	206
	13	26	42	36	86	46	127	62	213
	23	35	42	44	84	53	125	—	—
	33	45	42	54	82	62	125	—	—
40	3	24	71	39	143	54	214	66	286
	13	32	71	47	144	61	217	72	288
	23	39	71	55	145	67	216	—	—

注：IT 表示初始温度(℃)；FT 表示终止温度(℃)；Q_{PEF} 表示传递的能量(J/mL)。

（1）脉冲数量的影响：当处理的电场强度、起始温度相同时，随着脉冲数量的增加，脉冲所传递的能量会随之上升，牛奶体系的温度随之升高，终止温度也显示增高。

（2）起始温度的影响：当处理的电场强度、脉冲数量相同时，随着初始温度的增加，脉冲传递能量的作用越来越不明显，牛奶体系的温度虽有升高，但前后温度差较小。

（3）电场强度的影响：当处理的脉冲数量、起始温度相同时，随着电场强度的增加，脉冲所传递的能量明显上升，牛奶体系的温度随之升高，终止温度也显示增高。

2.4　能　量　计　算

2.4.1　键能

有机化合物在发生化学反应时，总是伴随着一部分共价键的断裂和新的共价键的生成。一种是均匀的裂解，也就是两个原子之间的共用电子对均匀断裂，两个原子各保留一个电子，形成自由基，这种断裂方式称为键的均裂。另一种方式是不均匀的裂解，也就是在键断裂时，两原子间的共用电子对完全转移到其中一个原子上,这种断裂方式称为键的异裂。

键能是化学键形成时放出的能量或化学键断裂时吸收的能量,可用来标志化学键的强度。其定义为:在标准状况下,将 1 mol 气态分子 AB 解离为气态原子 A、B 所需的能量,单位为 kJ/mol。键能的数值通常用该温度下该反应的标准摩尔反应焓变表示,如不指明,温度均为 298 K。

常用的另一个量度化学键强度的物理量是键离解能,表示一分子 AB 分解成独立的原子 A 和 B 所需的能量。键的离解能越小,键越容易裂解。由于产物的几何构型和电子状态在逐步改变时伴随有能量变化,除双原子分子外,键离解能不同于键能。例如,依次断开 CH_4 的四个 C—H 键的键离解能分别是 425 kJ/mol、470 kJ/mol、415 kJ/mol、335 kJ/mol,它们的平均值才等于 C—H 键的键能 (411 kJ/mol)。

另外,有机分子在不同体系中的键离解能不同。例如,对于氢气分子:

$$H_2 \longrightarrow 2H \cdot \quad \Delta H = 436.26\,kJ/mol \tag{2-15}$$

$$H_2 \longrightarrow H^+ + H^- \quad \Delta H = 1676.39\,kJ/mol \quad (气相中) \tag{2-16}$$

$$H_2 \longrightarrow H^+ + H^- \quad \Delta H = 276.33\,kJ/mol \quad (水相中) \tag{2-17}$$

可以看出,在气相中,由于需要分离不同的电荷,异裂的焓大于均裂的焓。然而,在溶剂存在的情况下,这个值会大大降低。

表 2-6～表 2-9 是关于常见有机化合物的键离解能、共价键的键长及键能、常见氢键的键长及键能和共价分子间的作用能分配的统计表。

表 2-6　常见有机化合物的键离解能[17]

化合物的类型	键的类型	键离解能(298 K)	
		(kJ/mol)	(eV/键)
$H_3C—H$	甲基 C—H 键	439	4.550
$C_2H_5—H$	乙烷基 C—H 键	423	4.384
$(CH_3)_2CH—H$	异丙基 C—H 键	414	4.293
$(CH_3)_3C—H$	叔丁基 C—H 键	404	4.187
$(CH_3)_2NCH_2—H$	α-胺 C—H 键	381	3.949
$(CH_3)_3COCH—H$	α-醚 C—H 键	385	3.990
$CH_3C(=O)CH_2—H$	α-酮 C—H 键	402	4.163
$CH_2=CH—H$	乙烯基 C—H 键	464	4.809

续表

化合物的类型	键的类型	键离解能(298 K)	
		(kJ/mol)	(eV/键)
$H_3C—CH_3$	链烷 C—C 键	347～377	3.60～3.90
$H_2C=CH_2$	烯烃 C=C 键	～710	～7.4
$HC≡CH$	炔烃 C≡C 键	～960	～10.0

表 2-7　常见的共价键的键长及键能[18]

键	键长/pm	键能/(kJ/mol)	键	键长/pm	键能/(kJ/mol)
H—H	74	436	C—H	109	416
O—O	148	146	N—H	101	391
S—S	205	226	O—H	96	467
F—F	128	158	F—H	92	566
Cl—Cl	199	242	B—H	123	293
Br—Br	228	193	Si—H	152	323
I—I	267	151	S—H	136	347
C—F	127	485	P—H	143	322
B—F	126	548	Cl—H	127	431
I—F	191	191	Br—H	141	366
C—N	147	305	I—H	161	299
C—C	154	356	N—N	146	160
C=C	134	598	N=N	125	418
C≡C	120	813	N≡N	110	946

注：键周围不同的原子、基团会对此处的键能产生较大的影响，涉及具体计算时，应进行具体分析，并查阅具体的键能数据。

推荐数据库：①罗渝然编著《化学键能数据手册》(科学出版社)；②罗渝然、郭庆祥、俞书勤等著《现代科学中的化学键能及其广泛应用》(中国科学技术大学出版社)；③清华大学与南开大学共同开发完成的键能数据库(http://ibond.nankai.edu.cn/)。

表 2-8　常见氢键的键长及键能[19]

类型	键长/pm	键能/(kJ/mol)
F—H···F	255	28.0
O—H···O	276	18.8
N—H···N	338	5.4
N—H···F	268	20.9
N—H···O	286	16.2

表 2-9　常见共价分子间的作用能分配[18]

分子	偶极矩 /($\times 10^{-30}$, C·m)	取向力 /(kJ/mol)	诱导力 /(kJ/mol)	色散力 /(kJ/mol)	总计/(kJ/mol)
HI	1.27	0.005	0.025	5.62	5.65
HBr	2.60	0.091	0.060	2.59	2.74
HCl	3.60	0.274	0.079	1.54	1.89
CO	0.33	0.00005	0.0008	0.99	0.991
NH_3	5.00	1.24	0.15	1.37	2.76
H_2O	6.17	2.79	0.15	0.69	3.63

注：温度 20℃时，分子间距离为 400 pm；不同教材上，分子间作用力的数据各有不同。

2.4.2　脉冲电场能量

脉冲电场研究过程中不同研究团队所用的设备不同，导致其计算电场参数有一定的差异。电场强度是影响脉冲电场设备的重要电参数，由于所用设备的不同，单纯使用电场强度来衡量脉冲电场处理效果缺乏横向可比性。因此，使用脉冲电场处理过程中的能量输入来代替电场强度衡量脉冲电场处理效果更为合理。

2.4.2.1　处理时间

脉冲电场处理时间 t(μs)取决于单个处理室内食物介质接收的脉冲数 N_p(个)与脉宽 W_p(μs)的乘积，脉冲电场处理一次有效处理时间 t 计算如下：

$$t = N_p \times W_p \tag{2-18}$$

$$N_p = \frac{VF}{f} \tag{2-19}$$

式中，f 表示脉冲频率(Hz)；V 表示处理室体积(mL)；F 表示样品的流速(mL/min)。

2.4.2.2　能量的转移

脉冲电场处理过程中，能量的转移是由食品物料的电导率、温度和电脉冲特性(波形、脉宽、峰值电压和电流等)多种因素决定的。因此，电脉冲的输入能量 W(J)可计算如下：

$$W = \int_0^t P(t)\mathrm{d}t \tag{2-20}$$

其中，

$$P(t) = V_p(t) \cdot I(t) \qquad (2\text{-}21)$$

代入式(2-20)得,

$$W = \int_0^t V_p(t) \cdot I(t) \mathrm{d}t \qquad (2\text{-}22)$$

式中, $I(t)$ 表示实时电流(A); $P(t)$ 表示实时功率(W); $V_p(t)$ 表示脉冲实时电压 (V); t 表示处理时间。

2.4.2.3　电容中存储的能量

电容中的能量是通过变压系统储存起来的,然后对预处理物料进行放电输出能量。储存的电容 C_0(F)可表示为

$$C_0 = \frac{\tau}{R} = \frac{\tau \cdot \sigma \cdot A}{d} \qquad (2\text{-}23)$$

式中, A 表示电极板面积(m²); R 表示电阻(Ω); d 表示电极板的板间距离(m); σ 表示食品的平均电导率(S/m); τ 表示脉冲宽度(s)。因此储存在电容中的能量 Q(J)表示为

$$Q = \frac{1}{2} C_0 V_C^2 \qquad (2\text{-}24)$$

式中, V_C 表示放电电压(V)。

2.4.2.4　脉冲电场输入的能量密度

根据不同电脉冲发生器,能量密度有不同的表示方式。对于脉冲电场杀菌常用的平方波,电脉冲发生器的能量输入 Q_s(J)表示为

$$Q_s = \frac{V \cdot I \cdot t}{v} = \frac{V \cdot I \cdot \tau \cdot n}{v} = \frac{V^2 \cdot \tau \cdot n}{R \cdot v} = n \cdot \sigma \cdot \tau \cdot E^2 \qquad (2\text{-}25)$$

式中, E 表示电场强度(V/m); n 表示脉冲数; v 表示处理体积(m³); τ 表示脉冲宽度(s)。

在处理室径向方向上,食物流速差异很大,管壁附近的流速相比管道中心区域小,所以食物的处理时间也不均匀。一定范围内,脉冲电场作用时间越长,微生物致死率越高,最终趋于稳定不变。超过这一范围,处理时间再延长,食品杀菌效果不再有明显变化,而且会使处理室内温度大幅度上升。

2.4.2.5　脉冲电场下物料的升温

物料增加的大致温度 ΔT(K)可以用特定的输入能量密度 ψ (J/m³)除以单位体

积物料温度升高 1℃所需能量来表示:

$$\Delta T = \frac{\psi}{\rho \cdot C_v} \tag{2-26}$$

式中, ρ 表示能量密度(kg/m^3); C_v 表示热熔[J/(kg·K)]。

输入能量密度 ψ 可采用平均输入功率除以产品流速来进行计算:

$$\psi = P_{in} / \Phi = U \cdot I \cdot \tau \cdot f \tag{2-27}$$

式中, P_{in} 表示平均输入功率(W); Φ 表示流速(m^3/s); U 表示施加的电压(V); I 表示电流(A); τ 表示单脉冲持续时间(s); f 表示脉冲发生频率(Hz)。

另外一种计算温度增加的方法是以吸收的功率密度 q (W/m^3) 来表示暴露在电场中的时间 t_{exp} (s) 里一定体积物料产生的热量, 如式(2-28)所示。由于物料可视为电阻, 当电流通过物料时就会产生热量。特定的能量吸收可以用吸收的功率密度 q 乘以物料在电场中的接受电作用的时间 t_{exp}。

$$\Delta T = q \cdot t_{exp} / (\rho \cdot C_v) \tag{2-28}$$

如式(2-29)所示, 吸收功率密度 q 与物料的电导率 σ (S/m) 和电场强度 E (V/m) 成正比。而处理室中的电场强度与在处理室中的空间位置有关, 电场强度 E 是所在点在半径方向到处理室壁的距离 r 和处理室中的轴向位置 z 的函数, 以 $E(r, z)$ 表示, 因此在处理室的不同位置其吸收功率密度和升温会有所不同。

$$q = \sigma \cdot E^2 = \sigma \cdot E(r, z)^2 \tag{2-29}$$

物料接受电场作用时间 t_{exp} 通过物料在电极之间的保留时间 t_{res} 乘以占空比计算, 而占空比为单脉冲持续时间 τ 乘以脉冲发生频率 f。而物料在电极之间的保留时间 t_{res} 与处理室长度成正比, 与流速 $u_z(r)$ (m/s) 成反比, 如式(2-30)所示。

$$t_{exp}(r) t_{res}(r) \cdot \tau \cdot f = d \cdot \tau \cdot f / u_z(r) \tag{2-30}$$

如果流速不均匀, 物料在电场中的保留时间就会不均匀。根据临界边界条件, 在贴近管壁处的流速可能为 0, 而在管中心处流速最大。在层流情况下, 管内轴向流速可用式(2-31)的抛物线方程表示为

$$u_z(r) = 2u_{z, avg} \cdot [1 - (r / R)^2] \tag{2-31}$$

式中, R 表示处理室半径; $u_{z,avg}$ 表示管中轴向的平均流速。将式(2-29)～式(2-31)

代入式(2-28),得到温度增加与各相关变量的函数关系为

$$\Delta T(r, z) = \frac{\sigma \cdot d \cdot \tau \cdot f}{2 \cdot \rho \cdot C_{\mathrm{v}} \cdot u_{z, \mathrm{avg}}} \cdot \frac{E(r, z)^2}{1 - (r / R)^2} \qquad (2\text{-}32)$$

因此,温度增加与电场强度和保留时间均有关。然而,由于管中心流速快,在电场中保留时间最短,电场强度也最弱。因此,脉冲电场处理系统温度的增加很不均匀。

2.5 脉冲电场技术特点

随着脉冲电场研究的不断深入,研究发现脉冲电场处理具有以下技术特点(图 2-18)。

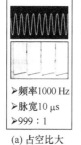

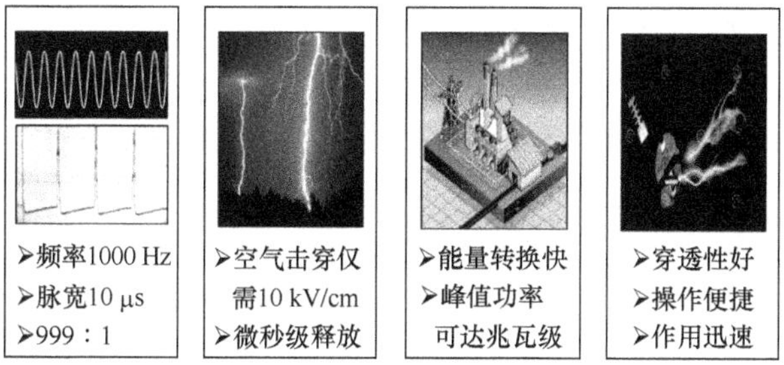

➤频率1000 Hz   ➤空气击穿仪   ➤能量转换快   ➤穿透性好
➤脉宽10 μs   需10 kV/cm   ➤峰值功率   ➤操作便捷
➤999 : 1   ➤微秒级释放   可达兆瓦级   ➤作用迅速

(a) 占空比大   (b) 瞬间场强大   (c) 电源功率大   (d) 直接放电

图 2-18 脉冲电场技术特点

(1)脉冲电场占空比大:一般来说,脉冲电场设备的电场频率在千赫兹以上,而其脉宽仅为几微秒到几十微秒,物料在处理过程中有相当长的间歇时间。

(2)瞬间场强大:作为一种高压瞬时放电设备,当瞬间场强达 10 kV/cm 时,足以击穿空气,产生放电效果。

(3)电源功率大:一般设备平均功率为数千瓦,其峰值功率可达兆瓦级。

(4)直接作用物料:物料作为介质,脉冲电场设备处理物料时,直接对物料进行放电。

2.6 本 章 小 结

本章介绍了电学基本概念和脉冲电场基本知识,如脉冲电场处理设备的基本构成(高压电源、电容组件、高压开关转换器、处理室和示波器)、两大脉冲电场处理室类型(脉冲电场静态处理室和脉冲电场连续处理室)、三大常用脉冲波形(平

方波、指数衰减波和钟形波)、四大电介质极化类型(电子式极化、离子式极化、偶极子式极化和空间电荷极化)、三大电介质损耗形式(电导损耗、松弛极化损耗和谐振损耗)、两大电介质击穿方式(热击穿和电击穿)。

除了纯电学知识,本章对脉冲电场中食品的电特性和相关模型进行了详细的介绍。

(1)含有杂质或不均匀的食品物料更易产生介质击穿现象。

(2)食品中的水分增加,其介电常数也会相应增加;若处理温度增加,则其介电常数降低,电导率升高。

(3)食品中的带电离子传导可以看成电阻模型,偶极子的极化可看成电容模型。

(4)脉冲电场处理食品物料会使体系温度轻微升高,而且升温程度与脉冲数量(或脉冲处理时间)、初始温度和电场强度等有关。

(5)液态食品物料要预先脱气后才能进行脉冲电场处理,防止由于体系气液界面的电场分布不均影响处理效果,造成电击穿、增加食品受热。

(6)可运用相关公式对脉冲电场输入的能量进行粗略的计算,更加有利于脉冲电场技术大规模的推广及使用。

思考题

1. 脉冲电场技术是什么,其特点有哪些?

2. 电介质的极化有哪些类型,各有什么特点?

3. 计算题:如图 2-19 所示,两种不同电介质完全填充置于脉冲电场平行平板处理室中,已知 d_1=1 cm,d_2=3 cm,E_1=20 kV/cm,E_2=2 kV/cm,求两极板之间的电压降 U 以及两物质的介电常数之比 $\dfrac{\varepsilon_1}{\varepsilon_2}$ 是多少?

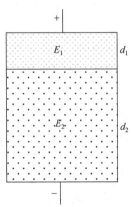

图 2-19 两种电介质填充的平行平板电场

参考文献

[1] 杨玲. 基础物理(下册)[M]. 西安：西北大学出版社, 2016.

[2] 珀塞尔 E M. 伯克利物理学教程(SI 版), 第 2 卷, 电磁学[M]. 宋峰, 等译. 3 版. 北京: 机械工业出版社, 2018.

[3] 曾新安, 陈勇. 脉冲电场非热灭菌技术[M]. 北京: 中国轻工业出版社, 2005.

[4] Töpfl S. Pulsed electric fields (PEF) for permeabilization of cell membranes in food- and bioprocessing-applications, process and equipment design and cost analysis[D]. Berlin: Technische Universität Berlin. 2006.

[5] Alkhafaji S R, Farid M. An investigation on pulsed electric fields technology using new treatment chamber design[J]. Innovative Food Science & Emerging Technologies, 2007, 8(2): 205-212.

[6] 范娟, 张新建, 鲁艳旻. 电子技术基础[M]. 北京: 清华大学出版社, 2014.

[7] Toepfl S, Heinz V, Knorr D. Overview of pulsed electric fields processing for food//Sun D W. Emerging Technologies for Food Processing (Second Edition)[M]. Amsterdam: Elsevier, 2005: 93-114.

[8] 陈永真, 李锦. 电容器手册[M]. 北京: 科学出版社, 2008.

[9] 孙目珍. 电介质物理基础[M]. 广州: 华南理工大学出版社, 2000.

[10] 张良莹, 姚熹. 电介质物理[M]. 西安: 西安交通大学出版社, 1991.

[11] Barsotti L, Cheftel J C. Food processing by pulsed electric fields. II . Biological aspects[J]. Food Reviews International,1999, 15(2): 181-213.

[12] Zhang Q, Barbosa-Cánovas G V, Swanson B G. Engineering aspects of pulsed electric field pasteurization[J]. Journal of Food Engineering,1995, 25(2): 261-281.

[13] Pethig R. Some dielectric and electronic properties of biomacromolecules[J]. Dielectric and Related Molecular Processes,1977, S86-88(77): 783-784.

[14] Jowitt R, Escher F, Kent M, et al. Physical Properties of Food—2: Cost 90bis Final Seminar Proceedings[M]. Amsterdam: Elsevier, 1987.

[15] Zhang H. Electrical properties of foods//Barbosa-Canovas G V. Food Engineering[M]. Oxford: Eolss, 2007.

[16] Guerrero-Beltrán J Á, Sepulveda D R, Góngora-Nieto M M, et al. Milk thermization by pulsed electric fields (PEF) and electrically induced heat[J]. Journal of Food Engineering, 2010, 100(1): 56-60.

[17] 杨照地, 孙苗, 苑丹丹. 量子化学基础[M]. 北京: 化学工业出版社, 2012.

[18] 古国榜, 展树中, 李朴. 无机化学[M]. 北京: 化学工业出版社, 2010.

[19] 刘又年. 无机化学[M]. 2 版. 北京: 科学出版社, 2013.

第 3 章　脉冲电场杀菌

3.1　引　　言

PEF 杀菌技术作为能实现液体食品低温、连续杀菌操作的新型非热食品杀菌技术，与传统的热杀菌(65~121℃)相比，能在较温和温度条件下(<60℃)有效地杀灭液体食品中的微生物。另外，由于其极短处理时间(μs 级)和非热作用效果，因而能最大限度地保持食品原有营养、风味、色泽和口感。随着健康、新鲜、营养的观念深入人心，PEF 非热加工技术应用前景非常广阔。

3.2　脉冲电场杀菌机理

目前，关于 PEF 杀菌存在多种假说机制，包括细胞膜电穿孔模型、电崩溃模型、黏弹性模型、电解产物效应和臭氧效应等，其中被广泛接受的为细胞膜电穿孔与电崩溃两种机制。

3.2.1　细胞膜电穿孔机制

Tsong[1]从细胞膜液态镶嵌模型出发，认为细胞膜是由蛋白质和脂双层构成，具有一定通透性和机械强度。在 PEF 处理过程中，由于细胞膜脂双层对电场比较敏感，其结构发生一定程度的改变，从而出现细胞膜失稳，膜磷脂无序度增加，并在细胞膜上形成亲水性小孔。电穿孔使细胞膜局部失去选择透过性，细胞膜通透性大幅增加，由于细胞内的渗透压高于细胞外，细胞吸水膨胀，膜上小孔增大，最终细胞膜破裂，导致微生物死亡(图 3-1)。

近年来通过分子动力学模拟技术模拟 PEF 作用下细胞膜电穿孔的动态过程，发现该过程具体包括四个步骤。

(1)通过施加外部电场，在微生物细胞膜上建立跨膜电势。跨膜电势的大小取决于脉冲强度、细胞大小、膜的厚度及细胞内、外介质电导率大小等因素。细胞直径越大，PEF 在细胞膜上诱导形成的跨膜电势越大。这个过程一般持续几纳秒至几微秒，如图 3-2(a)所示。

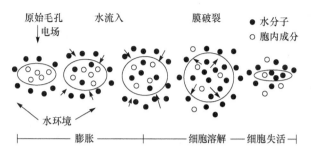

图 3-1　脉冲电场作用下细胞膜电穿孔模型机理示意图[1]

膨胀阶段：电场作用导致细胞膜上形成亲水性小孔，胞内外渗透压差导致细胞吸水膨胀；

细胞溶解失活阶段：细胞吸水膨胀导致小孔增大，细胞膜破裂，细胞失活

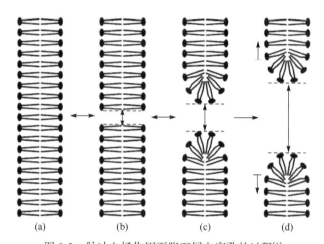

图 3-2　脉冲电场作用下脂双层电穿孔的过程[1]

(a)完整的脂双层；(b)疏水性小孔的形成；

(c)可逆、处于亚稳定状态亲水性小孔的形成；(d)不可逆、稳定亲水性小孔的形成

(2)跨膜电势作用使细胞膜上形成疏水性小孔，如图 3-2(b)所示，细胞膜上疏水性小孔的形成是实现细胞膜电穿孔的第一步，也是至关重要的一步。Vernier 等[2]和 Kotnik 等[3]利用分子动力学模拟发现水分子在电穿孔过程中起着至关重要的作用，穿孔的初期水分子在脂双层间形成"水桥"，有效降低脂双层"能垒"，从而诱导磷脂分子亲水性头部基团重新排列形成亚稳定亲水性的小孔，如图 3-3 和图 3-4 所示。

(3)孔隙的数量与尺寸逐渐变大，使细胞膜的通透性增加，这一过程与 PEF 处理场强和处理时间直接相关，如图 3-2(c)所示。

(4)最终导致细胞内容物的流出，如图 3-2(d)所示。

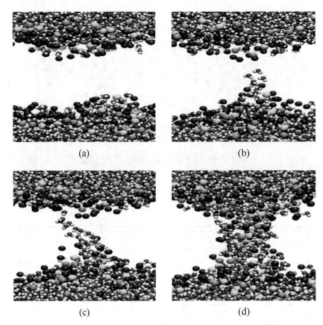

图 3-3　分子动力学膜脂双层电穿孔过程(彩图见封二)[2]

(a)棕榈酰油酰磷脂酰胆碱(POPC)脂双层；(b)水分子进入脂双层疏水区；(c)水分子穿过疏水区，"水桥"形成；
(d)磷脂亲水头部基团进入疏水区形成亲水性的小孔；其中一个红球和两个白球组成的分子表示水分子，金色球
和蓝色球分别表示磷脂头部基团的磷和氮，大的灰色球表示磷脂氧原子，碳氢键没有显示；从(a)至(d)整个过程
少于 5 ns

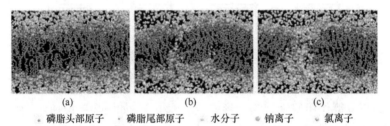

·磷脂头部原子　·磷脂尾部原子　·水分子　·钠离子　·氯离子

图 3-4　分子动力学模拟脉冲垂直于脂双层电场作用下脂膜上亲水性小孔形成过程
(彩图见封二)[3]

(a)完整的脂双层；(b)水分子穿过脂双层形成"水桥"；(c)与"水桥"相邻的磷脂亲水性头部沿
"水桥"重新排列，脂膜上形成稳定亲水性小孔

3.2.2　细胞膜电崩溃机制

细胞膜的电崩溃机制是依据构成微生物细胞膜脂双层对离子不通透及具有一定机械强度的特性。在电场作用下，细胞膜等效于一个电容，当细胞膜上外加一个电场(E)时，在电场诱导作用下，细胞内、外的离子在细胞膜上定向堆积，从而在膜上形成诱导电势(跨膜电势)，并且细胞膜两侧堆积的异号电荷相互吸引，

形成对膜的侧向挤压力；当外加电场强度逐渐增大，膜上诱导电势(跨膜电势)达到一个临界值时(0.5～1.5 V)，导致细胞膜穿孔，膜的通透性增加；场强进一步增大使细胞膜产生不可修复的穿孔，使细胞膜破裂、崩溃，导致微生物失活，达到杀灭效果(图 3-5)。

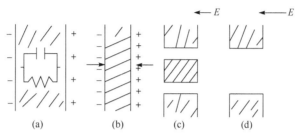

图 3-5　脉冲电场作用下细胞膜电崩溃模型示意图[1]

(a)细胞膜具有不通透特性，电场作用下等效为电容；
(b)电场作用使荷电物质在膜上定向堆积，形成跨膜电势，对细胞膜产生侧向挤压力；(c)电场强度逐渐增大，跨膜电势达到膜电势阈值，击穿细胞膜，形成亲水性小孔，膜失去选择透过性；(d)场强继续增大，孔增加导致细胞膜破碎，细胞失活

　　关于细胞膜在 PEF 作用下的电崩溃及跨膜电势，对于球形细胞，外加电场的诱导作用在细胞膜上形成跨膜电势($\Delta \psi_{\mathrm{g}}$)，如式(3-1)所示[4]：

$$\Delta \psi_{\mathrm{g}} = f_{\mathrm{s}} E_{\mathrm{o}} a \cos\theta - \Delta \psi_{\mathrm{o}} \tag{3-1}$$

式中，E_{o} 表示 PEF 场强；a 表示细胞的半径；θ 表示电场方向与细胞表面夹角($0° \leqslant \theta \leqslant 180°$)；$\Delta \psi_{\mathrm{o}}$ 表示细胞膜上静息电势。f_{s} 因子取决于细胞的类型及细胞膜内、外介质的电导率，如式(3-2)所示：

$$f_{\mathrm{s}} = \frac{3\lambda_{\mathrm{o}}[3ha^2\lambda_{\mathrm{i}} + (3h^2a - h^3)(\lambda_{\mathrm{m}} - \lambda_{\mathrm{i}})]}{2a^3(\lambda_{\mathrm{m}} + 2\lambda_{\mathrm{o}})(\lambda_{\mathrm{m}} + 0.5\lambda_{\mathrm{i}}) - 2(a - h)^3(\lambda_{\mathrm{o}} - \lambda_{\mathrm{m}})(\lambda_{\mathrm{i}} - \lambda_{\mathrm{m}})} \tag{3-2}$$

式中，λ_{m} 表示细胞膜脂双层内电导率；λ_{o} 表示细胞外介质电导率；λ_{i} 表示细胞胞内介质电导率；h 表示细胞膜厚度。由式(3-2)可知，假设细胞膜很薄且完全绝缘，则 f_{s} 等于 3/2。式(3-1)常用于 PEF 在细胞膜上形成的跨膜电势的计算，而且通过膜电势敏感探针证实了方程的可行性。但式(3-1)的缺陷在于在电场作用下，没有考虑作为电容的细胞膜的充电时间，跨膜电势的形成是外加电场作用使带电粒子在膜两侧堆积的结果，因此跨膜电势形成必定存在充电时间，因此式(3-1)变形为式(3-3)[5]：

$$\Delta \psi_{\mathrm{g}}(t) = \frac{3}{2} E_{\mathrm{o}} a \left[1 - \exp\left(-\frac{t}{\tau_{\mathrm{c}}} \right) \right], 0 \leqslant t \leqslant \tau_{\mathrm{i}} \tag{3-3}$$

式中，τ_{i} 表示平方形电脉冲的脉宽；τ_{c} 表示细胞膜电场充电时间。按式 (3-4) 计算：

$$\tau_{\mathrm{c}} = \frac{a C_{\mathrm{m}}}{\dfrac{2 \lambda_{\mathrm{o}} \lambda_{\mathrm{i}}}{2 \lambda_{\mathrm{o}} + \lambda_{\mathrm{i}}} + \dfrac{a}{h} \lambda_{\mathrm{m}}} \tag{3-4}$$

式中，C_{m} 表示膜的电容量。对于普通的细胞膜，h=5 nm，a=1～10 μm，$C_{\mathrm{m}} = 1$ μF/cm^2，λ_{o} =0.2 S/m，λ_{i} =0.2 S/m，而 $\lambda_{\mathrm{m}} \ll \lambda_{\mathrm{o}} \approx \lambda_{\mathrm{i}}$。因此，细胞膜固定的充电时间 τ_{c} 为 0.1～10 μs，由以上公式可以看出，PEF 作用下细胞膜上跨膜电势的大小与电场强度和细胞的大小直接相关，另外与细胞膜的特性也有一定关系[6]。

3.2.3 脉冲电场处理亚致死现象

早期的研究认为，PEF 对微生物的致死作用具有 "all or nothing" 的特征，即 PEF 处理后微生物死亡或者未受到损伤，不存在所谓的亚致死损伤的中间状态。然而，近些年的研究表明，PEF 处理后微生物细胞存在四种状态，即未受损细胞、电穿孔细胞、电通透细胞、致死细胞[7]。

如图 3-6 所示，PEF 处理导致大部分微生物细胞膜电穿孔，其中仅有一小部分电穿孔使微生物致死，从而 PEF 处理后微生物形成一定比例的亚致死细胞。微生物经低强度、短时间 PEF 作用后，细胞膜一般会形成可逆性穿孔，由于微生物具有自我修复能力，当 PEF 作用停止后，细胞膜一般都会在几秒之内迅速修复，即产生了亚致死细胞。García 等[8]认为 PEF 对微生物细胞的损伤积累是引起大肠杆菌和沙门氏菌致死的原因，且强调 PEF 处理后亚致死损伤细胞确实是存在的。另外，王满生对酵母菌 PEF 亚致死展开的系统研究表明，不同的电场参数(场强、处理时间、频率和脉冲宽度)对酵母菌的亚致死都有显著影响。如图 3-7 所示，低电场强度的 PEF 处理可以诱导产生大量亚致死酵母细胞，例如，5 kV/cm 的电场强度下亚致死率为 0.89 log，10 kV/cm 的电场强度下为 0.98 log。但是，当电场强度超过 10 kV/cm 时，亚致死率开始迅速下降，且电场强度增加至 30 kV/cm 时，亚致死率趋于零。Zhao 等[9]研究表明绿茶中的微生物经 PEF 处理后会产生亚致死损伤，并认为绿茶经 PEF 处理后再经一定时间的冷激处理，可使亚致死损伤微生物失活，从而使经 PEF 杀菌处理的绿茶货架期大大延长。另外，Saldaña 等[10]认为 PEF 的电场强度和处理体系的 pH 均会影响亚致死损伤的产生。Dodd 等[11]证明亚致死损伤微生物确实是存在的。Somolinos 等[12]利用 PEF 处理酿酒酵母细胞时，发现 PEF 处理后酵母细胞会产生一定程度的亚致死现象，且该部分损伤细胞在一定条件下可得到修复，但修复程度则主要取决于 PEF 处理介质的 pH 及恢复培养基的性质。

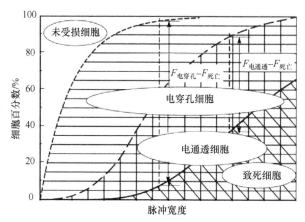

图 3-6　脉冲电场处理后微生物以未受损细胞、电穿孔细胞、
电通透细胞和致死细胞四种状态存在示意图[7]
F 表示百分数

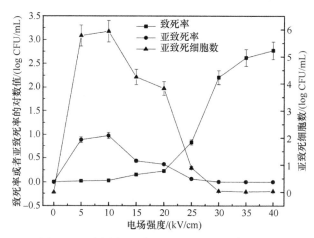

图 3-7　不同电场强度对酵母亚致死损伤的影响
PEF 处理条件：脉冲频率 1000 Hz，脉宽 40 μs 和脉冲处理时间 1.20 ms

综上所述，在 PEF 处理过程中，除一部分微生物被杀死之外，还存在一定比例的亚致死细胞，即存在 PEF 亚致死现象。对亚致死现象深入研究，不仅有助于改善食品 PEF 杀菌效果，而且能更有效地评价食品微生物安全。

3.3　脉冲电场杀菌效果影响因素

食品的组成成分复杂多样，而且微生物特性及其所处环境也不尽相同，导致 PEF 对所作用的食品中微生物的杀灭效果也有所差异。影响 PEF 杀菌效果的主要因素包括：PEF 处理因素、微生物特性和食品物料因素。

3.3.1　脉冲电场处理因素

PEF 处理因素包括电场强度、有效处理时间(脉冲宽度×脉冲数)、脉冲宽度、脉冲波形、电极形状等。其中，有效处理时间与脉冲宽度、频率、液体流速、处理室个数等参数有关。在所有因素中对微生物杀灭效果影响最明显的为电场强度，其次是有效处理时间。

1)电场强度

电场强度由高压脉冲发生器施加在处理室两极板间电压值、两极板间距离、处理室结构及食品物料的电导率等因素决定。一般而言，随着电场强度的增加，PEF 杀菌效果增强。如图 3-8 所示，随着电场强度的增加，PEF 对大肠杆菌的杀灭效果显著增加，当场强从 0 kV/cm 增加至 25 kV/cm 时(脉冲宽度 4 μs，有效处理时间 160 μs)，PEF 对大肠杆菌杀灭达到 3.9 log。

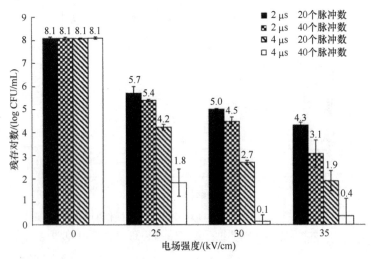

图 3-8　脉冲电场电参数(电场强度、脉冲宽度、有效处理时间)对大肠杆菌杀灭效果影响[13]

入口温度 30℃，流速 41 mL/min

2)有效处理时间

有效处理时间取决于处理室内食物介质接受的脉冲数与脉冲宽度，因为液体在处理室径向上流速差异很大，管壁附近的流速相比管道中心区域小，所以液体的处理时间也不均匀。一定范围内，PEF 作用时间越长，微生物致死率越高，最终趋于稳定。超过这一范围，处理时间再延长，食品杀菌效果不再有明显变化，而且会使处理室内温度大幅度上升。

3) 脉冲波形

最常用的脉冲波形有平方波、指数衰减波和钟形波。在能量利用率和杀菌效果方面，平方波杀菌效果均优于指数衰减波和钟形波，其中钟形波脉冲杀菌效果最差。平方波的脉冲上升沿和下降沿极短，具有能量集中、利用率高和有效处理时间长的特点，但是其设备电路结构复杂、设备造价高，一般多应用于杀菌。指数衰减波虽然具有较短的上升沿，但其下降沿时间长，导致能量不集中，有效处理时间短，大部分能量作为热进行耗散，能量利用率不高，但其设备造价低，一般多应用于 PEF 破壁提取方面。从极性方面比较，双极性脉冲波杀菌效果优于单极性(图 3-9)，而且双极性脉冲波具有减少液态食物介质的电解效应和电极表面沉积的优点。

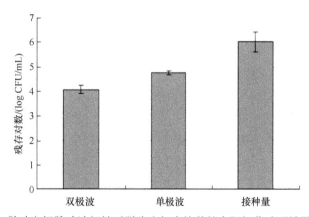

图 3-9 脉冲电场脉冲波极性对脱脂牛奶中接种的大肠杆菌杀灭效果影响[14]

3.3.2 微生物特性

PEF 对微生物的杀灭效果与微生物自身特性密切相关，微生物的种类、微生物的生长阶段、细胞的大小对杀灭效果有直接影响。一般而言，真菌对电场的敏感性比细菌要高；革兰氏阴性菌敏感性高于革兰氏阳性菌；芽孢对电场最不敏感。

1) 种类

液态食物介质中的细菌所属的微生物种群不同，对 PEF 的敏感程度也各不相同。例如，呈负电荷特性的细菌承受电场的能力低于带正电荷的细菌；而芽孢对 PEF 的承受能力非常大，PEF 对细菌芽孢几乎没有杀灭效果；PEF 对革兰氏阴性菌的杀灭效果强于革兰氏阳性菌。一般而言，PEF 对常见微生物的致死率由高到低为：酵母菌＞大肠杆菌＞沙门氏菌＞金黄色葡萄球菌＞李斯特菌。

2) 所处的生长阶段

一般而言，对数期微生物比稳定期微生物对 PEF 更加敏感，PEF 对对数期微生物的杀灭对数高于稳定期(图 3-10)。

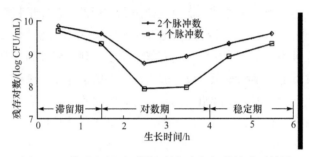

图 3-10　脉冲电场对不同生长期大肠杆菌的杀灭效果

电场强度 36 kV/cm，样品为脱脂牛奶[15]

3.3.3　食品物料因素

PEF 一般适应于低黏度、不易起泡、可泵送液体食品的杀菌，其杀菌效果与物料性质密切相关，常见的影响因素为温度、pH、电导率及水分活度等。一般而言，提高食品初始温度能有效增强 PEF 杀菌效果，因此热协同 PEF 杀菌被认为是一种高效、简单可行的提高 PEF 杀菌效果的方法。PEF 对低电导率的液态食品介质杀菌效果优于高电导率食品。食品的 pH 和水分活度是影响 PEF 杀菌效果的重要因素，pH 越低，杀菌效果越好，且在酸性 pH 下优于碱性。微生物在较低的水分活度条件下对 PEF 处理表现出强耐受性，较低的水分活度降低 PEF 对大肠杆菌和酵母菌等的灭活效率。

3.4　脉冲电场杀菌动力学模型

杀菌动力学模型是研究微生物 PEF 杀灭效果、描述和预测 PEF 处理过程中不同环境对微生物杀灭效果影响的重要手段。目前应用于 PEF 杀菌的动力学模型包括一级杀菌动力学模型、Hulsheger 模型、Fermi 模型、Weibull distribution 模型、Log-logistic 模型和 Quadratic response 模型。

3.4.1　一级杀菌动力学模型

Bigelow 最开始基于热杀菌提出了一级杀菌动力学模型，该模型主要体现了

微生物的残存量 Y 和杀菌时间 t 的关系，如式(3-5)所示：

$$\log(Y) = -\frac{t}{D_t} \tag{3-5}$$

式中，D_t 表示每杀死 90%原有残存活菌数时所需要的时间(微生物减小一个对数所需时间)。该模型主要考虑了杀菌时间对杀菌效率的影响。PEF 杀菌不仅受杀菌时间影响，同时也受 PEF 设备、食品及微生物的特性等因素的影响。因此，在 Bigelow 的基础上，Etsy 和 Meyer 对其提出的一级动力学模型进行了改进，考虑了杀菌过程中温度 T 及能量 E_A 对杀菌效果的影响，如式(3-6)所示：

$$Y = \exp(-kt) \tag{3-6}$$

式中，k 表示速率常数，其随着处理介质的温度增加而增加，如式(3-7)所示：

$$k = k_T \exp\left(-\frac{E_A}{RT}\right) \tag{3-7}$$

式中，k_T 表示速率常数，由温度决定；E_A 表示输入能量[J/(kg·mol)]；R 表示摩尔气体常量[8.314 J/(mol·K)]；T 表示处理样品的温度。

3.4.2　Hulsheger 模型

Hulsheger 和 Niemann 于 1980 年提出了该模型，除了考虑处理时间 t 外，还增加了临界处理时间 t_c，如式(3-8)所示：

$$\ln(Y) = -B_t(\ln t - \ln t_c) \tag{3-8}$$

式中，B_t 表示曲线斜率，由处理时间 t 决定；t_c 表示临界处理时间(s)。另外，有效处理时间 t 为脉冲宽度 τ 与脉冲数 n 的乘积，如式(3-9)所示：

$$t = n\tau = nR'C \tag{3-9}$$

式中，R' 表示 PEF 所处理微生物细胞的电阻(Ω)；C 表示电容容量(F)。

为了考虑 PEF 强度对杀菌效率的影响，Hulsheger 和 Niemann 于 1980 年提出了关于电场强度的模型，如式(3-10)所示：

$$\ln(Y) = -B_E(E - E_c) \tag{3-10}$$

式中，B_E 表示曲线的斜率，由电场强度决定；E_c 表示临界处理电场强度。假设微生物细胞在食品介质中为不导电的球体，其由细胞的大小决定，由式(3-10)计算得出式(3-11)：

$$E_c = \frac{V_c}{1.5a} \tag{3-11}$$

式中，V_c 表示细胞膜的临界电势；a 表示细胞直径。因此，该方程只针对球形的细胞，而对杆状的细胞(如大肠杆菌)则不适合。

假设式(3-10)和式(3-11)都呈线性，则可得式(3-12)：

$$Y = \left(\frac{t}{t_c}\right)^{-\frac{(E-E_c)}{k_c}} \tag{3-12}$$

式中，k_c 表示常数；E_c、t_c 和 k_c 由处理的微生物的性质决定。

3.4.3 Fermi 模型

随着 PEF 杀菌技术发展，大量的研究表明 PEF 杀菌的非热作用。于是 Peleg 于 1995 年在 Hulsheger 模型基础上提出了 Fermi 模型[16]，该模型综合考虑了电场强度和处理时间对杀菌效率的影响，如式(3-13)所示：

$$Y = \frac{1}{1 + \exp\left(\dfrac{E - E_c(n)}{k_c(n)}\right)} \tag{3-13}$$

式中，k_c 表示杀菌曲线的陡度，其与 E_c 相关，另外，E_c 和 K_c 与脉冲数 n 指数相关。该模型预测了 PEF 杀菌效率与电场强度和处理时间的关系。k_c 与 E_c 相关，k_c 越小，PEF 杀菌越快。

3.4.4 Weibull distribution 模型

Huang 等[17]在 Weibull 模型的基础上进行改进得到了适用于 PEF 杀菌效率预测模型，该模型具体表示为

$$Y = \exp\left[-\left(\frac{x}{\sigma}\right)^{\rho}\right] \tag{3-14}$$

式中，x 表示 PEF 场强(kV/cm)或者处理时间(ms)；σ 表示杀灭一个对数微生物所需的场强或者时间；ρ 表示曲线的凹凸方向，当 $\rho<1$ 时曲线向下凹，当 $\rho=1$ 时曲线为直线，当 $\rho>1$ 时曲线向上凸。曲线 σ 和 ρ 值的拟合利用统计软件进行，曲线的拟合度利用决定系数 R^2 和均方根误差(RMSE)表示，其中 R^2 值越大，RMSE 越小，表示曲线的拟合度更高。

3.4.5 Log-logistic 模型

Log-logistic 模型在 PEF 对微生物的杀灭作用的拟合方面，可追溯到 Cole 等的研究[18]，关于 Log-logistic 模型对 PEF 作用下微生物的灭活曲线的拟合，如式 (3-15) 所示：

$$\log(Y) = a_1 + \frac{a_2 - a_1}{1 + \exp\left[\dfrac{4\sigma(\lambda - \log t)}{a_2 - a_1}\right]} \qquad (3\text{-}15)$$

式中，Y 表示 PEF 对微生物的灭活对数；t 表示 PEF 的电场强度 (kV/cm)；a_1 表示灭活曲线的上渐近线；a_2 表示灭活曲线的下渐近线；σ 表示灭活曲线的最大斜率；λ 表示最大斜率时的 PEF 强度的对数值。

3.5 脉冲电场对脂质体细胞模拟体系的作用

细胞膜为 PEF 杀菌主要作用位点，膜流动性及 PEF 对细胞膜极化穿孔导致膜通透性改变程度决定着 PEF 杀菌效果。磷脂作为构成细胞膜脂双层的主要成分 (>50%)，在自然界大概有 2000 多种，磷脂组成成分、流动性、磷脂相变温度及微生物细胞粒径对 PEF 杀菌效果有显著影响。微生物本身及其细胞膜组成复杂多样，同时 PEF 杀菌过程中存在高电压瞬时作用的特性，以上二者使直接研究 PEF 对细胞膜的电穿孔现象极其困难。因此，由磷脂构建的具有脂双层结构的脂质体，包裹荧光探针作为微生物细胞膜的模拟体系，是研究 PEF 作用对细胞膜通透性影响的重要手段 (图 3-11)，能有效反映微生物细胞膜磷脂组成、相变温度、流动性对其在 PEF 作用下电穿孔的影响机理。

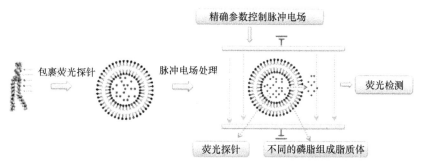

图 3-11 脉冲电场作用对细胞膜电通透性影响研究流程图

3.5.1　粒径对脉冲电场处理下脂膜通透性的影响

在 PEF 作用下大粒径脂质体脂膜的电通透性随着 PEF 场强及处理时间的增加而显著增加，如图 3-12(a) 所示。与大粒径脂质体相比，小粒径脂质体脂膜电通透性几乎没有变化，如图 3-12(b) 所示。这说明 PEF 对微生物的杀灭效果与微生物细胞大小直接相关，细胞直径越大，同场强条件下细胞膜上形成的跨膜电势也越大，从而更易穿孔[19]。

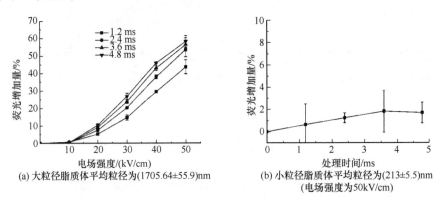

(a) 大粒径脂质体平均粒径为(1705.64±55.9)nm　　(b) 小粒径脂质体平均粒径为(213±5.5)nm
　　　　　　　　　　　　　　　　　　　　　　　　　　　（电场强度为50kV/cm）

图 3-12　脉冲电场处理场强及时间对大豆卵磷脂脂质体脂膜通透性的影响[19]

3.5.2　脂质体脂膜流动性对脉冲电场处理下脂膜通透性的影响

微生物通过调节细胞膜磷脂组成达到适应生长环境的目的。当外界温度高于微生物细胞膜磷脂的相变温度时，细胞膜脂双层由凝胶态向液晶态转变，细胞膜的流动性、通透性增大，膜的厚度减小，稳定性降低。所谓磷脂分子的相变特性是指在某个温度点时，细胞膜脂双层中脂肪酸链呈全反式的"僵直"，高度有序，致密的排列状态突然向"柔软"、高度无序和疏松的排列状态转变的过程。这样的转变过程不是渐近的，而是在某个温度时发生突变，该临界温度 T_m 称为相变温度(图 3-13)。温度低于 T_m 时，脂双层中磷脂脂肪酸链呈高度有序排列状态，此结构称为固相或凝胶态；温度高于 T_m 时，脂双层中磷脂脂肪酸链呈高度无序排列状态，此结构称为流动相或液晶态。

近年来对 PEF 杀菌的研究发现，低于微

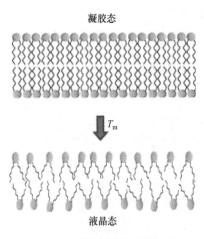

图 3-13　细胞膜脂双层中磷脂相转变示意图

生物致死温度的温热协同作用能有效提高 PEF 的杀菌效率。Sepulveda 等[20]发现当协同温度为 55℃时，PEF 对牛奶中单增李斯特菌的杀灭效果显著增加，达到 3 log；而温度低于 50℃时，对灭杀效果基本没有影响。另外，Bazhal 等[21]发现 60℃协同温度时，PEF 对全蛋液中大肠杆菌杀灭效果比 55℃多 2 log。由此可以推断协同温度必须达到某个阈值才能对 PEF 杀菌起到增效作用，而这一阈值可能是微生物细胞膜磷脂的相变温度。利用不同相变温度的大豆卵磷脂(Soya PC)(-18℃)和二棕榈酰磷脂酰胆碱(DPPC)(41℃)构建包裹荧光物质 5(6)-羧基荧光素[5(6)-CF]脂质体，对比研究了温度协同 PEF 作用下，脂膜流动性变化对其电通透性的影响(图 3-14)，发现以下规律[22]。

(1)Soya PC 和 DPPC 两种脂质体在温度协同 PEF 作用下表现出截然不同的电通透性，表明脂膜的电通透性与其流动性相关。

(2)DPPC 脂质体在临界相变温度点时，脂膜的电通透性显著增加，表明脂膜磷脂脂肪酸链结构的改变能有效增加脂膜的通透性。磷脂的相转变使磷脂分子构象变化，引起脂膜脂双层结构的改变，增加脂膜的流动性，从而增加脂膜电通透性。

(3)非致死温度协同 PEF 对杀菌的增效作用机理可能为：协同温度达到某特定温度，使细胞膜的流动性增加，使其易穿孔，从而增加 PEF 杀菌效果。研究推测这一温度点为微生物细胞膜的相变温度，通过改变微生物细胞膜流动性可显著提高 PEF 杀菌效果。

图 3-15 为温度协同脉冲电场对脂质体脂膜通透性影响机理示意图。当协同温度低于 DPPC 磷脂的相变温度时，其处于凝胶态，脂膜结构特征如图 3-15 所示：①磷脂疏水性脂肪酸尾链呈竖直状态，高度有序地排列，脂膜磷脂密度大；②脂膜的厚度大；③磷脂脂肪酸链致密的结构使脂膜的通透性小。因此处于凝胶态的脂膜在 PEF 作用下产生细胞膜穿孔所需的侧向压力，跨膜电势更大，从而所需 PEF

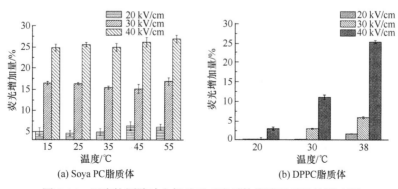

图 3-14　温度协同脉冲电场处理对脂质体脂膜通透性的影响[22]

场强更大。当温度超过磷脂的相变温度，脂膜由凝胶态向液晶态转变，脂双层结构也发生相应的变化；脂膜磷脂密度和膜厚度减小，磷脂由有序转变成无序排列，同时脂膜上形成多孔性结构，从而使脂膜的流动性和通透性增加，如图 3-15 所示。随着脂膜的流动性增加和膜厚度减小，脂膜穿孔所需的临界电场强度降低，脂膜更易穿孔，如图 3-15 所示。总而言之，PEF 作用下细胞膜的电通透性与脂膜的流动性密切相关，流动性越大，细胞膜穿孔所需的电场场强越低。

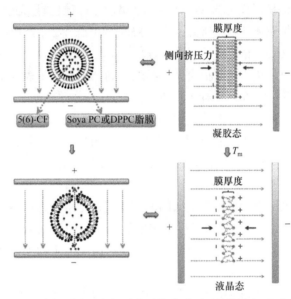

图 3-15　温度协同脉冲电场对脂质体脂膜通透性影响机理示意图[22]

3.5.3　脂质体脂膜组成对脉冲电场处理下脂膜通透性的影响

分别利用二油酰磷脂酰胆碱(DOPC)、DPPC 及两者的混合磷脂制备包裹羧基荧光素的脂质体，研究其在 PEF 作用下不同磷脂组成对细胞膜通透性的影响(图 3-16)[23]。

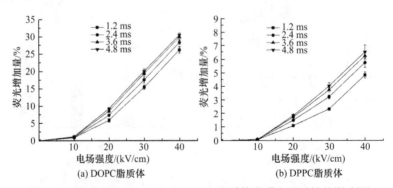

图 3-16　脉冲电场对 DOPC 和 DPPC 脂质体脂膜电通透性的影响[23]

结果表明脂膜成分构成对其电通透性影响显著。与 DPPC 相比，DOPC 脂质体表现出更强的电通透性。两种脂质体表现不同电通透性原因为：DPPC 和 DOPC 分子结构的不同使两脂质体脂膜处于不同相态。与处于凝胶态的 DPPC 脂质体相比，处于液晶态 DOPC 脂质体脂膜磷脂分子高度无序排列，使脂膜流动性增大，厚度、机械强度及所能承受的挤压力减小，从而 PEF 作用下脂膜穿孔所需的跨膜电势降低，DOPC 脂膜表现出更强电通透性。因此，应注意 PEF 杀菌实际应用过程中，不同环境诱导改变微生物细胞膜组成成分，导致其细胞膜流动性和膜内分子构象不同，影响细胞膜在 PEF 作用下电穿孔，从而对 PEF 杀菌效果产生的影响。

3.6　脉冲电场杀菌应用现状

PEF 非热杀菌技术从 1961 年首次应用于食品杀菌以来，大量的研究者针对不同液体食品中的致病菌和致腐菌的杀灭效果进行了系统的研究。总体而言，PEF 非热杀菌技术对食品中大部分微生物具有良好的杀灭效果，通过非热作用 PEF 能有效杀灭果汁、蛋液、牛奶、酒类(啤酒、红酒)等液体食品中大肠杆菌、李斯特菌、沙门氏菌、金黄色葡萄球菌、芽孢杆菌、酵母菌和乳酸菌等致病菌和致腐菌。但 PEF 杀菌效果与热杀菌相比还存在一定的差距，主要体现在 PEF 对微生物杀灭广谱性差，如对不同微生物及同种微生物不同物料条件杀灭效果不同。另外，同一种微生物处于不同的生长期、生长环境，其杀菌效果也不同。PEF 对不同的生长温度、pH、渗透压、水分活度等的微生物杀灭效果有明显的差异。研究者们采用其他方式协同来弥补 PEF 的杀菌广谱性不足。

3.6.1　脉冲电场对食品中致病菌的杀灭效果

PEF 对致病菌杀灭主要针对食品中常见的大肠杆菌、沙门氏菌、李斯特菌、金黄色葡萄球菌、芽孢杆菌等。

3.6.1.1　大肠杆菌

大肠杆菌(E. coli)又称大肠埃希氏菌，革兰氏阴性短杆菌，大小 0.5 μm×(1～3) μm(直径×长度)，无芽孢，广泛存在于果汁、牛奶及奶制品中，主要是加工过程中不规范操作使原料和加工用水受粪便污染而导致。大肠杆菌 O157:H7 是一种常见类型的大肠杆菌，这种大肠杆菌会释放一种强烈的肠毒素，引发肠道炎。目前研究者以果汁、牛奶、蛋液及缓冲溶液等为 PEF 对象，对高致病性大肠杆菌 (E. coli O157:H7) 及其他类型的大肠杆菌杀灭效果进行了研究。

果汁中的大肠杆菌 PEF 杀菌研究主要包括苹果汁、橘子汁、葡萄汁、草莓汁及其果酱制品等。总体而言，PEF 非常适合果汁及其饮料的杀菌，对果汁中接种的大肠杆菌的杀灭对数都在 5 log 以上，这在一定程度上是由于果汁的 pH(一般为3～5)较低的缘故，另外，果汁因含有丰富的离子等电解质导致电导率普遍较大(大约为 4 mS/cm)，其 PEF 杀菌过程中产生的焦耳热的协同作用也不能忽略。Geveke 等[24]利用场强为 24.0～33.6 kV/cm PEF 中试设备(100 L/h)对蛋白胨缓冲溶液中的大肠杆菌(接种量 10^7 CFU/mL)进行处理(场强 30 kV/cm、出口温度 57.5℃)，杀灭效果达到(6.55±0.92) log(表 3-1)。采用场强为 24 kV/cm、出口温度为 52.5℃的 PEF对草莓酱进行灭菌，大肠杆菌杀灭效果达 7.3 log，处理后的产品贮藏三个月除风味有轻微的变化外，仍保持原有色泽。

表 3-1　温度和电场强度对杀灭蛋白胨缓冲溶液中接种大肠杆菌的影响[24]

温度/℃	电场强度/(kV/cm)	杀灭对数/(log CFU/mL)
55.0	28.0	3.25±1.06
55.0	30.0	2.80±0.42
55.0	32.0	2.65±0.07
55.0	33.0	3.35±0.35
57.5	30.0	6.55±0.92
57.5	32.0	6.55±0.78
57.5	33.0	6.70±0.85

Timmermans 等[25]利用 PEF 处理分别接种 10^8 CFU/mL *E. coli* ATCC 35218 的苹果汁(pH 3.5)、橘子汁(pH 3.7)和西瓜汁(pH 5.3)，对于低 pH 的苹果汁和橘子汁，PEF 对大肠杆菌具有良好的杀菌效果，分别为 5 log 和 4 log(能量输入为60 kJ/kg)。而对于高 pH 的西瓜汁，其杀灭对数仅为 1 log，将西瓜汁的 pH 用 HCl调至 3.6，其杀灭对数显著增加，达到 5 log。这表明 PEF 杀菌过程中 pH 对果汁杀菌效果起至关重要的作用，PEF 对低 pH 的果汁能保持良好的杀菌效果，而对于高 pH 的果汁杀菌效果欠佳。Moody 等[26]利用 PEF 场强 23.07～30.76 kV/cm、脉冲数 21 个、初始温度 20～40℃的条件，对苹果汁(接种 10^7 CFU/mL 的 *E. coli*ATCC 11775)进行处理，发现物料的初始温度和场强对大肠杆菌杀灭效果有显著影响，随着初始温度和场强的增加，杀灭效果显著增加，在初始温度为 20℃、场强为 23.07 kV/cm 时，对大肠杆菌几乎没有杀菌效果；而当初始温度为 40℃，场强为 30.76 kV/cm 时，杀灭效果达到 5 log；表明热协同对杀菌效果有极显著的影响。然而，该研究只体现了物料初始的温度(处理室入口)，而对物料处理后(处理室出口)的温度没有记录，而热敏性的大肠杆菌一般在温度为 65℃左右就具有良好的杀灭效果。另外，Huang 等[17]研究 PEF 处理接种 *E. coli* DH5a 的葡萄汁，在

输出的能量为 199.6 kJ/kg 时,PEF 对大肠杆菌的杀灭效果仅达到 2.27 log(图 3-17),
其出口温度为 48.8℃。Machado 等[27]研究处理温度低于 25℃, 场强为 220 V/cm
对 E. coli ATCC 25922 杀灭达到 3 log。Gurtler 等[28]研究了 PEF 对橘子汁中分别接
种 10^7 CFU/mL Enterohemorrhagic E. coli O157:H7(ATCC 43895)和 E. coli(ATCC
35218)在出口温度分别为 45℃、50℃、55℃时的杀菌效果, 结果表明, 在场强为
33.7 kV/cm、出口温度为 55℃ 时, PEF 对两种大肠杆菌的杀灭效果都达到 4 log,
而且, 样品的温度对两种大肠杆菌杀灭有明显的促进作用, 出口温度为 55℃时比
45℃杀灭效果增加 2 log。Zhao 等[9]研究在场强 38.4 kV/cm、处理时间 160 ms 时,
PEF 对绿茶提取物中接种的大肠杆菌(10^8 CFU/mL)杀灭效果达到 5.6 log, 而且,
处理后的绿茶提取物的色泽、茶多酚及总氨基酸的含量基本没有变化, 在 4℃条
件下贮藏, 货架期达到 6 个月。Lu 等[29]利用 PEF 处理苹果汁, 不同处理条件下
对接种的 E. coli O157:H7 杀灭效果分别达到 5.35 log(80 kV/cm, 60 μs)和
5.91 log(90 kV/cm, 20 μs)。另外, PEF 与其他抗菌物质的协同能显著提高杀菌效
果, PEF 处理(80 kV/cm, 60 μs)分别协同 2.0%肉桂和乳链菌肽, 其杀菌效果显著
增加, 分别达到 6.23 log 和 8.78 log。Žgalin 等[30]研究 PEF 对水中大肠杆菌的杀灭
效果为 4.5 log(30 kV/cm, 48 个脉冲)。McDonald 等[31]对橘子汁中接种的 E.coil
在 PEF 场强为 30 kV/cm、处理时间为 12 μs 时, 杀灭效果达到 5 log。Evrendilek
等[32]发现脉冲极性对苹果汁中大肠杆菌的杀灭效果没有显著的影响, 在场强为
31 kV/cm、处理时间为 202 μs 时, 双极和单极脉冲处理的大肠杆菌减少对数均为
2.6 log;但对脱脂牛奶有影响显著, 在场强为 24 kV/cm、处理时间为 141 μs 时,
单极和双极脉冲对大肠杆菌的杀灭效果分别为 1.27 log 和 1.88 log。通常情况下,

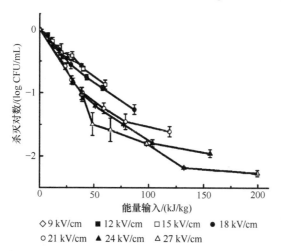

◇ 9 kV/cm　■ 12 kV/cm　□ 15 kV/cm　● 18 kV/cm
○ 21 kV/cm　▲ 24 kV/cm　△ 27 kV/cm

图 3-17　脉冲电场强度对葡萄汁中大肠杆菌(E. coli DH5a)杀灭效果的影响[17]
接种大肠杆菌初始菌数为 1.4×10⁶ CFU/mL

双极脉冲对微生物的杀灭效果要略高于单极脉冲。而且，在实际应用过程中双极脉冲能有效减少果汁、牛奶中固形物在电极上的沉积。

与果汁相比，PEF 对牛奶和蛋液中大肠杆菌的杀灭效果稍低，一般为 3～4 log，这与牛奶和蛋液 pH 较高(6 左右)有关，另外，牛奶和蛋液中的蛋白质与脂肪颗粒对杀菌效果也有一定的影响。Malicki 等在温度 20℃、场强 32 kV/cm、处理时间 5.4 ms 下处理全蛋液，大肠杆菌的杀灭效果为 4.7 log，这比 Martín-Belloso 等[33]报道的 PEF 对大肠杆菌的杀灭效果少 1 log，这可能是由于处理过程中的协同温度较低，处理过程中的协同温度能显著影响微生物细胞膜的流动性。在较低的温度下(10～20℃)，微生物细胞膜磷脂处于凝胶态，脂双层高度有序紧密排列，而当温度达到 30～40℃时，微生物细胞膜脂双层处于无序的液晶态。因此，PEF 处理过程中适度的温度协同能有效增加 PEF 的杀菌效率。Saldaña 等[34]利用 PEF 在场强 30 kV/cm、处理时间 99 μs、协同温度 50℃条件下对大肠杆菌进行处理，杀灭效果达到 5.0 log。Bazhal 等[21]在 60℃温度协同作用下，PEF 场强仅仅为 11 kV/cm 时，PEF 对大肠杆菌的杀灭效果达到 4 log。Dutreux 等[35]利用 PEF 电场分别处理脱脂牛奶(4.8 mS/cm, pH 6.8)和盐酸缓冲液(4.8 mS/cm, pH 6.8)，发现物料对 PEF 的杀菌效率没有显著影响。但是，Grahl 等[36]、Martín[37]和 Martín-Belloso 等[38]研究发现牛奶和蛋液中脂肪与蛋白质的存在对 PEF 杀灭大肠杆菌的效果有显著影响。Grahl 和 Markl 认为牛奶中的脂肪颗粒能显著降低 PEF 对大肠杆菌的杀菌效率。另外，Martín-Belloso 等和 Martín 等发现蛋白质通过吸收 PEF 处理产生的自由基和离子，从而降低 PEF 对大肠杆菌的杀灭效率。Alkhafaji 和 Farid[39]利用 PEF 处理接种 E. coli ATCC 25922 的复合牛奶，在场强 43 kV/cm、处理时间 26.4 μs、初始温度 40℃ 时，杀灭对数为 1.4 log，而且，初始温度 40℃比 10℃时杀灭对数增加 0.6 log，表明物料的初始温度对杀菌效果有显著影响。Zhao 等[40]发现大肠杆菌的亚致死与 PEF 场强及处理时间直接相关，在 PEF 场强为 25 kV/cm 时，大肠杆菌亚致死量达到 40.74%。

总而言之，PEF 对不同食品物料中的大肠杆菌表现出良好的杀菌效果，因不同研究所用设备、物料特性(pH、电导率等)及微生物种类的差异，导致杀菌对数有一定的偏差。另外，几乎所有的研究者均发现低于微生物致死温度的协同作用，能有效提高 PEF 的杀菌效率。

3.6.1.2　沙门氏菌

沙门氏菌为一种常见的食源性致病菌，属于革兰氏阴性菌，每年在全世界引起近 8.03×10^7 例感染事件，导致 1.55×10^5 人死亡，广泛存在于生肉、鸡蛋和奶制品中，在 2～4℃能够生长，耐低酸和低水分活度环境。目前 PEF 对沙门氏菌杀灭效果主要针对牛奶、蛋液及果汁。Saldaña 等[41]利用 PEF 对柠檬酸磷酸缓冲液中的沙门氏菌(10^8 CFU/mL)进行处理，在 30 kV/cm、150 μs、50℃和 pH 3.5 时，沙门氏菌的杀灭对数达到 6 log；而且，在酸性条件(pH 3.5)下比中性增加 2 log。另外，Timmermans 等[25]也发现食品的 pH 对杀灭有显著的影响。对于低 pH 的苹果汁(pH 3.5)和橘子汁(pH 3.7)，PEF 对接种的沙门氏菌(10^8 CFU/mL)具有良好的杀灭效果，分别为 7 log 和 5 log(能量输入均为 60 kJ/kg)。而对于高 pH 的西瓜汁，其杀灭对数仅为 2 log，当将西瓜汁的 pH 用 HCl 调至 3.6 时，其杀灭对数显著增加，达到 5 log。Gurtler 等[28]利用场强 22 kV/cm、温度 45℃、处理时间 59 μs 的 PEF 对橘子汁中接种的 *Salmonella typhimurium* 等 9 种沙门氏菌进行处理，杀灭效果为(0.76~2.76) log，表明 PEF 对不同种的沙门氏菌杀灭效果不同。因此，在 PEF 实际应用过程中将对 PEF 耐受性强的微生物作为衡量杀菌效果的目标菌十分重要。Saldaña 等[34]在 PEF 场强为 30 kV/cm、处理时间为 99 μs、协同温度为 50℃、pH 6.7 条件下，对沙门氏菌最低杀灭效果达到 5.0 log，表明适度的温度协同能有效增强 PEF 对沙门氏菌的杀灭效果。

　　Monfort 等[42]利用 PEF 对蛋液中的沙门氏菌(*Salmonella enteritidis* 和 *Salmonella senftenberg* 775 W)杀灭效果仅为 3 log(图 3-18)。这表明单一 PEF 对蛋液中沙门氏菌的杀灭水平达不到质量安全标准，这与蛋液的 pH 及物料性质有关，因此其他手段与 PEF 协同对蛋液的杀菌十分有必要。Monfort 等[43]利用温度、乙二胺四乙酸(EDTA)、柠檬酸三脂(TC)与 PEF 协同对全蛋液中分别接种的 7 种沙门氏菌，先进行 PEF(25 kV/cm)处理，接着热处理(52℃/3.5 min、55℃/2 min、60℃/1 min)，对添加 2% TC 全蛋液中沙门氏菌(*Salmonella serovars* Dublin、*Salmonella enteritidis* 4300、*Salmonella typhimurium*、*Salmonella typhi* 和 *Salmonella virchow*)的杀灭效果均达到 5.0 log，但对沙门氏菌 *Salmonella senftenberg* 和 *Salmonella enteritidis* 4396 仅分别达到 2.0 log 和(3.0~4.0) log。这表明添加剂和热协同能有效增加蛋液中沙门氏菌的杀灭效果，但对高抗性菌种的杀灭效果不够乐观。Jin 等[44]利用 PEF 处理蛋液中沙门氏菌的杀灭对数仅为 2.1 log (25 kV/cm，250 μs，pH 7.2，40℃)。Jeantet 等[45]利用场强 35 kV/cm、处理时间 70 μs 的 PEF 处理蛋清液中沙门氏菌的杀灭效果达到 3.5 log。

　　Pina-Pérez 等[46]发现脱脂牛奶中添加肉桂精油能显著增加 PEF 对牛奶中沙门氏菌的杀灭效果，当肉桂精油的添加量为 5%(质量浓度)时，PEF(30 kV/cm)对沙门氏菌的杀灭效果增大 1.0 log，达到 2.0 log。Sensoy 等[47]在场强 35 kV/cm、处理时间 160 μs、温度小于 30℃条件下，对脱脂奶中接种的沙门氏菌进行处理，杀灭效果达到 4.0 log。Floury 等[48]利用纳米级 PEF(场强 55 kV/cm、处理时间 250 ns)处理脱脂牛奶中的沙门氏菌，杀灭效果仅为 1.5 log，而且处理样品最高升温达到 50℃。Pina-Pérez 等[46]在场强 30 kV/cm、处理时间 0.7 ms 条件下对脱脂牛奶中沙门氏菌进行杀灭，杀灭效果仅为 1.2 log，这一结果与 Floury 等的研究一致。

Liang 等[49]利用场强 90 kV/cm 处理 55 个脉冲，对鲜榨橘子汁中沙门氏菌的杀灭效果达到 5.9 log。Mosqueda-Melgar 等[50]利用 PEF 处理番茄汁的杀灭效果为 4 log（35 kV/cm，100 μs，pH 4.3，35.8℃）。天然抗菌素（柠檬酸和肉桂精油）的添加能显著增加杀菌效果，相比而言肉桂精油的效果优于柠檬酸，在同等电场条件下肉桂精油的添加量为 0.3%时其杀灭效果达到 7.5 log。

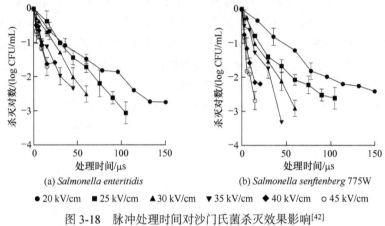

(a) *Salmonella enteritidis*　(b) *Salmonella senftenberg* 775W

● 20 kV/cm　■ 25 kV/cm　▲ 30 kV/cm　▼ 35 kV/cm　◆ 40 kV/cm　○ 45 kV/cm

图 3-18　脉冲处理时间对沙门氏菌杀灭效果影响[42]

欧赟等[51]研究了 PEF 对沙门氏菌细胞膜脂质过氧化的影响机制，表明随着 PEF 处理时间延长，沙门氏菌的灭活对数增大，经过 25 kV/cm PEF 处理 4 ms，沙门氏菌的灭活达到 3.21 log，而且，沙门氏菌溶出的蛋白质和核酸也随着场强及处理时间的增加而不断增加，表明随着 PEF 能量输入，沙门氏菌细胞膜的通透性增大（图 3-19）。

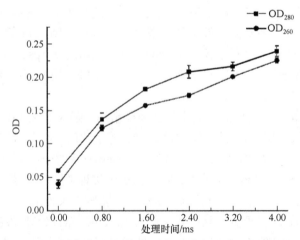

图 3-19　不同脉冲处理时间对沙门氏菌细胞膜通透性的影响

OD 表示光密度

另外，沙门氏菌细胞内丙二醛含量随着脉冲电场处理时间的延长而增大。PEF处理时间为 4.0 ms 时，沙门氏菌丙二醛浓度达到最高，为(79.90 ± 2.52) nmol/mg，表明 PEF 引起细胞膜氧化损伤为其杀菌机理之一(图 3-20)。

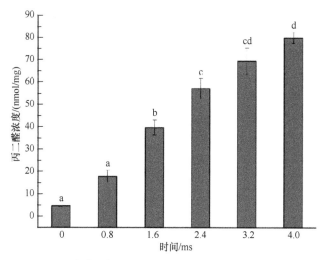

图 3-20　脉冲电场处理对沙门氏菌丙二醛浓度的影响[51]

不同英文小写字母表示差异性显著，下同

此外，随着 PEF 处理时间不断增加，扫描电镜图片显示沙门氏菌细胞的皱缩程度更高，细胞碎片更多(图 3-21)，与 PEF 的杀菌结果相符。

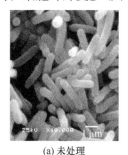  

(a) 未处理　　　　　(b) 脉冲电场处理1.6 ms　　　　(c) 脉冲电场处理4 ms

图 3-21　脉冲电场对沙门氏菌细胞形态的影响[51]

箭头表示细胞形态的改变和细胞碎片

3.6.1.3　李斯特菌

李斯特菌为革兰氏阳性菌，广泛存在于牛奶、奶制品和果蔬汁中，能在低温、低 pH 环境下生存，因此影响冷藏食品的安全性。近年来，美国和欧盟每年都有关于奶制品中因李斯特菌引起疾病的报道。李斯特菌因其特殊的细胞膜结构，单纯 PEF 处理对其杀灭效果远低于革兰氏阴性菌，如大肠杆菌、沙门氏菌等。Saldaña

等[52]研究了 PEF 对不同 pH 磷酸缓冲溶液中李斯特菌和金黄色葡萄球菌的杀灭效果，发现 pH 对李斯特菌影响显著，低 pH 能有效增加李斯特菌的杀灭对数。场强 35 kV/cm、处理 500 μs 时，pH 3.5 比 pH 7.0 杀灭效果增加 1 log，达到 3.3 log（图 3-22）。而与金黄色葡萄球菌相比（6.1 log），李斯特菌对 PEF 的杀灭具有相对较强的抗性。而且，李斯特菌 PEF 抗性显著高于食品中其他常见的致病菌，因此有研究者将李斯特菌作为食品 PEF 杀菌效果的指示菌。

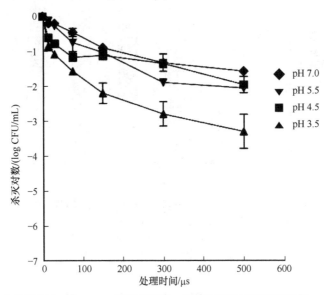

图 3-22　在电场强度为 35 kV/cm 条件下不同 pH 缓冲溶液对李斯特菌（*L. monocytogenes* STCC5672）脉冲电场杀灭效果的影响[52]

缓冲溶液电导率 0.15 S/m，脉冲频率 1 Hz

　　李斯特菌对 PEF 处理抗性较高，单纯的 PEF 处理对其杀灭效率低。温度、pH、超声波和乳链菌肽协同 PEF 对牛奶中李斯特菌的杀灭研究表明，温度协同能有效增加 PEF 对李斯特菌的杀灭效果，温度增加，杀灭效果逐渐增强，场强为 40 kV/cm，经过 3 个、10 个、12 个、15 个和 20 个脉冲处理，协同温度为 53℃、33℃、23℃、15℃和 3℃，牛奶中李斯特菌杀灭均能达到 4.3 log（图 3-23）[53]。因此针对 PEF 抗性强的李斯特菌，温度与 PEF 协同为一种简单可行的增加杀灭效果的方式，将协同温度控制在合理的范围内不仅能有效增加 PEF 杀菌效果，而且能有效降低能耗，节约生产成本。Reina 等[54]利用 50℃温度协同 30 kV/cm PEF 对牛奶中的李斯特菌进行杀灭，最大杀灭对数达到 4.0 log。Fleischman 等[55]发现当协同温度由 35℃增加至 55℃时，PEF 对李斯特菌的杀灭效果由 1.0 log 增加至 4.5 log。虽然温度协同 PEF 对李斯特菌杀灭具有良好促进作用，但李斯特菌作为热敏性微生物，其在热处理温度为 60℃时杀灭能达到 3.0 log 以上，因此，热协同过程中温度的控制十分关键。Palgan 等[56]利用 PEF 与热超声协同对牛奶中接种的李斯特菌的杀灭效果达到 5.6 log。

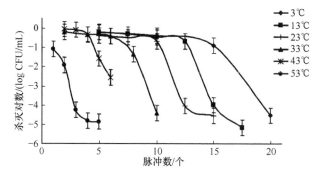

图 3-23　不同的协同温度（入口）和处理脉冲数对牛奶中李斯特菌杀灭效果的影响[53]

电场强度为 40 kV/cm

Noci 等[57]利用单纯 PEF 处理（场强 30 kV/cm 和 40 kV/cm，50 ms，10℃），对牛奶中接种的 *Listeria innocua* 11288（NCTC）的杀灭对数分别 1.1 log 和 3.3 log，通过超声波协同处理（400 W，80 s），其杀灭效果显著增加，达到 6.8 log（40 kV/cm）。Saldaña 等[58]利用 pH、温度、乳链菌肽与 PEF 的协同处理牛奶中的李斯特菌，在 PEF 场强 30 kV/cm、处理时间 600 μs、pH 3.5、200 μg/mL 乳链菌肽、温度 50℃ 条件下，杀灭对数达到 5.5 log。另一些研究发现牛奶中的脂肪含量对 PEF 杀灭的李斯特菌起保护作用，显著影响其杀灭效果。但这结论存在一定的争议。Picart 等[59]研究 PEF 对不同脂肪含量的三种乳制品全奶（脂肪含量 3.6%）、脱脂奶（脂肪含量 0%）、液态奶油（脂肪含量 20%）中单增李斯特菌的杀灭效果时，发现在场强为 38 kV/cm 时液态奶油中脂肪酸的保护作用显著。而 Reina 等[54]发现牛奶中脂肪含量对李斯特菌杀灭没有显著影响。不同脂肪含量的牛奶在场强 30 kV/cm 处理 600 μs，李斯特菌的杀灭效果均为 3.0 log。Guerrero-Beltrán 等[53]利用 PEF 处理脱脂牛奶和全奶的果汁奶制品，发现脂肪的存在对 PEF 杀灭李斯特菌也没有显著影响。Schottroff 等[60]发现 pH 和蛋白质浓度对乳清蛋白溶液中李斯特菌杀灭有显著影响，PEF 处理 2%乳清蛋白，在能量输入为 160 kJ/kg、协同温度为 20℃（入口）、pH 4 时，李斯特菌杀灭达到 6.5 log，而 pH 为 7 时其杀灭仅为 1.5 log。PEF 处理 10%的乳清蛋白，pH 分别为 4 和 7 时，杀灭对数分别为 5.5 log 和 0.75 log（出口温度 37℃）。

3.6.1.4　金黄色葡萄球菌

金黄色葡萄球菌为革兰氏阳性菌，作为牛奶中常见的食源性致病菌，其数量

达到 10^5 CFU/g 时产生高耐热的肠毒素引起人食物中毒。金黄色葡萄球菌与李斯特菌相似，对 PEF 杀灭具有较高抗性，杀灭对数为 2.0～3.0 log。因金黄色葡萄球菌不耐热，因此，PEF 与热的协同作用对其杀灭效果能达到 6.0 log。Cregenzán-Alberti 等[61]利用 PEF（场强 25～40 kV/cm，处理 77～130 μs，入口温度 20～45℃）处理牛奶中金黄色葡萄球菌的杀灭对数为（0.71～5.22）log，在 32.5℃、40 kV/cm、89 μs 条件下达到 5.2 log。Zhao 等[40]利用 PEF 处理牛奶中的金黄色葡萄球菌，杀灭对数为 1.8 log（30 kV/cm，200 μs），其中金黄色葡萄球菌亚致死率约为 0.5 log（图 3-24）。

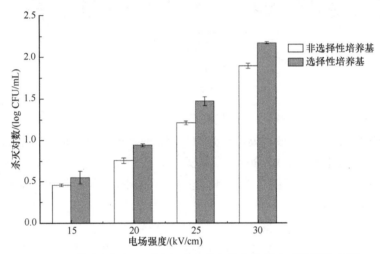

图 3-24　脉冲电场场强对牛奶中金黄色葡萄球菌杀灭效果影响[40]

处理时间为 200 ms

　　Monfort 等[62]利用 PEF 处理含金黄色葡萄球菌的蛋液，场强 40 kV/cm，处理 15 μs，能量输出 166 kJ/kg，对金黄色葡萄球菌的杀灭效果为 3.0 log。Walkling-Ribeiro 等[63]利用热超声与 PEF 协同[热超声（10 min，55℃），PEF 场强 40 kV/cm，处理 150 μs]对橘子汁中金黄色葡萄球菌的杀菌效果与传统的热杀菌（94℃，26 s）一致，达到 7.0 log。而且，与热处理相比，PEF 和热超声协同处理对橘子汁的 pH、电导率、可溶性固性物几乎没有影响，对色泽的影响也小于热杀菌。另外，Walkling-Ribeiro 等[64]研究紫外、热处理与 PEF 的协同对苹果汁中金黄色葡萄球菌的杀灭效果，当紫外（30 min，20℃）、热处理 46℃（入口）和 58℃（出口）、PEF（40 kV/cm，100 μs）时，对金黄色葡萄球菌的杀灭效果达到 9.5 log，比传统热杀菌（8.2 log）高 1.3 log。Sobrino-Lopez 等[65]利用 PEF 与天然抗菌素（促肠活动素 AS-48、乳链菌肽、溶菌素）协同（促肠活动素 AS-48 28 units/mL，乳链菌肽 20 IU/mL，PEF 场强 30 kV/cm，处理 800 μs）对牛奶中接种的金黄色葡萄球菌的杀灭效果达到 6.0 log。而且，PEF 处理时间、抗生素添加量、牛奶的 pH 对金黄色葡萄球菌的杀灭效果有影响显著。另外，Sobrino-López 等[66]在 PEF 场强 35 kV/cm、处理时间 2.4 ms 条件下对中性脱脂牛奶(pH 6.8)的杀灭效果仅达到 1.0 log。但是，Evrendilek 等[67]研究脱脂奶中的金黄色葡萄球菌在 PEF 场强 35 kV/cm、124 个脉冲条件下的杀灭效果为 3.7 log。

3.6.1.5　芽孢杆菌

芽孢杆菌是能形成芽孢(内生孢子)的杆菌或球菌。因芽孢具有厚且含水量低的多层结构，所以对热、干燥、辐射、化学消毒剂等有较强的抵抗力，广泛存在于食品中且可引起食源性中毒，所以食品杀菌工艺的设计常将芽孢杆菌的杀灭作为杀菌效果衡量指标。总体而言，单一 PEF 处理对芽孢杆菌的杀灭难以达到食品安全标准。Siemer 等[68]发现温度的协同能有效增加芽孢杆菌孢子的杀灭对数，酸性优于中性，在 pH 4 时孢子杀灭对数为 1.6 log，而 pH 7 时仅为 0.6 log(9 kV/cm，进口温度 80℃，能量输入 167 kJ/kg)；另外，糖液浓度对芽孢杆菌芽孢杀灭有一定的促进作用，在同等条件下，添加 10%的糖，芽孢杀灭效果达到 3 log。Pol 等[69]利用 PEF(场强为 16.7 kV/cm，脉宽 2 μs，处理 100 μs)对磷酸缓冲液中芽孢杆菌营养细胞的杀灭效果为 1.25 log。Cserhalmi 等[70]利用场强为 25 kV/cm、脉宽 2 μs、处理 8.3 个脉冲对 0.15% NaCl 溶液中芽孢杆菌营养细胞的杀灭最大值为 1.3 log。Grahl 等[71]报道 PEF 对芽孢杆菌几乎没有杀灭效果。然而，Marquez 等[72]发现在场强为 50 kV/cm 时，处理 50 个脉冲对芽孢杆菌的孢子杀灭达到 5 log，另外，0.15% NaCl 溶液中 PEF 场强为 50 kV/cm 时，处理 30 个脉冲，芽孢减少对数为 3.4 log。Qin 等在场强 16 kV/cm、双极波、处理 180 μs 条件下，对脱脂牛奶中接种的芽孢杆菌孢子杀灭效果达到 5 log，而且双极波比单极波杀菌效率更高。Vega-Mercado 等[73]对豆汤中芽孢杆菌进行处理，利用场强 33 kV/cm 处理 30 个脉冲，芽孢杆菌杀灭效果达到 5.3 log。Pol 等[74]利用乳链菌肽协同 PEF 对磷酸缓冲溶液中芽孢杆菌营养细胞的杀灭效果达到 3.5 log(16.7 kV/cm，2 μs 处理 50 个脉冲，0.06 μg/mL)。总体而言，不同的研究者针对芽孢杆菌营养体及其孢子的 PEF 杀灭效果得出不一致的结果，这与所用 PEF 设备的功率及其处理方式不同有关。另外，所用芽孢杆菌的菌种特性也决定了 PEF 对其杀菌效果，热的协同在一定程度上能增加对芽孢杆菌的杀灭效果，但温度为 80℃(进口温度)协同在实际应用过程中已经失去非热杀菌的意义，一般认为温度协同 PEF 处理，物料处理后的出口温度应不超过 60℃，因此，目前关于 PEF 对芽孢杆菌的杀灭效果还需更系统深入的研究，这也成为 PEF 非热杀菌从试验阶段走向实际应用的关键。

3.6.2 脉冲电场对食品中致腐菌的杀灭效果

食品中常见的致腐菌为酵母菌、乳酸菌和霉菌等。PEF 关于致腐菌的研究主要为酵母菌和乳酸菌。

3.6.2.1 酵母菌

酵母菌是一种单细胞真核微生物,大小约为$(1\sim5)$ μm × $(5\sim30)$ μm,常用于面团醒发和酿酒工业中,也是常见食品腐败菌。酵母菌作为液体食品中的常见污染菌,其会引起酒精发酵,使果汁产生酒味,严重影响制品的饮用性。目前 PEF 关于酵母菌杀灭效果的研究主要为果汁和酒类(啤酒)等。酵母菌不同于细菌,其对 PEF 处理非常敏感,杀灭对数能达到 6 log,而且 PEF 致死场强阈值比细菌低,场强为 10 kV/cm 就能使其致死,这一方面因为酵母菌细胞比细菌大得多,另一方面,酵母菌为真核微生物,其细胞膜结构与细菌不同。Aronsson 等[13]研究场强 30 kV/cm、脉宽 4 μs、处理时间 80 μs、温度 30℃对营养液中酵母菌的杀灭对数达到 6 log,另外还发现脉冲宽度对酵母菌的杀菌效果有显著影响,场强为 25 kV/cm,脉冲宽度由 2 μs 增加到 4 μs,其杀灭对数由 5.1 log 降低至 1.4 log。此外,Grahl 等[71]以生理盐水为对象研究发现 PEF 对酵母菌的杀灭效果随场强和处理时间增加而增加。Zhang 等[75]研究 PEF 对苹果汁中酵母菌的杀灭效果,发现在场强为 25 kV/cm、处理 20 个脉冲时,酵母菌减少 3.8 log;在场强为 40 kV/cm、处理时间为 195 μs、处理温度为 15℃ 时,酵母菌的杀灭效果达 5.5 log。另外,Qin 等[76]在场强 35 kV/cm、处理时间 25 μs、处理温度为 34℃ 时,苹果汁中酵母菌的杀灭效果达到 6 log;在场强为 20 kV/cm、处理 20 μs(脉冲宽度 2 μs)、处理温度 30℃条件下,杀灭效果为 4 log。Grahl 等在场强为 7 kV/cm、5 个脉冲、处理温度为 50℃ 时,橘子汁中酵母菌的杀灭效果达到 4.9 log。同样,Elez-Martínez 等[77]发现在场强为 35 kV/cm、处理 1000 μs(脉冲宽度 4 μs)、处理温度 39℃、双极波条件下,酵母菌的最大杀灭对数为 5.1 log,而且双极波比单极波具有更好的杀灭效果。

酿酒酵母作为葡萄酒、啤酒发酵菌种,在发酵后期一般通过加热杀灭酒中的酵母,达到延长其保质期的目的,但热杀菌对酒的品质,特别是啤酒产生不利影响。PEF 对酵母菌杀灭效果的研究最开始主要是针对果汁,近年来,利用 PEF 对啤酒和葡萄酒中酵母菌的杀灭也引起了研究者的关注。对酒中酵母菌的研究分为酵母菌营养细胞和酵母菌子囊孢子,一般而言,子囊孢子对外界环境具有较强的耐受能力,如子囊孢子对热的耐受能力为其营养体的 100 倍。González-Arenzana 等[78]利用 PEF(33 kV/cm、脉宽 8 μs、时间 105 μs、出口温度 49℃)处理葡萄酒中 12 种酵母菌营养体,杀灭对数为 2.06~2.95 log。其中, *S. cerevisiae* 对 PEF 抗性最高, 杀灭对数仅为 2.06 log, 而 *Candida stellata* 对 PEF 最敏感, 杀灭对数为 2.95 log。Walkling-Ribeiro 等[79]研究在场强 35 kV/cm、处理时间 765 μs、处理温度 13℃时, 啤酒中酿酒酵母营养体细胞的杀灭效果达到 4 log, 而且, 啤酒的酒精含量、热协同及啤酒充 CO_2 与否对杀菌效果都有显著影响。Milani 等[80]研究 PEF 对 9 种啤酒中酵母菌子囊孢子的杀灭效果, 同时比较热协同和不同酒精含量的影响。结果表明, PEF 对不同种类的啤酒中酵母菌子囊孢子的杀灭效果不同, 总体而言对酒精含量高的杀灭效果优于酒精含量低的, 场强 45 kV/cm、脉宽 70 μs、脉冲数 46.3 个、温度低于 43℃处理对酒精含量 0%的杀灭效果仅为 0.2 log, 而对酒精含量 7%的啤酒酵母菌子囊孢子杀灭效果最好, 达到 2.2 log(图 3-25)。啤酒中酒精含量对杀菌效果的影响与乙醇对酵母细胞的毒害作用有关; 另外, 乙醇能有效增加微生物细胞膜的流动性, 使脂双层由凝胶态向液晶态转变从而使细胞膜变薄, 降低细胞膜穿孔阈值, 使其在较低的场强下致死。热协同能有效增加 PEF 对酵母菌子囊孢子的杀灭效果, 在场强 45 kV/cm、脉宽 70 μs、脉冲数 46.3 个、协同温度 55℃处理酒精含量为 7%的啤酒, 杀灭效果达到 4 log, 而且热协同 PEF 杀菌效果明显优于单纯热杀菌。总体而言, PEF 对酵母菌具有良好的杀灭效果, 与酵母菌营养细胞相比, 酵母菌子囊孢子对 PEF 抗性高, 因此, 实际应用过程中杀菌时机的选择非常关键, 尽量避免酵母菌子囊孢子的形成。另外,热协同和酒精含量(啤酒等)对酵母菌的杀灭有一定的促进作用,有效地利用热和乙醇的协同作用不仅能快速杀灭目标菌, 使食品符合安全标准, 而且能有效减少能耗, 降低生产成本。

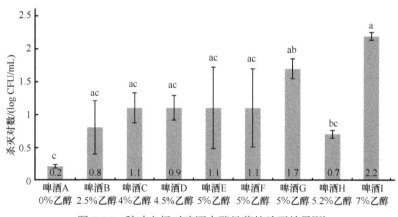

图 3-25　脉冲电场对啤酒中酵母菌的杀灭效果[80]

45 kV/cm, 46 个脉冲数, 70 μs, $T < 43℃$

3.6.2.2　乳酸菌

乳酸菌是发酵糖类主要产物为乳酸的一类无芽孢、革兰氏染色阳性细菌的总

称。其生长代谢产物为乳酸，导致食品的酸败，属于食品中常见的致腐菌。PEF
对乳酸菌具有良好的杀灭效果。Jayaram 等发现在场强 25 kV/cm、处理 10 ms、出
口温度 60℃、单极波条件下，磷酸缓冲溶液乳酸菌的杀灭对数达到 9 log。另外，
Shin 和 Pyun 利用场强为 80 kV/cm、处理 1000 μs、出口温度 50℃对磷酸缓冲溶液
中乳酸菌的杀灭对数达到 5.5 log。但是，当出口温度为 30℃时，乳酸菌的杀灭对
数为 2.5 log，表明热协同对乳酸杆菌的杀灭有显著的促进作用。Abram 等对橘子
胡萝卜混合汁中接种的乳酸菌进行 PEF 处理，在场强 35.8 kV/cm 下处理 46.3 μs，
杀灭对数为 2.5 log。另外，Martínez 等研究 PEF 对橘子汁中乳酸菌的杀灭最大对
数达到 5.8 log（35 kV/cm，处理时间 1000 μs，出口温度小于 40℃）。Arántegui 等
研究梨子汁中乳酸菌的处理效果，在场强为 20～32.5 kV/cm、脉宽 4 μs 处理 16
个脉冲、出口温度小于 20℃条件下，杀灭对数为 2.0～2.7 log。González-Arenzana
等[78]利用 PEF（场强 33 kV/cm，脉宽 8 μs，处理时间 105 μs，出口温度 49℃）对葡
萄酒中 12 种乳酸菌进行处理，杀灭对数为 1.96～4.16 log。其中 *Oenococcus oeni*
O46 对 PEF 抗性最强，仅为 1.96 log；而 *L. mali* 对 PEF 最敏感，杀灭对数为 4.16 log，
表明 PEF 对不同种的乳酸菌杀灭效果不一致。总体而言，PEF 对不同介质中的乳
酸菌具有良好的杀灭效果，其杀菌作用受电场参数和协同温度的影响显著，在低
于 60℃的温度协同作用下，PEF 对乳酸菌的杀灭对数能达到 9 log，这与乳酸菌本
身不耐热有关。

脉冲电场对致病菌和致腐菌杀灭效果见表 3-2 和表 3-3。

表 3-2　脉冲电场对致病菌的杀灭效果

目标菌	处理介质	PEF 参数	杀灭对数/(log CFU/mL)	参考文献
大肠杆菌	蛋白胨溶液(3.0 mS/cm)	[b]30 kV/cm, 1.8 μs, 57.5℃(出口)	6.5	[24]
	草莓酱(pH 2.5, 4.4 mS/cm)	[b]24 kV/cm, 1.8 μs, 52.5℃(出口)	7.3	[24]
	牛奶(4.8 mS/cm)	[b]30 kV/cm, 100 个脉冲数, 2 μs, <25℃(出口)	2.8	[40]
	苹果汁(pH 3.5, 0.26 S/m)	[b]20 kV/cm, 80 kJ/kg, 2 μs, 57℃	6.1	[25]
	橘子汁(pH 3.7, 0.38 S/m)	[b]20 kV/cm, 68 kJ/kg, 2 μs, 54℃	4.1	[25]
	西瓜汁(pH 5.3, 0.30 S/m)	[b]20 kV/cm, 75 kJ/kg, 2 μs, 55℃	1.2	[25]
	葡萄汁(pH 5.92, 0.092 S/m)	[b]27 kV/cm, 100 个脉冲数, 2.6 μs, <48.8℃	2.5	[17]

续表

目标菌	处理介质	PEF 参数	杀灭对数 /(log CFU/mL)	参考文献
大肠杆菌	草莓汁(pH 3.4, 4.2 mS/cm)	b18.6 kV/cm, 75 个脉冲数, 2.6 µs, <55℃	4.5	[81]
	橘子汁(pH 3.4)	b38.4 kV/cm, 35 个脉冲数, 2.6 µs, 55℃	2.22	[28]
	牛奶(pH 6.69)	b40 kV/cm, 45 个脉冲数, 2 µs, <32.5℃(入口)	5.0	[61]
	绿茶汁(pH 6.0, 0.1 S/m)	b20 kV/cm, 80 个脉冲数, 2 µs, 35℃(出口)	5.6	[82]
	复合牛奶	b35 kV/cm, 650 个脉冲数, 1.7 µs, 10℃(进口)	6.8	[39]
	甜瓜汁 (pH 5.82, 5.23 mS/cm)	b40 kV/cm, 650 个脉冲数, 4 µs, <40℃	3.7	[83]
	西瓜汁 (pH 5.46, 3.66 mS/cm)	b35 kV/cm, 650 个脉冲数, 4 µs, <40℃	3.6	[83]
	豆奶(0.38 S/m)	b41.1 kV/cm, 27 个脉冲数, 2 µs, <60℃	5.7	[84]
	柠檬酸磷酸缓冲液 (pH 7.0)	b25 kV/cm, 700 个脉冲数, 2 µs, 35℃	6	[85]
	0.1%氯化钠溶液	b20 kV/cm, 48.5 个脉冲数, 3 µs, 35℃	2.9	[86]
	营养液(pH 7.0)	b30 kV/cm, 20 个脉冲数, 4 µs, 10℃	1.0	[13]
		b30 kV/cm, 20 个脉冲数, 4 µs, 30℃	2.0	[13]
	营养液(pH 5.0)	b35 kV/cm, 20 个脉冲数, 2 µs, 30℃	3.8	[87]
		b35 kV/cm, 20 个脉冲数, 4 µs, 30℃	6.2	[87]
	磷酸缓冲液(pH 6.8)	b41 kV/cm, 63 个脉冲数, 2.5 µs, 37℃	5	[35]
李斯特菌	苹果汁(pH 3.5, 0.26 S/m)	b20 kV/cm, 80 kJ/kg, 2 µs, 59℃	3.5	[25]
	橘子汁(pH 3.7, 0.38 S/m)	b20 kV/cm, 68 kJ/kg, 2 µs, 65℃	0.8	[25]
	西瓜汁(pH 5.3, 0.30 S/m)	b20 kV/cm, 75 kJ/kg, 2 µs, 73℃	0.2	[25]

续表

目标菌	处理介质	PEF 参数	杀灭对数 /(log CFU/mL)	参考文献
李斯特菌	牛奶(4.8 mS/cm)	[b]30 kV/cm, 100 个脉冲数, 2 μs, <25℃(出口)	3.3	[40]
	牛奶	[b]30 kV/cm, 25 个脉冲数, 2.5 μs, 13℃(入口)	4.3	[88]
	牛奶	[b]40 kV/cm, 50 个脉冲数, 1 μs, 10℃(入口)	3.3	[57]
	甜瓜汁(pH 5.82, 5.23 mS/cm)	[b]40 kV/cm, 650 个脉冲数, 4 μs, <40℃	3.56	[83]
	西瓜汁(pH 5.46, 3.66 mS/cm)	[b]35 kV/cm, 650 个脉冲数, 4 μs, <40℃	3.41	[83]
	蒸馏水	[b]20 kV/cm, 1000 个脉冲数, 50 μs, 40℃	4	[89]
	0.1% NaCl	[b]20 kV/cm, 48.5 个脉冲数, 3 μs, 35℃	2.1	[86]
	脱脂奶	[b]41 kV/cm, 63 个脉冲数, 2.5 μs, 37℃	3.9	[35]
沙门氏菌	苹果汁(pH 3.5, 0.26 S/m)	[b]20 kV/cm, 80 kJ/kg, 2 μs, 57℃	7.0	[25]
	橘子汁(pH 3.7, 0.38 S/m)	[b]20 kV/cm, 68 kJ/kg, 2 μs, 54℃	4.0	[25]
	西瓜汁(pH 5.3, 0.30 S/m)	[b]20 kV/cm, 75 kJ/kg, 2 μs, 55℃	1.1	[25]
	葡萄汁(pH 5.92, 0.092 S/m)	[b]27 kV/cm, 100 个脉冲数, 2.6 μs, <48.8℃	3.4	[17]
	橘子汁(pH 3.4)	[b]20 kV/cm, 35 个脉冲数, 2.6 μs, 55℃	3.54	[28]
		[b]22 kV/cm, 35 个脉冲数, 2.6 μs, 45℃	2.81	[28]
	全蛋液(pH 7.5, 0.69 S/m)	[a]45 kV/cm, 10 个脉冲数, 3 μs, <35℃	4.0	[43]
	全蛋液(pH 7.2)	[b]25 kV/cm, 125 个脉冲数, 2 μs, 40℃	2.1	[44]
	甜瓜汁(pH 5.82, 5.23 mS/cm)	[b]40 kV/cm, 650 个脉冲数, 4 μs, <40℃	3.71	[83]
	西瓜汁(pH 5.46, 3.66 mS/cm)	[b]35 kV/cm, 650 个脉冲数, 4 μs, <40℃	3.56	[83]

续表

目标菌	处理介质	PEF 参数	杀灭对数 /(log CFU/mL)	参考文献
沙门氏菌	柠檬酸磷酸缓冲液 (pH 7.0)	b28 kV/cm，700 个脉冲数，2μs，35℃	7.0	[85]
	蒸馏水	a20 kV/cm，1000 个脉冲数，50 μs，40℃	6	[89]
	柠檬酸磷酸缓冲液 (pH 7.0)	b28 kV/cm，625 个脉冲数，2 μs，35℃	6.5	[90]
芽孢杆菌	复合生理盐水(pH 7.0，4 mS/cm))	b9 kV/cm，167 kJ/kg，80℃	1.6	[86]
	脱脂牛奶(pH 6.5，5.1 mS/cm)	b40 kV/cm，20 个脉冲数，2.5 μs，63℃	1.8	[91]
	0.15% NaCl 溶液	b25 kV/cm，8.3 个脉冲数，2 μs，30℃	1.3	[70]
	0.15% NaCl 溶液	b25 kV/cm，8.3 个脉冲数，2 μs，30℃	0.4	[70]
	磷酸缓冲液(pH 7.0)	a16.7 kV/cm，50 个脉冲数，2 μs，30℃	1.25	[74]
	0.15% NaCl 溶液	a50 kV/cm，50 个脉冲数，2 μs，25℃	>5	[72]
	0.15% NaCl 溶液	a50 kV/cm，30 个脉冲数，2 μs，25℃	3.4	[72]
	豆汤	b33 kV/cm，30 个脉冲数，2 μs，55℃	5.3	[73]
金黄色葡萄球菌	葡萄汁	b27 kV/cm，100 个脉冲数，2.6 μs，＜48.8℃	3.4	[17]
	牛奶(4.8 mS/cm)	b30 kV/cm，100 个脉冲数，2 μs，＜25℃(出口)	1.8	[43]
	全蛋液(pH 7.5，0.69 S/m)	a40 kV/cm，5 个脉冲数，3 μs，＜35℃	3.0	[43]
	牛奶(pH 6.69)	b40 kV/cm，45 个脉冲数，2 μs，＜32.5℃(入口)	5.2	[61]
	绿茶汁(pH 6.0，0.1 S/m)	b38.4 kV/cm，100 个脉冲数，2 μs，42℃(出口)	4.9	[82]
	脱脂牛奶(pH 6.54，0.48 S/m)	b35 kV/cm，120 个脉冲数，3.7 μs，7℃(入口)	3.4	[67]

a 表示非连续式 PEF 处理系统；b 表示连续式 PEF 处理系统。

表 3-3　脉冲电场对致腐菌的杀灭效果

目标菌	处理介质	PEF 参数	杀灭对数 /(log CFU/mL)	参考文献
乳酸菌	葡萄酒(酒精含量 12%)	[a]31 kV/cm, 350 kJ/kg, <30℃	5.1	[92]
	葡萄汁	[a]31 kV/cm, 350 kJ/kg, <30℃	4.0	[92]
	葡萄汁(pH 3.9, 0.12 S/m)	[b]35 kV/cm, 200 个脉冲数, 5 μs, <30.4℃	3.54	[93]
	橘子汁(pH 3.56, 4.24 mS/cm)	[b]35 kV/cm, 250 个脉冲数, 4 μs, <36℃	5.8	[94]
	0.6%蛋白胨溶液	[b]25 kV/cm, 64 个脉冲数, 2.5 μs, 35℃	3.5	[95]
	磷酸缓冲溶液(pH 4.5)	[b]25 kV/cm, 9.6 个脉冲数, 5 μs, 37℃	4.4	[96]
	橘子胡萝卜混合汁	[b]35.8 kV/cm, 46.3 μs	2.5	[97]
酵母菌	啤酒(酒精含量 0%, 2.2 mS/cm)	[b]45 kV/cm, 46.3 个脉冲数, 1.5 μs, 50℃	0.6	[80]
	啤酒(酒精含量 4%, 1.4 mS/cm)	[b]45 kV/cm, 46.3 个脉冲数, 1.5 μs, 50℃	3.2	[80]
	啤酒(酒精含量 7%, 2.8 mS/cm)	[b]45 kV/cm, 46.3 个脉冲数, 1.5 μs, 50℃	3.5	[80]
	葡萄汁(pH 5.92, 0.092 S/m)	[b]27 kV/cm, 20 个脉冲数, 2.6 μs, <48.8℃	6.1	[17]
	苹果汁(pH 3.5, 0.26 S/m)	[b]20 kV/cm, 62 kJ/kg, 2 μs, 53℃	7.0	[25]
	橘子汁(pH 3.7, 0.38 S/m)	[b]20 kV/cm, 62 kJ/kg, 2 μs, 54℃	6.0	[25]
	西瓜汁(pH 5.3, 0.30 S/m)	[b]20 kV/cm, 67 kJ/kg, 2 μs, 56℃	3.0	[25]
	苹果汁(pH 3.2)	[b]30.76 kV/cm, 21 个脉冲数, 2 μs, 40℃	5.03	[98]
	葡萄汁(pH 3.9, 0.12 S/m)	[b]35 kV/cm, 200 个脉冲数, 5 μs, <30.4℃	3.90	[93]
	缓冲溶液(pH 7.2, 2 mS/cm)	[a]30.9 kV/cm, 1600 μs, <30℃	4.51	[99]
	橘子汁	[a]8～12.5 kV/cm, 3～40 个脉冲数, <15℃	2～5.8	[100]
	橘子汁	[b]35 kV/cm, 250 个脉冲数, 4 μs, 39℃	5.1	[77]

续表

目标菌	处理介质	PEF 参数	杀灭对数 /(log CFU/mL)	参考文献
酵母菌	苹果汁	[b]20 kV/cm, 10.4 个脉冲数, 2 μs, 30℃	4.0	[105]
	营养液(pH 4.5)	[b]30 kV/cm, 40 个脉冲数, 2 μs, 30℃	4.5	[87]
		[b]30 kV/cm, 40 个脉冲数, 4 μs, 30℃	6.4	[87]

a 表示非连续式脉冲电场处理系统；b 表示连续式脉冲电场处理系统。

3.6.3　不同杀菌方式协同脉冲电场杀菌

经过半个多世纪的研究已经积累了大量的 PEF 非热杀菌技术数据。总体而言，其对大部分微生物能保持良好的杀菌效果，但对李斯特菌、芽孢杆菌及其孢子杀灭还不够理想。因此，为了推进该技术在杀菌方面实际的应用，研究者们利用其他方式协同 PEF 进行了一系列的研究，协同的方式主要包括热、天然抗菌素、超高静压、超声波、脉冲强光和超临界二氧化碳等非热杀菌方式。

PEF 与热协同是最为简便、可行、高效的协同杀菌方式。一方面，没有任何物质添加，对食品本身没有任何影响；另一方面，PEF 杀菌过程中产生的焦耳热得到有效利用。其关键在于控制食品在 PEF 处理室出口的温度，低于 60℃温度协同(出口温度)能有效增加 PEF 对微生物的杀灭效果且对食品品质没有影响。利用热协同 PEF 对乳制品杀菌，有效延长产品的保质期而品质没有任何影响。Fernández-Molina 等[101]将脱脂牛奶预先 80℃热处理 6 s，然后场强 30 kV/cm 处理 60 μs，得到的产品保质期达到 30 d，比单纯使用热或者 PEF 杀菌保质期延长一倍。另外，Sepulveda 等[102]利用预先 72℃热处理 15 s，然后场强 35 kV/cm 处理 11.5 μs，得到的产品保质期达到 60 d。Yeom 等[103]利用场强 30 kV/cm、32 μs，然后 60℃、30 s 处理酸奶制品，保质期达到 90 d(4℃贮藏)，比不处理的样品保质期延长三倍，另外，其色泽、可溶性固形物、pH 几乎没有变化，而且处理后的产品感官接受度更高。Evrendilek 等[104]预先 105℃和 112℃热处理巧克力牛奶 31.5 s，然后 35 kV/cm 处理 45 μs，产品在 4℃、22℃、37℃下贮藏 119 d 其品质没有任何变化。Walkling-Ribeiro 等[105]利用热协同 PEF 能有效杀灭牛奶中微生物菌群，其货架期(4℃贮藏)与热杀菌(14 d)相比延长 7 d，达到 21 d。

与热协同杀菌相比，PEF 与其他非热杀菌方式(抗菌素、超高静压及超声波等)的协同也表现出非常好的杀菌效果。在天然抗菌素协同作用下，微生物对 PEF 敏感性显著增加。汪浪红等研究了柚皮素协同 PEF 对橘子汁、荔枝汁和葡萄汁中大肠杆菌与金黄色葡萄球菌的杀灭效果，结果表明柚皮素在较低的浓度范围(0.05～0.20 g/L)对果汁中的大肠杆菌有一定的抑制作用，对金黄色葡萄球菌具有轻微的灭活效应；随着处理场强和时间的增加，灭活率增大；其中PEF对葡萄汁中金黄色葡萄球菌的杀灭效果最好，其次是荔枝汁，橘子汁的效果最差(表3-4)。不同处理后果汁(包括对照组)在低温贮藏(4℃)下40 d内其pH、可溶性固形物和澄清度基本保持不变。

表3-4　柚皮素与PEF协同对不同果汁中金黄色葡萄球菌的灭活作用

种类	柚皮素/(g/L)	$-\log(N_1/N_0)$			
		0 kV/cm	8.0 kV/cm	16.0 kV/cm	24.0 kV/cm
橘子汁	0	—	0.41 ± 0.16	0.58 ± 0.22	0.93 ± 0.31
	0.05	0.15 ± 0.05	0.66 ± 0.25	0.61 ± 0.22	1.39 ± 0.35
	0.10	0.19 ± 0.05	1.52 ± 0.31	1.99 ± 0.32	2.51 ± 0.22
	0.20	0.37 ± 0.08	1.95 ± 0.18	2.24 ± 0.14	2.83 ± 0.17
葡萄汁	0	—	0.56 ± 0.21	0.71 ± 0.09	1.30 ± 0.14
	0.05	0.11 ± 0.02	0.56 ± 0.21	0.89 ± 0.38	1.59 ± 0.41
	0.10	0.21 ± 0.08	1.39 ± 0.29	2.29 ± 0.31	2.55 ± 0.34
	0.20	0.27 ± 0.07	1.80 ± 0.18	2.93 ± 0.32	3.55 ± 0.26
荔枝汁	0	—	0.44 ± 0.12	0.67 ± 0.27	1.16 ± 0.30
	0.05	0.17 ± 0.11	0.59 ± 0.18	0.89 ± 0.18	1.64 ± 0.22
	0.10	0.12 ± 0.08	1.29 ± 0.21	1.85 ± 0.21	2.64 ± 0.11
	0.20	0.21 ± 0.14	1.50 ± 0.17	2.62 ± 0.22	3.21 ± 0.15

注：N_1表示PEF处理后金黄色葡萄球菌活菌数，N_0表示样品初始活菌数。

进一步从细胞膜和胞内生物大分子DNA角度研究柚皮素对大肠杆菌和金黄色葡萄球菌的抗菌机制[106, 107]，结果表明存在柚皮素的情况下，大肠杆菌和金黄色葡萄球菌细胞膜的流动性增加，这与细胞膜脂肪酸成分的改变相关。其中大肠杆菌细胞膜中不饱和脂肪酸的含量显著增加，而环状脂肪酸与饱和脂肪酸的比例减少。相比之下，金黄色葡萄球菌细胞增加了反异构支链脂肪酸相对含量，同时降低了直链脂肪酸和异构脂肪酸的含量。

另外，柚皮素对大肠杆菌和金黄色葡萄球菌膜蛋白影响研究结果表明，柚皮素能够很好地结合到大肠杆菌和金黄色葡萄球菌细胞膜蛋白中，这种结合作用导致蛋白质的构象发生了一定程度的改变，使得Phe、Trp和Tyr残基的微环境变得更加具有亲水性。这种结合作用暗示着柚皮素的抗菌机制与其干扰细胞膜蛋白也可能存在一定的联系(图3-26)。更进一步的研究表明柚皮素的抗菌机制还可能是其作用于大肠杆菌和金黄色葡萄球菌胞内生物大分子，如 DNA。在光谱学技术、分子对接、圆二色谱和原子力显微镜的验证下，研究发现柚皮素能够通过一定的相互作用结合到大肠杆菌和金黄色葡萄球菌基因组 DNA 的小沟区域(A-T 富集区)，导致其发生聚集作用，这种作用过程扰乱 DNA 正常的功能，引起细胞死亡(图 3-27)。

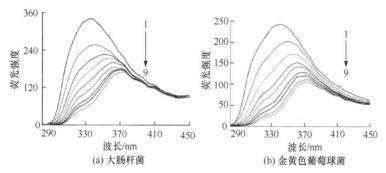

图 3-26　柚皮素对细胞膜蛋白荧光光谱的影响[106]

1~9 分别表示柚皮素浓度：0 mol/L，3.67×10^{-5} mol/L，7.34×10^{-5} mol/L，11.01×10^{-5} mol/L，14.68×10^{-5} mol/L，18.35×10^{-5} mol/L，22.02×10^{-5} mol/L，25.69×10^{-5} mol/L，29.36×10^{-5} mol/L

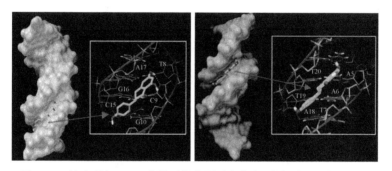

图 3-27　柚皮素与 DNA 分子对接分别对应位点预测(彩图见封二)[107]

王倩怡等[108]研究了 PEF 对不同丁香酚浓度培养后大肠杆菌的杀灭效果，并从细胞膜的特性、膜相关基因的调控等方面对协同杀菌机制深入研究。随着培养过程中丁香酚浓度增加，PEF 对大肠杆菌杀灭对数逐渐增加，当丁香酚添加量为 3/8 MIC，大肠杆菌杀灭对数增加近两个对数；对细胞膜特性研究表明，丁香酚的添加导致大肠杆菌细胞膜不饱和脂肪酸含量升高且环状脂肪酸含量降低，细胞膜流动性增加，从而增加杀灭效果(图 3-28)。

丁香酚对稳定期大肠杆菌细胞膜脂肪酸合成基因(*fabA*、*fabI*、*fabD* 和 *cfa*)及 *rpoS* 基因相对表达量的变化影响表明，随着丁香酚浓度增加，*fabA* 基因相对表达量上调，*cfa* 基因相对表达量下调(图 3-29)，说明丁香酚可以调控细胞膜脂肪酸合成基因的表达水平，修饰其脂肪酸组成，使细胞膜流动性增加，进而提高 PEF 的杀菌效率。

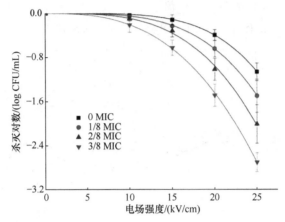

图 3-28　不同电场强度下大肠杆菌的脉冲电场灭活曲线[109]

处理时间为 3.2 ms；MIC 表示最低抑菌浓度，下同

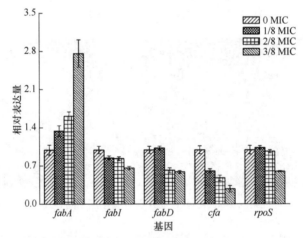

图 3-29　大肠杆菌在不同丁香酚浓度下脂肪酸合成相关基因（*fabA*、*fabI*、*fabD* 及 *cfa*）
及 *rpoS* 基因的相对表达量[109]

　　Espina 等[110]研究了精油（柠檬精油、香芹芬、柠檬醛、*d*-柠檬烯和柑橘精油）和热与 PEF 协同对全蛋液中接种的沙门氏菌和李斯特菌杀灭效果。添加 200 μL/L 柠檬精油的全蛋液先进行 25 kV/cm（能量输入 100 kJ/kg）PEF 处理，然后 60℃处理 3.5 s，对沙门氏菌和李斯特菌杀灭均达到 4 log，而单独使用三种杀菌方式对沙门氏菌和李斯特菌杀灭对数均仅为 1.5 log。香芹芬、柠檬醛、*d*-柠檬烯和柑橘精油协同在同等处理条件下对沙门氏菌和李斯特菌杀灭对数分别为 3.5 log 和

3.0 log。利用处理后的蛋液做成的蛋糕感官评价结果表明，精油的添加对蛋糕的品质没有影响。Monfort 等[43]研究 EDTA、柠檬酸三乙酯和热与 PEF 协同对接种蛋液中的 7 种沙门氏菌的杀灭效果，先进行 PEF(25 kV/cm，75～100 kJ/kg)处理，然后热处理(52℃/3.5 min、55℃/2 min 或者 60℃/1 min)、添加 2%柠檬酸三乙酯或者 EDTA，对 *Salmonella enteritidis* 杀灭达到 9 log，对 *Salmonella serovars* Dublin、*Salmonella enteritidis* 4300、*Salmonella typhimurium*、*Salmonella typhi* 和 *Salmonella virchow* 杀灭均达到 5 log。Saldaña 等[111]研究月桂酸乙酯和热协同 PEF 对接种于苹果汁中的大肠杆菌(*E. coli* O157:H7)杀灭效果，在场强为 20～30 kV/cm、处理时间 5～125 μs、协同温度低于(55±1)℃(出口)条件下，对 *E. coli* O157:H7 杀灭对数为 0.4～3.6 log；当添加 50 ppm(1 ppm=10^{-6})月桂酸乙酯时，杀灭对数为 0.9～6.7 log。Somolinos 等[112]将 2000 ppm 的山梨酸添加到含有 *D. bruxellensis* 和 *S. cerevisiae* 的缓冲溶液中，在 12 kV/cm 处理 50 个脉冲，对 *D. bruxellensis* 和 *S. cerevisiae* 杀灭对数均达到 5 log，比未添加的增加 2 log。另外，Smith 等[113]研究表明添加乳链菌肽 4250 IU/mL 协同 80 kV/cm PEF 处理 50 个脉冲对牛奶中自带的微生物具有非常好的杀灭效果。Sobrino-López 等[114]在 20 IU/mL 乳链菌素协同 35 kV/cm、2400 μs PEF 处理下对牛奶中 *S. aureus* 的杀灭效果达到 6.0 log。Sobrino-López 等[65]另一项研究表明 1 IU/mL 乳链菌素和 300 IU/mL 溶解酵素协同 35 kV/cm、1200 μs PEF 对牛奶中 *S. aureus* 的杀灭达到 6.2 log。Mosqueda-Melgar 等[115]研究了肉桂精油协同 PEF 对橘子汁和苹果汁中沙门氏菌的杀灭效果，在添加 0.1%肉桂精油协同 35 kV/cm、1000 μs PEF 处理下，沙门氏菌杀灭效果达到 6.0 log；类似地，在相同的条件下对番茄汁的研究中对沙门氏菌的杀灭效果也达到 6.0 log。Sanz-Puig 等[116]研究花椰菜和柑橘提取物协同 PEF 对接种于蛋白胨缓冲溶液中沙门氏菌(10^8 CFU/mL)的杀灭效果，在场强 20 kV/cm、900 μs 单独 PEF 处理条件下，沙门氏菌杀灭达到 4 log；当添加 10%花椰菜或柑橘提取物，PEF 处理沙门氏菌杀灭达到 4 log，而且 2 h 后沙门氏菌几乎全部杀灭。Jin 等[117]发现用不同处理量的 PEF 系统 PEF1(7.2 L/h，35 kV/cm，72 μs)、PEF2(100 L/h，35 kV/cm，281 μs)处理石榴汁，然后用涂有苯甲酸钠和山梨酸钾包装瓶进行灌装，能有效延长石榴汁的保质期，达到 84 d。

与此同时，PEF 与其他技术(超高静压、超声波、紫外光、脉冲强光等)协同杀菌也引起了研究者们极大的关注。Gachovska 等[118]利用紫外光与 PEF 协同(首先利用 60 kV/cm、脉宽 3.5 μs 处理 13.5 个脉冲，然后紫外光处理)对苹果汁中大肠杆菌的杀灭对数达到 5.3 log。Huang 等[119]利用 PEF 与超声波协同对蛋液中的沙门氏菌杀灭对数增加 2.5 log(脉冲处理：56.7 kV/cm，50 个脉冲；超声波协同处理：50 W，55℃，5 min)。Noci 等[57]利用热和超声波与 PEF 协同作用[首先 55℃、60 s，然后超声 400 W、80 s，最后 50 kV/cm (576 kJ/L) 处理]对牛奶中的李斯特菌杀灭达到 6.7 log。Pyatkovskyy 等[120]研究超高静压协同 PEF 作用对接种于去离子水中李斯特菌的杀灭效果，结果表明先场强 20 kV/cm 处理 1 ms，然后 200 MPa 处理 20 min，比单纯使用 PEF 和超高静压对李斯特菌杀灭效果增加 2.3 log，达到 3.2 log。Caminiti 等[121]利用脉冲强光 (5.1 J/cm² 和 4.0 J/cm²) 与 PEF (24 kV/cm 和 34 kV/cm，89 μs) 协同作用对苹果汁中接种的 *E. coli* K12 进行处理，杀灭效果达到 5 log 以上，达到食品安全标准，且对苹果汁的品质没有影响(图 3-30)。

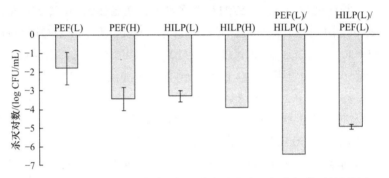

图 3-30　脉冲强光协同脉冲电场对苹果汁中大肠杆菌的杀灭效果[121]

HILP 表示脉冲强光；H 表示高强度；L 表示低强度

3.7　本　章　小　结

　　研究者对不同微生物及不同食品的 PEF 杀菌进行了大量研究，但大部分还是以接种的方式模拟研究 PEF 对单一菌种的杀灭，由于食品中微生物的多样性和食品体系的复杂性，通过 PEF 杀菌达到食品商业无菌的要求还具有很大的挑战。目前 PEF 杀菌技术仅对高酸性果汁的杀灭进行了尝试性的工业化应用并有相关的产品。PEF 对牛奶和蛋液等低酸性液体食品的杀菌与传统热杀菌效果还相差甚远，因此，PEF 与其他方式的协同(特别是与热和天然抗菌素)将是该技术实现工业化应用的突破口。除此之外，制约 PEF 工业化应用技术方面的因素还包括设备关键元器件(高压开关)技术瓶颈、设备处理量难达到工业生产规模、易起泡食品(蛋液、牛奶等)中气泡影响处理效果、不同微生物特别是芽孢对 PEF 处理的抗性等。

　　(1)目前虽然有很多研究团队拥有自行设计的 PEF 杀菌处理设备(处理室和电脉冲发生系统)，但大部分处于试验室阶段。从事规模化生产设备研发的仅有 PurePulse 和 Thomson-CSE 两家公司，其设备非常昂贵，处理量在 1800 L/h。国内有广州市心安食品科技有限公司开发了实验室型和中试型的 PEF 杀菌、提取设备，在工业化设备研发与应用方面有待进一步加强。

(2)PEF 对特定微生物营养细胞具有良好的杀菌效果,但对微生物芽孢和孢子的杀灭效果欠佳。另外,微生物自身特性和所处环境不同,导致其对 PEF 杀灭具有不同抗性,使杀灭效果出现差异。因此,对于特定食品,PEF 杀灭目标菌的选择十分关键。

(3)食品中存在的气泡导致 PEF 杀菌过程中处理室内击穿放电,引起处理室内电场强度不均匀,影响食品的处理效果,从而引起的食品安全问题也不容忽视,因此 PEF 杀菌食品应不易起泡或者利用真空和高压前处理除去食品中的气泡。

(4)大部分液体食品因含大量电解质,电导率偏大(0.1~0.5 S/m),过大的电导率使处理室内电极间阻抗减小,造成升压困难,因此,对设备功率的要求提高,需要更大的功率才能达到目标微生物杀灭所需要的场强。

(5)目前不同研究团队所用设备不同及缺乏统一的对试验过程中参数的测量方法,导致参数的精确度欠缺,从而得出不一致的研究结果。

思考题

1. 脉冲电场杀菌假说机制有哪些? 简述主要的两种杀菌机制。

2. 简述脉冲电场杀菌的影响因素。

3. 什么是磷脂相变温度? 简述细胞膜脂双层相变过程中磷脂分子构象及脂双层状态的变化。

参考文献

[1] Tsong T Y. Electroporation of cell membranes[J]. Biophysical Journal, 1991, 60(2): 297-306.

[2] Vernier P T, Levine Z A, Gundersen M A. Water bridges in electropermeabilized phospholipid bilayers[J]. Proceedings of the IEEE, 2013, 101(2): 494-504.

[3] Kotnik T, Kramar P, Pucihar G, et al. Cell membrane electroporation-part 1: the phenomenon[J]. IEEE Electrical Insulation Magazine, 2012, 28(5): 14-23.

[4] Kotnik T, Bobanović F, Miklavcic D. Sensitivity of transmembrane voltage induced by applied electric fields—a theoretical analysis[J]. Bioelectrochemistry and Bioenergetics, 1997, 43(2): 285-291.

[5] Hibino M, Itoh H, Kinosita K. Time courses of cell electroporation as revealed by submicrosecond imaging of transmembrane potential[J]. Biophysical Journal, 1993, 64(6): 1789-1800.

[6] Kinosita K, Tsong T Y. Voltage-induced pore formation and hemolysis of human erythrocytes[J]. Biochimica et Biophysica Acta - Biomembranes, 1977, 471(2): 227-242.

[7] Saulis G. Electroporation of cell membranes: the fundamental effects of pulsed electric fields in food processing[J]. Food Engineering Reviews, 2010, 2(2): 52-73.

[8] García D, Gómez N, Condón S, et al. Pulsed electric fields cause sublethal injury in *Escherichia coli* [J]. Letters in Applied Microbiology, 2010, 36(3): 140-144.

[9] Zhao W, Yang R, Wang M. Cold storage temperature following pulsed electric fields treatment to inactivate sublethally injured microorganisms and extend the shelf life of green tea infusions[J]. International Journal of Food Microbiology, 2009, 129(2): 204-208.

[10] Saldaña G, Puértolas E, López N, et al. Comparing the PEF resistance and occurrence of sublethal injury on different strains of *Escherichia coli*, *Salmonella typhimurium*, *Listeria monocytogenes* and *Staphylococcus aureus* in media of pH 4 and 7[J]. Innovative Food Science & Emerging Technologies, 2009, 10(2): 160-165.

[11] Dodd C E R, Richards P J, Aldsworth T G. Suicide through stress: a bacterial response to sub-lethal injury in the food environment[J]. International Journal of Food Microbiology, 2007, 120(1): 46-50.

[12] Somolinos M, Manas P, Condon S, et al. Recovery of *Saccharomyces cerevisiae* sublethally injured cells after pulsed electric fields[J]. International Journal of Food Microbiology, 2008, 125(3): 352-356.

[13] Aronsson K, Lindgren M, Johansson B R, et al. Inactivation of microorganisms using pulsed electric fields: the influence of process parameters on *Escherichia coli*, *Listeria innocua*, *Leuconostoc mesenteroides* and *Saccharomyces cerevisiae*[J]. Innovative Food Science & Emerging Technologies, 2001, 2(1): 41-54.

[14] Evrendilek G A, Zhang Q H. Effects of pulse polarity and pulse delaying time on pulsed electric fields-induced pasteurization of *E. coli* O157:H7[J]. Journal of Food Engineering, 2005, 68(2): 271-276.

[15] Pothakamury U R, Vega H, Zhang Q, et al. Effect of growth stage and processing temperature on the inactivation of *E. coli* by pulsed electric fields[J]. Journal of Food Protection 1996, 59(11): 1167-1171.

[16] Peleg M. A model of microbial survival after exposure to pulsed electric fields[J]. Journal of the Science of Food & Agriculture, 1995, 67(1): 93-99.

[17] Huang K, Yu L, Wang W, et al. Comparing the pulsed electric field resistance of the microorganisms in grape juice: application of the Weibull model[J]. Food Control, 2014, 35(1): 241-251.

[18] Cole M B, Davies K W, Munro G, et al. A vitalistic model to describe the thermal inactivation of *Listeria monocytogenes*[J]. Journal of Industrial Microbiology, 1993, 12(3): 232-239.

[19] Liu Z W, Zeng X A, Sun D W, et al. Effects of pulsed electric fields on the permeabilization of calcein-filled soybean lecithin vesicles[J]. Journal of Food Engineering, 2014, 131: 26-32.

[20] Sepulveda D R, Góngora-Nieto M M, Guerrero J A, et al. Shelf life of whole milk processed by pulsed electric fields in combination with PEF-generated heat[J]. LWT-Food Science and Technology, 2009, 42(3): 735-739.

[21] Bazhal M I, Ngadi M O, Raghavan G S V, et al. Inactivation of *Escherichia coli* O157:H7 in liquid whole egg using combined pulsed electric field and thermal treatments[J]. LWT-Food Science and Technology, 2006, 39(4): 420-426.

[22] Liu Z W, Zeng X A, Sun D W, et al. Synergistic effect of thermal and pulsed electric field (PEF) treatment on the permeability of soya PC and DPPC vesicles[J]. Journal of Food Engineering, 2015, 153: 124-131.

[23] Liu Z W, Han Z, Zeng X A, et al. Effects of vesicle components on the electro-permeability of

lipid bilayers of vesicles induced by pulsed electric fields（PEF）treatment[J]. Journal of Food Engineering, 2016, 179: 88-97.

[24] Geveke D J, Aubuchon I, Zhang H Q, et al. Validation of a pulsed electric field process to pasteurize strawberry purée[J]. Journal of Food Engineering, 2015, 166: 384-389.

[25] Timmermans R A H, Nierop Groot M N, Nederhoff A L, et al. Pulsed electric field processing of different fruit juices: impact of pH and temperature on inactivation of spoilage and pathogenic micro-organisms[J]. International Journal of Food Microbiology, 2014, 173: 105-111.

[26] Moody A, Marx G, Swanson B G, et al. A comprehensive study on the inactivation of *Escherichia coli* under nonthermal technologies: high hydrostatic pressure, pulsed electric fields and ultrasound[J]. Food Control, 2014, 37: 305-314.

[27] Machado L F, Pereira R N, Martins R C, et al. Moderate electric fields can inactivate *Escherichia coli* at room temperature[J]. Journal of Food Engineering, 2010, 96（4）: 520-527.

[28] Gurtler J B, Rivera R B, Zhang H Q, et al. Selection of surrogate bacteria in place of *E. coli* O157:H7 and *Salmonella typhimurium* for pulsed electric field treatment of orange juice[J]. International Journal of Food Microbiology, 2010, 139（1）: 1-8.

[29] Lu J, Mittal G S, Griffiths M W. Reduction in levels of *Escherichia coli* O157:H7 in apple cider by pulsed electric fields[J]. Journal of Food Protection, 2001, 64（7）: 964-969.

[30] Žgalin M K, Hodžić D, Reberšek M, et al. Combination of microsecond and nanosecond pulsed electric field treatments for inactivation of *Escherichia coli* in water samples[J]. The Journal of Membrane Biology, 2012, 245（10）: 643-650.

[31] McDonald C J, Lloyd S W, Vitale M A, et al. Effects of pulsed electric fields on microorganisms in orange juice using electric field strengths of 30 and 50 kV/cm[J]. Journal of Food Science, 2000, 65（6）: 984-989.

[32] Evrendilek G A, Zhang Q H. Effects of pulse polarity and pulse delaying time on pulsed electric fields-induced pasteurization of *E. coli* O157:H7[J]. Journal of Food Engineering, 2005, 68（2）: 271-276.

[33] Martín-Belloso O, Vega-Mercado H, Qin B L, et al. Inactivation of *Escherichia coli* suspended in liquid egg using pulsed electric fields[J]. Journal of Food Processing and Preservation, 1997, 21（3）: 193-208.

[34] Saldaña G, Monfort S, Condón S, et al. Effect of temperature, pH and presence of nisin on inactivation of *Salmonella typhimurium* and *Escherichia coli* O157:H7 by pulsed electric fields[J]. Food Research International, 2012, 45（2）: 1080-1086.

[35] Dutreux N, Notermans S, Wijtzes T, et al. Pulsed electric fields inactivation of attached and free-living *Escherichia coli* and *Listeria innocua* under several conditions[J]. International Journal of Food Microbiology, 2000, 54（1-2）: 91-98.

[36] Grahl T, Markl H. Killing of microorganisms by pulsed electric fields[J]. Applied Microbiology and Biotechnology, 1996, 45（1-2）: 148-157.

[37] Martín O, Qin B L, Chang F J, et al. Inactivation of *Escherichia coli* in skim milk by high intensity pulsed electric fields[J]. Journal of Food Process Engineering, 1997, 20（4）: 317-336.

[38] Martín-Belloso O, Vega-Mercado H, Qin B L, et al. Inactivation of *Escherichia coli* suspended in liquid egg using pulsed electric fields[J]. Journal of Food Processing and Preservation, 1997, 21（3）: 193-208.

[39] Alkhafaji S, Farid M. Modelling the inactivation of *Escherichia coli* ATCC 25922 using pulsed electric field[J]. Innovative Food Science & Emerging Technologies, 2008, 9(4): 448-454.

[40] Zhao W, Yang R, Shen X, et al. Lethal and sublethal injury and kinetics of *Escherichia coli*, *Listeria monocytogenes* and *Staphylococcus aureus* in milk by pulsed electric fields[J]. Food Control, 2013, 32(1): 6-12.

[41] Saldaña G, Puértolas E, Álvarez I, et al. Evaluation of a static treatment chamber to investigate kinetics of microbial inactivation by pulsed electric fields at different temperatures at quasi-isothermal conditions[J]. Journal of Food Engineering, 2010, 100(2): 349-356.

[42] Monfort S, Gayán E, Raso J, et al. Evaluation of pulsed electric fields technology for liquid whole egg pasteurization[J]. Food Microbiology, 2010, 27(7): 845-852.

[43] Monfort S, Saldaña G, Condón S, et al. Inactivation of *Salmonella* spp. in liquid whole egg using pulsed electric fields, heat, and additives[J]. Food Microbiology, 2012, 30(2): 393-399.

[44] Jin T, Zhang H, Hermawan N, et al. Effects of pH and temperature on inactivation of *Salmonella typhimurium* DT104 in liquid whole egg by pulsed electric fields[J]. International Journal of Food Science & Technology, 2009, 44(2): 367-372.

[45] Jeantet R, Baron F, Nau F, et al. High intensity pulsed electric fields applied to egg white: effect on *Salmonella enteritidis* inactivation and protein denaturation[J]. Journal of Food Protection, 1999, 62(12): 1381-1386.

[46] Pina-Pérez M C, Martínez-López A, Rodrigo D. Cinnamon antimicrobial effect against *Salmonella typhimurium* cells treated by pulsed electric fields (PEF) in pasteurized skim milk beverage[J]. Food Research International, 2012, 48(2): 777-783.

[47] Sensoy I, Zhang Q H, Sastry S K. Inactivation kinetics of *Salmonella dublin* by pulsed electric field[J]. Journal of Food Process Engineering, 1997, 20(5): 367-381.

[48] Floury J, Grosset N, Lesne E, et al. Continuous processing of skim milk by a combination of pulsed electric fields and conventional heat treatments: does a synergetic effect on microbial inactivation exist?[J]. Lait, 2006, 86(3): 203-211.

[49] Liang Z, Mittal G S, Griffiths M W. Inactivation of *Salmonella typhimurium* in orange juice containing antimicrobial agents by pulsed electric field[J]. Journal of Food Protection, 2002, 65(7): 1081-1087.

[50] Mosqueda-Melgar J, Raybaudi-Massilia R M, Martín-Belloso O. Combination of high-intensity pulsed electric fields with natural antimicrobials to inactivate pathogenic microorganisms and extend the shelf-life of melon and watermelon juices[J]. Food Microbiology, 2008, 25(3): 479-491.

[51] 欧矍. 基于细胞膜脂质的脉冲电场致死鼠伤寒沙门氏菌的机理研究[D]. 广州: 华南理工大学, 2017.

[52] Saldaña G, Puértolas E, Condón S, et al. Inactivation kinetics of pulsed electric field-resistant strains of *Listeria monocytogenes* and *Staphylococcus aureus* in media of different pH[J]. Food Microbiology, 2010, 27(4): 550-558.

[53] Guerrero-Beltrán J A, Sepulveda D R, Gongora-Nieto M M, et al. Milk thermization by pulsed electric fields (PEF) and electrically induced heat[J]. Journal of Food Engineering, 2010, 100(1): 56-60.

[54] Reina L D, Jin Z T, Zhang Q H, et al. Inactivation of *Listeria monocytogenes* in milk by pulsed

electric field[J]. Journal of Food Protection, 1998, 61(9): 1203-1206.

[55] Fleischman G J, Ravishankar S, Balasubramaniam V M. The inactivation of *Listeria monocytogenes* by pulsed electric field (PEF) treatment in a static chamber[J]. Food Microbiology, 2004, 21(1): 91-95.

[56] Palgan I, Muñoz A, Noci F, et al. Effectiveness of combined pulsed electric field (PEF) and manothermosonication (MTS) for the control of *Listeria innocua* in a smoothie type beverage[J]. Food Control, 2012, 25(2): 621-625.

[57] Noci F, Walkling-Ribeiro M, Cronin D A, et al. Effect of thermosonication, pulsed electric field and their combination on inactivation of *Listeria innocua* in milk[J]. International Dairy Journal, 2009, 19(1): 30-35.

[58] Saldaña G, Puértolas E, Condón S, et al. Inactivation kinetics of pulsed electric field-resistant strains of *Listeria monocytogenes* and *Staphylococcus aureus* in media of different pH[J]. Food Microbiology, 2010, 27(4): 550-558.

[59] Picart L, Dumay E, Cheftel J C. Inactivation of *Listeria innocua* in dairy fluids by pulsed electric fields: influence of electric parameters and food composition[J]. Innovative Food Science & Emerging Technologies, 2002, 3(4): 357-369.

[60] Schottroff F, Gratz M, Krottenthaler A, et al. Pulsed electric field preservation of liquid whey protein formulations-influence of process parameters, pH, and protein content on the inactivation of *Listeria innocua* and the retention of bioactive ingredients[J]. Journal of Food Engineering, 2019, 243: 142-152.

[61] Cregenzán-Alberti O, Halpin R M, Whyte P, et al. Study of the suitability of the central composite design to predict the inactivation kinetics by pulsed electric fields (PEF) in *Escherichia coli*, *Staphylococcus aureus* and *Pseudomonas fluorescens* in milk[J]. Food and Bioproducts Processing, 2015, 95: 313-322.

[62] Monfort S, Gayán E, Saldaña G, et al. Inactivation of *Salmonella typhimurium* and *Staphylococcus aureus* by pulsed electric fields in liquid whole egg[J]. Innovative Food Science & Emerging Technologies, 2010, 11(2): 306-313.

[63] Walkling-Ribeiro M, Noci F, Cronin D A, et al. Shelf life and sensory evaluation of orange juice after exposure to thermosonication and pulsed electric fields[J]. Food and Bioproducts Processing, 2009, 87(2): 102-107.

[64] Walkling-Ribeiro M, Noci F, Cronin D A, et al. Reduction of *Staphylococcus aureus* and quality changes in apple juice processed by ultraviolet irradiation, pre-heating and pulsed electric fields[J]. Journal of Food Engineering, 2008, 89(3): 267-273.

[65] Sobrino-López A, Viedma-Martínez P, Abriouel H, et al. The effect of adding antimicrobial peptides to milk inoculated with *Staphylococcus aureus* and processed by high-intensity pulsed-electric field[J]. Journal of Dairy Science, 2009, 92(6): 2514-2523.

[66] Sobrino-López Á, Martín-Belloso O. Enhancing inactivation of *Staphylococcus aureus* in skim milk by combining high-intensity pulsed electric fields and nisin[J]. Journal of Food Protection, 2006, 69(2): 345-353.

[67] Evrendilek G A, Zhang Q H, Richter E R. Application of pulsed electric fields to skim milk inoculated with *Staphylococcus aureus*[J]. Biosystems Engineering, 2004, 87(2): 137-144.

[68] Siemer C, Toepfl S, Heinz V. Inactivation of *Bacillus subtilis* spores by pulsed electric fields

(PEF) in combination with thermal energy—I. Influence of process- and product parameters[J]. Food Control, 2014, 39: 163-171.

[69] Pol I E, van Arendonk W G C, Mastwijk H C, et al. Sensitivities of germinating spores and carvacrol-adapted vegetative cells and spores of *Bacillus cereus* to nisin and pulsed electric field treatment[J]. Applied & Environmental Microbiology, 2001, 67(4): 1693-1699.

[70] Cserhalmi Z, Vidács I, Beczner J, et al. Inactivation of *Saccharomyces cerevisiae* and *Bacillus cereus* by pulsed electric fields technology[J]. Innovative Food Science & Emerging Technologies, 2002, 3(1): 41-45.

[71] Grahl T, Märkl H. Killing of microorganisms by pulsed electric fields[J]. Applied Microbiology and Biotechnology, 1996, 45(1): 148-157.

[72] Marquez V O, Mittal G S, Griffiths M W. Destruction and inhibition of bacterial spores by high voltage pulsed electric field[J]. Journal of Food Science, 1997, 62(2): 399-401.

[73] Vega-Mercado H, Martín-Belloso O, Chang F J, et al. Inactivation of *Escherichia coli* and *Bacillus subtilis* suspended in pea soup using pulsed electric fields[J]. Journal of Food Processing and Preservation, 1996, 20(6): 501-510.

[74] Pol I E, Mastwijk H C, Bartels P V, et al. Pulsed electric field treatment enhances the bactericidal action of nisin against *Bacillus cereus*[J]. Applied and Environmental Microbiology, 2000, 66(1): 428-430.

[75] Zhang Q, Monsalve-González A, Qin B L, et al. Inactivation of *Saccharomyces cerevisiae* in apple juice by square-wave and exponential-decay pulsed electric fields[J]. Journal of food Process Engineering, 1994, 17(4): 469-478.

[76] Qin B L, Chang F J, Barbosa-Cánovas G V, et al. Nonthermal inactivation of *Saccharomyces cerevisiae* in apple juice using pulsed electric fields[J]. LWT-Food Science and Technology, 1995, 28(6): 564-568.

[77] Elez-Martínez P, Escolà-Hernández J, Soliva-Fortuny R C, et al. Inactivation of *Saccharomyces cerevisiae* suspended in orange juice using high-intensity pulsed electric fields[J]. Journal of Food Protection, 2004, 67(11): 2596-2602.

[78] González-Arenzana L, Portu J, López R, et al. Inactivation of wine-associated microbiota by continuous pulsed electric field treatments[J]. Innovative Food Science & Emerging Technologies, 2015, 29: 187-192.

[79] Walkling-Ribeiro M, Rodríguez-González O, Jayaram S H, et al. Processing temperature, alcohol and carbonation levels and their impact on pulsed electric fields (PEF) mitigation of selected characteristic microorganisms in beer[J]. Food Research International, 2011, 44(8): 2524-2533.

[80] Milani E A, Alkhafaji S, Silva F V M. Pulsed electric field continuous pasteurization of different types of beers[J]. Food Control, 2015, 50: 223-229.

[81] Gurtler J B, Bailey R B, Geveke D J, et al. Pulsed electric field inactivation of *E. coli* O157:H7 and non-pathogenic surrogate *E. coli* in strawberry juice as influenced by sodium benzoate, potassium sorbate, and citric acid[J]. Food Control, 2011, 22(10): 1689-1694.

[82] Zhao W, Yang R, Lu R, et al. Effect of PEF on microbial inactivation and physical-chemical properties of green tea extracts[J]. LWT-Food Science and Technology, 2008, 41(3): 425-431.

[83] Mosqueda-Melgar J, Raybaudi-Massilia R M, Martín-Belloso O. Influence of treatment time and

pulse frequency on *Salmonella enteritidis*, *Escherichia coli* and *Listeria monocytogenes* populations inoculated in melon and watermelon juices treated by pulsed electric fields[J]. International Journal of Food Microbiology, 2007, 117(2): 192-200.

[84] Li S Q, Zhang Q H. Inactivation of *E. coli* 8739 in enriched soymilk using pulsed electric fields[J]. Journal of Food Science, 2004, 69(7): 169-174.

[85] Álvarez I, Virto R, Raso J, et al. Comparing predicting models for the *Escherichia coli* inactivation by pulsed electric fields[J]. Innovative Food Science & Emerging Technologies, 2003, 4(2): 195-202.

[86] Unal R, Yousef A E, Dunne C P. Spectrofluoimetric assessment of bacterial cell membrane damage by pulsed electric field[J]. Innovative Food Science & Emerging Technologies, 2002, 3(3): 247-254.

[87] Aronsson K, Rönner U. Influence of pH, water activity and temperature on the inactivation of *Escherichia coli* and *Saccharomyces cerevisiae* by pulsed electric fields[J]. Innovative Food Science & Emerging Technologies, 2001, 2(2): 105-112.

[88] Guerrero-Beltrán J Á, Sepulveda D R, Góngora-Nieto M M, et al. Milk thermization by pulsed electric fields (PEF) and electrically induced heat[J]. Journal of Food Engineering, 2010, 100(1): 56-60.

[89] Russell N J, Colley M, Simpson R K, et al. Mechanism of action of pulsed high electric field (PHEF) on the membranes of food-poisoning bacteria is an 'all-or-nothing' effect[J]. International Journal of Food Microbiology, 2000, 55(1-3): 133-136.

[90] Raso J, Alvarez I, Condón S, et al. Predicting inactivation of *Salmonella senftenberg* by pulsed electric fields[J]. Innovative Food Science & Emerging Technologies, 2000, 1(1): 21-29.

[91] Bermúdez-Aguirre D, Dunne C P, Barbosa-Cánovas G V. Effect of processing parameters on inactivation of *Bacillus cereus* spores in milk using pulsed electric fields[J]. International Dairy Journal, 2012, 24(1): 13-21.

[92] Puértolas E, López N, Condón S, et al. Pulsed electric fields inactivation of wine spoilage yeast and bacteria[J]. International Journal of Food Microbiology, 2009, 130(1): 49-55.

[93] Marsellés-Fontanet À R, Puig A, Olmos P, et al. Optimising the inactivation of grape juice spoilage organisms by pulse electric fields[J]. International Journal of Food Microbiology, 2009, 130(3): 159-165.

[94] Elez-Martínez P, Escolà-Hernández J, Soliva-Fortuny R C, et al. Inactivation of *Lactobacillus brevis* in orange juice by high-intensity pulsed electric fields[J]. Food Microbiology, 2005, 22(4): 311-319.

[95] Rodrigo D, Ruíz P, Barbosa-Cánovas G V, et al. Kinetic model for the inactivation of *Lactobacillus plantarum* by pulsed electric fields[J]. International Journal of Food Microbiology, 2003, 81(3): 223-229.

[96] Abram F, Smelt J P P M, Bos R, et al. Modelling and optimization of inactivation of *Lactobacillus plantarum* by pulsed electric field treatment[J]. Journal of Applied Microbiology, 2003, 94(4): 571-579.

[97] Rodrigo D, Martínez A, Harte F, et al. Study of inactivation of *Lactobacillus plantarum* in orange-carrot juice by means of pulsed electric fields: comparison of inactivation kinetics models[J]. Food Control, 2001, 64(2): 259-263.

[98] Marx G, Moody A, Bermúdez-Aguirre D. A comparative study on the structure of *Saccharomyces cerevisiae* under nonthermal technologies: high hydrostatic pressure, pulsed electric fields and thermo-sonication[J]. International Journal of Food Microbiology, 2011, 151(3): 327-337.

[99] Donsì G, Ferrari G, Pataro G. Inactivation kinetics of *Saccharomyces cerevisiae* by pulsed electric fields in a batch treatment chamber: the effect of electric field unevenness and initial cell concentration[J]. Journal of Food Engineering, 2007, 78(3): 784-792.

[100] Molinari P, Pilosof A M R, Jagus R J. Effect of growth phase and inoculum size on the inactivation of *Saccharomyces cerevisiae* in fruit juices, by pulsed electric fields[J]. Food Research International, 2004, 37(8): 793-798.

[101] Fernández-Molina J J, Fernández-Gutiérrez S A, Altunakar B, et al. The combined effect of pulsed electric fields and conventional heating on the microbial quality and shelf life of skim milk[J]. Journal of Food Processing and Preservation, 2005, 29(5-6): 390-406.

[102] Sepulveda D R, Góngora-Nieto M M, San-Martin M F, et al. Influence of treatment temperature on the inactivation of *Listeria innocua* by pulsed electric fields[J]. LWT-Food Science and Technology, 2005, 38(2): 167-172.

[103] Yeom H W, Evrendilek G A, Jin Z T, et al. Processing of yogurt-based products with pulsed electric fields: microbial, sensory and physical evaluations[J]. Journal of Food Processing and Preservation, 2004, 28(3): 161-178.

[104] Evrendilek G A, Dantzer W R, Streaker C B, et al. Shelf-life evaluations of liquid foods treated by pilot plant pulsed electric field system[J]. Journal of Food Processing and Preservation, 2001, 25(4): 283-297.

[105] Walkling-Ribeiro M, Noci F, Cronin D A, et al. Antimicrobial effect and shelf-life extension by combined thermal and pulsed electric field treatment of milk[J]. Journal of Applied Microbiology, 2009, 106(1): 241-248.

[106] Wang L H, Wang M S, Zeng X A, et al. Temperature-mediated variations in cellular membrane fatty acid composition of *Staphylococcus aureus* in resistance to pulsed electric fields[J]. Biochimica et Biophysica Acta-Biomembranes, 2016, 1858(8): 1791-1800.

[107] Wang L H, Wang M S, Zeng X A, et al. Membrane destruction and dna binding of *Staphylococcus aureus* cells induced by carvacrol and its combined effect with a pulsed electric field[J]. Journal of Agricultural and Food Chemistry, 2016, 64(32): 6355-6363.

[108] Wang Q Y, Zeng X A, Liu Z W, et al. Variations in cellular membrane fatty acid composition of *Escherichia coli* in resistance to pulsed electric fields induced by eugenol[J]. Journal of Food Processing and Preservation, 2018, 42(9): e13740.

[109] 王倩怡. 基于大肠杆菌细胞膜特性研究丁香酚协同脉冲电场的灭菌机制[D]. 广州: 华南理工大学, 2018.

[110] Espina L, Monfort S, Álvarez I, et al. Combination of pulsed electric fields, mild heat and essential oils as an alternative to the ultrapasteurization of liquid whole egg[J]. International Journal of Food Microbiology, 2014, 189: 119-125.

[111] Saldaña G, Puértolas E, Monfort S, et al. Defining treatment conditions for pulsed electric field pasteurization of apple juice[J]. International Journal of Food Microbiology, 2011, 151(1): 29-35.

[112] Somolinos M, García D, Condón S, et al. Relationship between sublethal injury and inactivation of yeast cells by the combination of sorbic acid and pulsed electric fields[J]. Applied and Environmental Microbiology, 2007, 73(12): 3814-3821.

[113] Smith K, Mittal G S, Griffiths M W. Pasteurization of milk using pulsed electrical field and antimicrobials[J]. Food Control, 2002, 67(6): 2304-2308.

[114] Sobrino-López Á, Martín-Belloso O. Enhancing inactivation of *Staphylococcus aureus* in skim milk by combining high-intensity pulsed electric fields and nisin[J]. Food Control, 2006, 69(2): 345-353.

[115] Mosqueda-Melgar J, Raybaudi-Massilia R M, Martín-Belloso O. Microbiological shelf life and sensory evaluation of fruit juices treated by high-intensity pulsed electric fields and antimicrobials[J]. Food and Bioproducts Processing, 2012, 90(2): 205-214.

[116] Sanz-Puig M, Santos-Carvalho L, Cunha L M, et al. Effect of pulsed electric fields (PEF) combined with natural antimicrobial by-products against *S. typhimurium*[J]. Innovative Food Science & Emerging Technologies, 2016, 37:322-328.

[117] Jin T Z, Guo M, Yang R. Combination of pulsed electric field processing and antimicrobial bottle for extending microbiological shelf-life of pomegranate juice[J]. Innovative Food Science & Emerging Technologies, 2014, 26: 153-158.

[118] Gachovska T K, Kumar S, Thippareddi H, et al. Ultraviolet and pulsed electric field treatments have additive effect on inactivation of *E. coli* in apple juice[J]. Journal of Food Science, 2008, 73(9): 412-427.

[119] Huang E, Mittal G S, Griffiths M W. Inactivation of *Salmonella enteritidis* in liquid whole egg using combination treatments of pulsed electric field, high pressure and ultrasound[J]. Biosystems Engineering, 2006, 94(3): 403-413.

[120] Pyatkovskyy T I, Shynkaryk M V, Mohamed H M, et al. Effects of combined high pressure (HPP), pulsed electric field (PEF) and sonication treatments on inactivation of *Listeria innocua*[J]. Journal of Food Engineering, 2018, 233: 49-56.

[121] Caminiti I M, Palgan I, Noci F, et al. The effect of pulsed electric fields (PEF) in combination with high intensity light pulses (HILP) on *Escherichia coli* inactivation and quality attributes in apple juice[J]. Innovative Food Science & Emerging Technologies, 2011, 12(2): 118-123.

第4章 脉冲电场对食品组分的影响

PEF 对食品组分中的大分子具有重要的作用，研究者们对碳水化合物、蛋白质的研究也日益突出，特别是对淀粉颗粒在 PEF 作用下的黏度、糊化特性、热稳定性、颗粒结构等性质和结构的变化及 PEF 对酶的影响开展了较多研究，同时根据 PEF 自身的优势和特点，结合化学方法对淀粉进行改性处理，并对 PEF 的作用机理进行了探索[1,2]。

4.1 脉冲电场对碳水化合物的影响

碳水化合物是一切生物体维持生命活动所需能量的主要来源。它不仅是营养物质，而且有些还具有特殊的生理活性，是自然界存在最多、具有广谱化学结构和生物功能的有机化合物，可用通式 $C_x(H_2O)_y$ 来表示。种类有单糖、寡糖、淀粉、半纤维素、纤维素、复合多糖以及糖的衍生物。其主要由绿色植物经光合作用形成，是光合作用的初期产物。从化学结构特征来说，它是含有多羟基醛类或酮类的化合物或经水解转化为多羟基醛类或酮类的化合物。

4.1.1 淀粉的概述

淀粉是一种以二氧化碳和水为原料，以太阳光为能源，在植物组织中合成的 α-葡萄糖以脱水缩合的方式形成的高分子化合物，作为碳水化合物贮藏的主要形式，存在于大多数高等植物的器官，如叶、茎、根(或块茎)、球茎、果实和花粉等部位。淀粉具有来源广泛、成本低廉、可降解、无污染等独特的优点，对淀粉的开发和利用已经受到人们越来越多的关注。淀粉的开发利用主要包括两大领域，一是对淀粉进行改性处理，以改善原淀粉某些性质的不足，其产品被广泛用于食品、纺织、造纸、化工、石油、医药等诸多领域[3-8]；另一方面是对淀粉大分子进行降解，加工成淀粉糖浆、高麦芽糖浆、葡萄糖以及乙醇等产品，广泛用于食品、医药、能源、化工等领域。

4.1.1.1 淀粉的化学结构

淀粉是由 α-葡萄糖缩聚而成的右旋葡萄糖聚合物，其化学结构式为 $(C_6H_{10}O_5)_n$，其中，$C_6H_{10}O_5$ 为脱水葡萄糖单位；n 为聚合度(DP)，一般为 800～

3000。n 与 $C_6H_{10}O_5$ 的分子量(162)相乘，即得淀粉分子量。淀粉由直链淀粉和支链淀粉组成[9-12]。直链淀粉分子(图 4-1)是由 D-吡喃葡萄糖通过 α-1,4 糖苷键连接而成，其分子量为 $1.5\times10^5\sim6.0\times10^5$。目前研究普遍认为，直链淀粉是六元左手双螺旋结构，此结构中，两条分子链通过氢键作用以及分子链间的范德瓦耳斯力形成双螺旋结构[13]。在淀粉的结晶区和无定形区中，都有直链淀粉的存在，位置与淀粉的种类密切相关。支链淀粉分子(图 4-1)是由 D-吡喃葡萄糖通过 α-1,4 和 α-1,6糖苷键连接而成，其分子量为 $1.0\times10^6\sim6.0\times10^6$。有关支链淀粉的研究中，Hizukuri等[14]提出了支链淀粉结构的"簇状模式"，认为支链淀粉的分支是以"簇"为结构单位的，其分支有 A 链、B 链和 C 链三种类型。

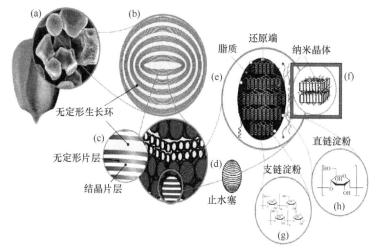

图 4-1　淀粉颗粒的结构示意图[15]

(a)扫描电镜下玉米淀粉粒的形态；(b)淀粉粒生长环；(c)生长环结构放大图；(d)"Blocklet"结构；
(e)"Blocklet"内部结构；(f)纳米晶体；(g)支链淀粉结构；(h)直链淀粉结构

4.1.1.2　淀粉的颗粒结构

淀粉的颗粒特性主要是淀粉颗粒的形态、大小、轮纹、偏光十字和晶体结构等。淀粉颗粒的形状一般为圆形(或球形)、卵形(或椭圆形)和多角形(或不规则形)，这取决于淀粉的来源。不同来源的淀粉颗粒的大小相差很大，一般以颗粒长轴的长度表示淀粉粒的大小，它介于 $3\sim130$ μm 之间[16,17]。同一种淀粉颗粒的大小也是不均匀的，通常用大小极限范围和平均值来表示淀粉颗粒的大小。在光学显微镜或电镜下观察淀粉粒时，可看到明暗相互交替的类似洋葱的环层结构，有的可以看到明显的环纹和轮纹，各环层共同围绕的一点称为粒心或核。这种轮纹结构被认为是淀粉粒的生长环，是结晶层与无定形层交替形成的[18]。同时，研究人员发现，淀粉颗粒的表面有孔状结构，在玉米淀粉、高粱淀粉、小米淀粉、小麦淀粉和大麦淀粉等结构中都有发现，并且这些孔的大小约为 0.1～0.3 μm，而木薯淀粉、燕麦淀粉、香蕉淀粉和葛根淀粉却未发现孔状结构[9]。

　　人们对淀粉颗粒进行了很多研究，例如，通过高压均质处理可导致淀粉结晶结构的破坏和糊化温度及熵值的降低；采用微波处理能导致淀粉结晶结构的变化；而 PEF 技术在处理淀粉时可防止淀粉糊化。因此，淀粉在高电场强度下其表面结构、理化特性及结构特征的改变是探索 PEF 在淀粉改性方向的新应用。下面将对淀粉在 PEF 作用下其结构、性质的变化及 PEF 作为一种协同手段对淀粉酯化过程的影响进行分析和归纳[1,2]。

4.1.2　脉冲电场对淀粉结构特征的影响

4.1.2.1　脉冲电场对淀粉表面光学特性的影响

　　韩忠[2]对 PEF 引起的原淀粉结构及性质的变化进行了研究，采用淀粉乳悬浊液的方式经 PEF 处理，发现原淀粉的表面光滑，为多角形态(图 4-2)，经 30 kV/cm 脉冲处理后，玉米淀粉的形状和大小没有发生改变；在 40 kV/cm 条件下，玉米淀粉颗粒表面出现裂痕而变得粗糙，并且出现了部分小碎片；在 50 kV/cm 条件下，更多小碎片出现，同时，淀粉颗粒相互聚集黏结，形成一定的交联结构。采用 PEF 处理直/支比不同的淀粉发现，富含支链淀粉的蜡质玉米原淀粉颗粒较大、不光滑、角质状颗粒较多；富含直链淀粉的 G80 玉米淀粉颗粒较小、光滑、形状多样，在 PEF 作用下淀粉颗粒的形态变化较支链淀粉变化小。造成上述现象的原因主要如下：玉米淀粉经过 PEF 处理之后，其表层致密结构被破坏，形成很多小碎片，更容易吸水膨胀，其间形成更大的范德瓦耳斯力，从而相互吸引聚集，形成一定的交联结构。高支链淀粉颗粒较大，经过 PEF 处理之后，高支链淀粉颗粒表层致密结构更容易被破坏，从而更容易与水结合膨胀。

4.1.2.2　脉冲电场对淀粉粒径分布的影响

　　蜡质玉米淀粉(W)、普通玉米淀粉(N)、直链含量 50%的玉米淀粉(G50)和直链含量 80%的玉米淀粉(G80)这四种淀粉的体积平均粒径分别约为 16 μm、14 μm、11 μm 和 10 μm[2]，即其原淀粉粒径大小顺序为 NW＞NN＞NG50＞NG80，说明玉米淀粉的粒径大小随着直链淀粉含量的增加而减小。经过 PEF 处理之后，随着 PEF 强度和处理时间的增加，淀粉的粒径均有所增加。经最强 PEF(50 kV/cm，1272 μs)处理后，蜡质玉米淀粉的体积平均粒径由原淀粉的 16 μm 增大为 23 μm；普通玉米淀粉的体积平均粒径由原淀粉的 14 μm 增大为 22 μm，G50 的体积平均

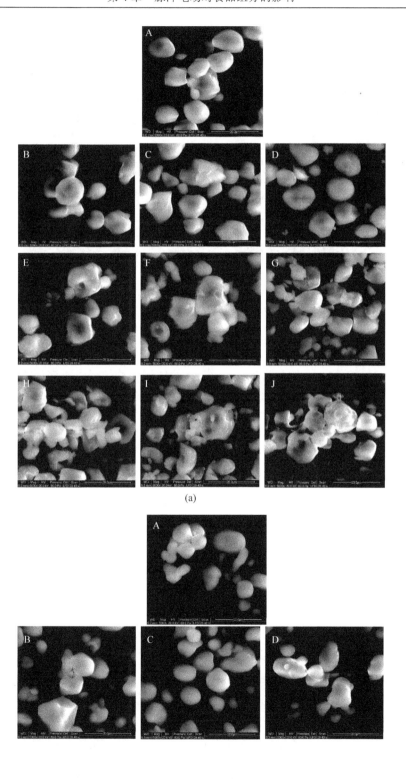

(a)

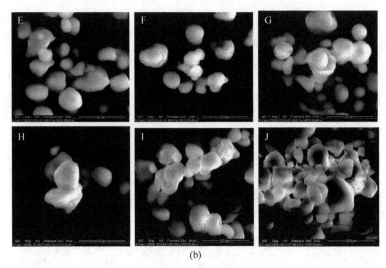

(b)

图 4-2　蜡质玉米(a)、直链淀粉含量为 80%的玉米淀粉(b)在不同 PEF 条件下扫描电镜图[2]

A. 原淀粉; B. 30 kV/cm, 424 μs; C. 30 kV/cm, 848 μs; D. 30 kV/cm, 1272 μs;

E. 40 kV/cm, 424 μs; F. 40 kV/cm, 848 μs; G. 40 kV/cm, 1272 μs;

H. 50 kV/cm, 424 μs; I. 50 kV/cm, 848 μs; J. 50 kV/cm, 1272 μs

粒径由原淀粉的 11 μm 增大为 16 μm; G80 的体积平均粒径由原淀粉的 10 μm 增大为 13 μm[2]。由此可知，随着直链淀粉含量的增加，PEF 对其粒径的影响减弱。

4.1.2.3　脉冲电场对淀粉分子量的影响

玉米淀粉的重均分子量(M_w)和数均分子量(M_n)分别为 $101.80×10^6$ 和 $46.83×10^6$。图 4-3 为不同 PEF 处理强度和处理时间下 M_w 变化的趋势图。经过 PEF 处理后，在 30 kV/cm 条件下，随着 PEF 处理时间分别增加至 424 μs、848 μs、1272 μs，玉米淀粉的 M_w 分别减至 $88.55×10^6$、$84.59×10^6$、$81.75×10^6$;在 40 kV/cm 条件下，随着 PEF 处理时间分别增加至 424 μs、848 μs、1272 μs，玉米淀粉的 M_w 分别减至 $57.12×10^6$、$50.01×10^6$、$44.72×10^6$;在 50 kV/cm 条件下，随着 PEF 处理时间分别增加至 424 μs、848 μs、1272 μs，玉米淀粉的 M_w 分别减至 $35.11×10^6$、$28.06×10^6$、$13.06×10^{6[2]}$。同时，由图 4-3 可知，随着 PEF 电场强度由 30 kV/cm 增加至 50 kV/cm，PEF 处理时间与 M_w 之间的斜率由−0.0084 减至−0.0274，这说明随着 PEF 电场强度的增加，淀粉的 M_w 减少得更快。

PEF 对玉米淀粉 M_n 的影响与 M_w 类似，M_n 也是随着 PEF 强度和时间的增加而减小，且 PEF 对 M_w 的影响高于 M_n。例如，经过高场强 PEF 之后，M_w 由原淀粉的 $101.80×10^6$ 减小为 $13.06×10^6$，而 M_n 由原淀粉的 $46.83×10^6$ 减小为 $4.60×10^{6[2]}$。经过 PEF 处理之后，玉米淀粉的表层被破坏，这就意味着缠绕在淀粉表层的支链淀粉断裂，从而导致玉米淀粉分子量降低。

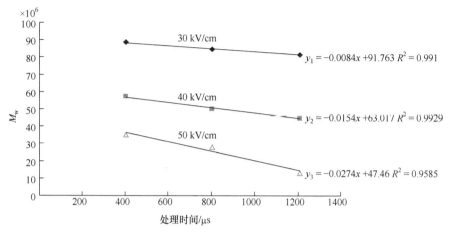

图 4-3　普通玉米淀粉在不同 PEF 条件下重均分子量的变化[2]

4.1.3　脉冲电场对淀粉理化性质的影响

4.1.3.1　溶解度和膨胀度

通过韩忠[2]的研究得出，玉米淀粉的膨胀度和溶解度随着测定温度的升高而增大，在 90℃左右达到最大值，且其膨胀度和溶解度顺序为蜡质玉米淀粉＞普通玉米淀粉＞G50＞G80。由此可知，随着直链淀粉含量的增加，玉米淀粉的膨胀度和溶解度减小。而经过 PEF 处理之后，随着 PEF 电场强度和处理时间的增加，玉米淀粉的膨胀度和溶解度均有所减少，且随着直链淀粉含量的增加，PEF 对其膨胀度和溶解度的影响减弱。据文献报道，淀粉膨胀度与其分子间的作用力有关，膨胀度越低，分子间作用力越强。因此，PEF 处理对淀粉分子的作用可推测为支链淀粉断裂，能量相对低、结合不够紧密的结晶区域被破坏，从而使剩下的结晶区域变得更加稳定、均一。在淀粉膨胀溶解过程中，大量未降解的支链淀粉更难析出，分子间作用力增强，从而导致了膨胀度的降低。Jane[19]的研究指出，直链淀粉主要分布在颗粒表面，与支链淀粉相互缠绕并穿过支链淀粉形成的结晶区与非结晶区，将支链淀粉分子"捆绑"在一起，对淀粉颗粒的膨胀和糊化具有抑制作用，因此，随着直链淀粉含量的增加，淀粉中的支链淀粉分子被其"束缚"程度加剧，在加热过程中不易膨胀，从而导致膨胀度的降低。

4.1.3.2　糊化特性

为了研究不同 PEF 条件对不同直/支比玉米淀粉糊黏弹性的影响,采用小幅振荡实验进行测定,其中储能模量(G')表示弹性部分,损耗模量(G'')表示黏性部分,tanδ(tanδ=G''/ G')为损耗角,表征了体系的黏弹性。由图 4-4 可知,玉米淀粉糊的G'、G''随着直链淀粉的含量增加而增大,即蜡质玉米淀粉<普通玉米淀粉<G50<G80。经过 PEF 处理后,随着脉冲处理强度和时间的增加,玉米淀粉糊的 G' 和 G''均有所降低,玉米淀粉糊的 G'明显大于 G'',且 tanδ(除个别蜡质玉米淀粉糊)均小于 1,说明原玉米淀粉糊及脉冲处理后淀粉糊的弹性要明显优于黏性。同时,通过比较不同链/支比玉米淀粉的糊化特性参数,并进行相应的相关性分析,可以发现淀粉的糊化峰值温度与 G'呈正相关,即糊化峰值温度越高,其 G'值也越高。这说明淀粉颗粒越不容易膨胀破损,其形成的淀粉糊的弹性越大。

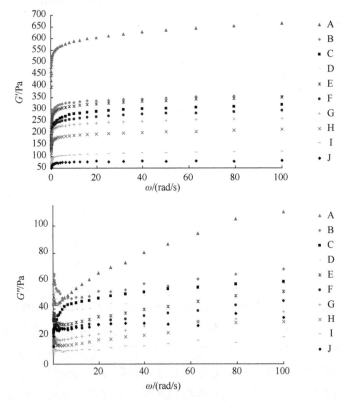

图 4-4　普通玉米淀粉在脉冲处理条件下储能模量和损耗模量变化曲线[2]

A. 原淀粉; B. 30 kV/cm, 424 μs; C. 30 kV/cm, 848 μs; D. 30 kV/cm, 1272 μs; E. 40 kV/cm, 424 μs; F. 40 kV/cm, 848 μs; G. 40 kV/cm, 1272 μs; H. 50 kV/cm, 424 μs; I. 50 kV/cm, 848 μs; J. 50 kV/cm, 1272 μs

4.1.3.3　脉冲电场的作用机制初探

淀粉颗粒是由直链淀粉和支链淀粉构成的聚合体,但它们如何组成淀粉的复杂结构，人们至今还没能够充分予以了解。通过大量研究，可以肯定的是，支链淀粉分子量大、含量多，构成淀粉颗粒的骨架，形成结晶结构主体；直链淀粉在某些区域排列杂乱，与支链淀粉的侧链通过氢键结合，形成无定形结构，每个直链淀粉分子和支链淀粉分子都可能穿过几个不同区域的结晶结构和无定形结构。玉米淀粉颗粒存在孔、通道及空洞结构，表面的孔通过通道渗透到淀粉颗粒内部，对其进行酶解或酸解后再进行显微镜观察，可以看到明暗相互交替的类似洋葱的环层结构[2]。

对于 PEF 处理玉米淀粉的作用机制，研究认为可以通过空间电荷极化理论予以解释。淀粉溶液中存在的一些离子(如 K^+、Cl^-)，在 PEF 的作用下，会发生移动，并聚集在淀粉粒子表面，形成宏观的空间电荷，也就是空间极化电荷，随着 PEF 电压的不断升高，在淀粉颗粒的外层上产生瞬间高压放电，使淀粉颗粒外层破裂，支链淀粉断裂析出，从而导致淀粉颗粒的破坏[2]。

由此可知，PEF 处理玉米淀粉的作用机制为空间电荷极化理论，如图 4-5 所示，即淀粉溶液中的离子在 PEF 的作用下，发生移动并聚集在淀粉粒子表面，形成空间极化电荷，随着 PEF 电压的不断升高，在淀粉颗粒的外层产生瞬间高压放电，使淀粉颗粒外层破裂。经 PEF(50 kV/cm，1272 μs)处理之后，玉米淀粉颗粒表面出现很多裂纹，但其体积平均粒径仅由原淀粉的 14 μm 增加为 22 μm，说明 PEF 产生瞬间高压放电导致淀粉颗粒外层破裂，支链淀粉断裂析出。

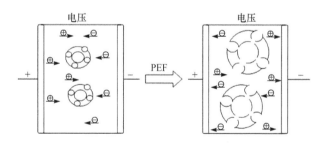

图 4-5　PEF 处理玉米淀粉示意图[2]

4.1.4　脉冲电场协同淀粉酯化改性的影响

4.1.4.1　传统酯化改性的现状

传统酯化改性是指通过单一的酯化改性方法使衍生物基团与淀粉分子中的羟基发生取代反应，改善淀粉的性质和功能。酯化效果通常与淀粉品种、反应物浓度(包括淀粉乳浓度、酸/酸酐反应物添加量)、反应时间、反应温度、pH 调节、反应介质和存在催化剂与否有关，其乙酰化反应模型如图 4-6 所示。

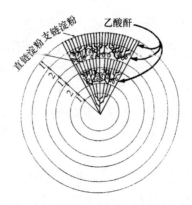

图 4-6 淀粉颗粒乙酰化反应的模型[20]
1 为结晶区，2 为无定形区

传统改性方法得到的淀粉衍生物已被广泛应用于工业生产中，但传统的酯化反应取代度(DS)较低(0.012~0.015)[21]，反应时间长，致使生产受限。为了提高 DS 值和工业化生产效率，有研究者采用损伤处理、酶处理等手段对淀粉进行活化，增加淀粉颗粒的比表面积，以期增加其与酯化剂的作用。例如，Rajan 等[22]在微波辅助下以脂肪酶作为催化剂得到了较高 DS(1.10)的酯化淀粉；Huang 等[23]采用 α-淀粉酶预处理燕麦淀粉，该方法通过增加淀粉颗粒的表面积，使化学试剂更容易渗透到颗粒的内部，酯化得到的酯化产物具有不同的冻融稳定性和耐药稳定性。尽管酶催化剂的辅助方法对环境没有大的污染，但由于其成本高，仍尚未在工业化生产中大规模应用。采用延长球磨预处理的时间，酯化反应效率从 53%升高到88%，伴随着 DS 从 0.013 增加至 0.02[24]。值得注意的是，当球磨机械活化时间增加至 50 h 后，酯化淀粉的 DS 值和反应效率并不会随着球磨处理时间的延长而继续增加，球磨预处理的酯化反应活化机理仍需进一步研究。Vaca-Garcia 等[25]在专利中指出可以通过使用更高的反应温度(180~230℃)来生产酯化淀粉。与传统酯化反应方法相比，在酯化反应发生前或作为酯化反应过程的一部分进行高温/高压的处理后，可以有效地改善反应效率、缩短反应时间，但是由于高温的作用，淀粉颗粒结构遭到极大的破坏。

而对于 PEF 技术来说，上面已经分析 PEF 会破坏淀粉颗粒的结晶结构，同时由于酯化改性淀粉取代基团大部分是带电荷的，在 PEF 电场作用下，带电粒子会发生移动，并聚集在淀粉粒子表面，形成宏观的空间电荷，也就是空间极化电荷。随着 PEF 电压的不断升高，在淀粉颗粒的表层产生瞬间高压放电，使淀粉颗粒外层破裂，支链淀粉断裂析出，导致淀粉颗粒的破坏，从而增大淀粉颗粒的表面积，增加化学试剂与淀粉颗粒的接触面及其深入颗粒内部发生反应的概率[1]。因此，

PEF 可作为一种新型的物理协同改性方法与酯化反应结合提高 DS 值,增加反应效率,且 PEF 协同作用下的酯化淀粉可能在结构上产生新的变化,引起其功能特性的改变,扩大酯化淀粉在新领域的应用,提高经济效益。

4.1.4.2 脉冲电场协同淀粉酯化改性

1)对 DS 值的影响

由于淀粉以直链淀粉和支链淀粉的形式构成,PEF 作用于淀粉的位置与直/支比有很大的关系,故需要从链结构的变化研究 PEF 对酯化淀粉 DS 值的影响,如图 4-7 所示。以玉米淀粉为作用对象,下面所述 NW、NN、NG50、NG80 分别表示四种淀粉(蜡质玉米淀粉、普通玉米淀粉、直链含量 50% 的玉米淀粉、直链含量 80% 的玉米淀粉)的原淀粉;WCE、WPE、NCE、NPE、G50CE、G50PE、G80CE、G80PE 分别表示上述四种淀粉的传统酯化和 PEF 协同酯化下的淀粉。随着直链淀粉含量的增加,酯化淀粉的 DS 值略有上升,但当直链淀粉含量分别为 50% 和 80% 时,其 DS 值改善显著。WCE、NCE、G50CE、G80CE 的 DS 值分别为 0.0646、0.0650、0.0694、0.0744,各淀粉经过 PEF 协同处理后 DS 有明显的改善,WPE、NPE、G50PE、G80PE 的 DS 值分别为 0.0721、0.0738、0.0761、0.0760。可以看出,PEF 对高支链淀粉的酯化效果改善显著,而对直链淀粉含量较高的淀粉改善效果不是十分明显。这说明,①直链淀粉的羟基位置多裸露在外,支链淀粉链上的羟基多形成分子内氢键的双螺旋结构,没有游离的羟基。因此,传统酯化反应中,支链淀粉含量较高的淀粉不容易与乙酰基发生取代酯化反应。②Wang 等[26]的激光共聚焦图像表明,酯化反应多发生在淀粉颗粒的表面,而淀粉表面主要是

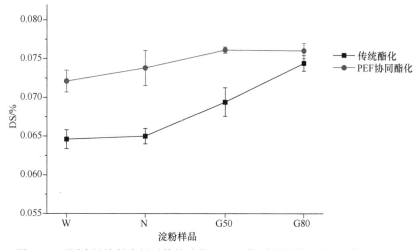

图 4-7 不同直链淀粉含量对传统酯化和 PEF 协同酯化效果的 DS 值的影响[1]

由直链淀粉构成，因此直链淀粉含量较高的淀粉更易发生酯化取代反应。③已经被研究证实高场强下的 PEF 可破坏淀粉的结晶结构，淀粉颗粒发生严重形变，结晶度下降。因此，PEF 的应用会破坏淀粉的结晶结构，导致更多支链淀粉的羟基被释放，淀粉更容易发生乙酰基取代反应，酯化度增加，DS 值增大。

PEF 使酯化淀粉的 DS 值可在短时内得以提升，不仅为酯化淀粉的工业化生产提出了新方法，而且在提高反应效率的同时降低反应成本、减少环境污染，为 PEF 的工业化生产扩展了应用范围。

2) 对热稳定性的影响

图 4-8 为不同直链淀粉含量的原淀粉和酯化淀粉的热重分析/微商热重分析 (TG/DTG) 结果。TG 根据样品在加热过程中质量随着时间或者温度的损失检测样品的热稳定性。由于淀粉分子中水分和低分子量化合物的蒸发，DTG 曲线在 140℃ 左右显示初始峰值，即第一次质量损失，然后在 200℃ 之前质量稳定。随着温度继续升高，原淀粉在 320～350℃ 下表现出明显的质量损失，而酯化淀粉则在较低温度 (310℃) 便发生较明显的质量损失。质量损失较大的 DTG 峰是由多羟基引起的，并伴随着淀粉分子的分解。从图中曲线对比可知，具有较高直链淀粉含量的原淀粉具有较低的热分解温度，表现出较差的热稳定性，即热稳定性为 NW＞NN＞NG50＞NG80。Yuryev 等[27]对小麦淀粉的研究表明直链淀粉含量增加后，引发小麦淀粉质量急剧减少的温度下降，即淀粉分子更容易被降解，热稳定性变差。该现象可归因于淀粉分子内部结晶结构的变化，直链淀粉含量较高的原淀粉，其结晶度较低，氢键双螺旋结构降低，淀粉热分解时所需破坏链结构的能量下降，故热分解温度降低，热稳定性变差。从图 4-8 (a) 可以看出，热稳定性的趋势为 NW＞NG80＞WCE＞G80CE＞WPE＞G80PE。比较明显的是，高支链淀粉含量的蜡质玉米淀粉经传统酯化和 PEF 协同酯化后，其热稳定性有十分明显的差别，其中 WPE 的热分解温度更低，热稳定性更差。这是由于经 PEF 协同酯化处理后，蜡质玉米淀粉的 DS 从 0.0646 (WCE) 增加至 0.0721 (WPE)，增加了 0.0075；而直链淀粉含量高达 80% 的 G80 经酯化后，其 DS 从 0.0744 (G80CE) 增加至 0.0760 (G80PE)，仅增加了 0.0016。因此，WPE 与 WCE 羟基被取代的比例较 G80PE 与 G80CE 的更大，故 TG 图中 WPE 的热稳定性变化更明显。另外，和所有原淀粉相比，酯化淀粉均显示出了较差的热稳定性，且直链淀粉含量越高，其酯化淀粉热降解温度越低，稳定性越差。

TG/DTG 是评价淀粉及其产品热稳定性的主要指标，PEF 协同酯化改性后的淀粉热稳定性降低，说明由此制作的淀粉基产品，如包装材料、膜材料、玉米淀粉环保餐具等，在降解过程中所需热能降低，减少了包装材料处理过程中的能量消耗，降低环境污染。

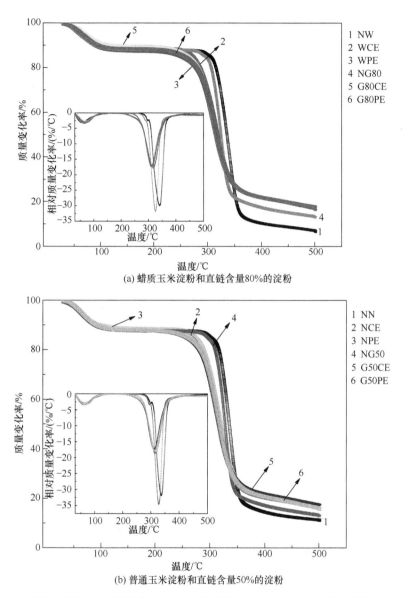

(a) 蜡质玉米淀粉和直链含量80%的淀粉

(b) 普通玉米淀粉和直链含量50%的淀粉

图 4-8　不同直链淀粉含量的原淀粉与酯化淀粉的 TG/DTG 热重分析图(彩图见封三)[1]

3)对溶解度和膨胀度的影响

直链淀粉含量不同的各原淀粉、传统酯化淀粉及 PEF 协同酯化淀粉在水中的溶解度与膨胀度分别如表 4-1 所示。从溶解度来看,对于原淀粉来说,随着直链淀粉含量的增加,其溶解度不断升高,如 2.18%(NW)、4.31%(NN)、5.24%(NG50)及 6.38%(NG80)。溶解度的变化主要归因于直链淀粉的溶出,即一部分直链淀粉从淀粉颗粒中溶解到周围的水溶液中，溶解度的提高可能是由于酯化改性诱导淀粉颗粒中的直链淀粉增多[25]。传统酯化和 PEF 协同酯化后的淀粉溶解度均发生明显的上升，膨胀度也较原淀粉的高。传统酯化下，WCE、NCE、G50CE、G80CE 的溶解度分别为 11.25%、5.89%、12.65%、12.39%，而 PEF 协同后的 WPE、NPE、G50PE、G80PE 的溶解度较传统酯化的各淀粉均有不同程度的增加，分别为 18.99%、9.05%、19.20%、17.04%。与各原淀粉相比，传统酯化对溶解度影响较大的样品是直链淀粉含量比较低的蜡质玉米淀粉，其溶解度增加了 9.07%，表明酯化对结晶易于破坏的蜡质淀粉的结构有显著影响，这是由于酯化改性会诱导产生部分直链淀粉，与其他酯化淀粉的相关研究相符[28]；PEF 对酯化淀粉溶解度影响最大的样品同样是蜡质玉米淀粉，溶解度再次提高了 7.74%，说明支链淀粉含量较大的淀粉，对酯化反应及 PEF 辅助作用均较为敏感，即就溶解度而言，PEF 对支链淀粉含量较高的淀粉颗粒作用更显著。同时，Singh 等[29]证实乙酰化反应会增加淀粉中直链淀粉的含量；Miao 等[28]证实酯化反应同时会导致蜡质玉米淀粉的平均摩尔质量降低。对于几乎均为支链淀粉的蜡质玉米淀粉而言，酯化反应发生取代的位置很可能分布在支链淀粉分子侧链形成的结晶区及构成颗粒外部由少量直链淀粉和支链淀粉主链组成的无定形区，从而破坏其结晶结构并诱导蜡质玉米淀粉酯化产生少量的直链淀粉，使其溶解度增加。

表 4-1　不同直链淀粉含量对原淀粉和酯化淀粉溶解度与膨胀度的影响

样品	溶解度/%	膨胀度/(g/g)
NW	2.18 ± 0.58	6.74 ± 0.03
WCE	11.25 ± 0.82	8.76 ± 0.87
WPE	18.99 ± 0.23	7.61 ± 0.11
NN	4.31 ± 0.37	12.53 ± 0.08
NCE	5.89 ± 0.02	13.47 ± 0.15
NPE	9.05 ± 0.64	10.74 ± 0.86
NG50	5.24 ± 0.09	5.48 ± 0.01
G50CE	12.65 ± 0.54	10.67 ± 0.26
G50PE	19.20 ± 0.09	9.50 ± 0.38
NG80	6.38 ± 0.21	6.03 ± 0.05
G80CE	12.39 ± 0.76	7.22 ± 0.04
G80PE	17.04 ± 1.47	7.00 ± 0.01

注：测定值用平均值±标准偏差表示。

　　对于膨胀度来说，随着直链淀粉含量的增加，原淀粉各膨胀度没有较为明显的变化规律，但经传统酯化和 PEF 协同酯化后的淀粉膨胀度均较原淀粉的高（除

NN 外)，且传统酯化的淀粉颗粒膨胀度增加更显著。PEF 协同酯化的淀粉膨胀度较传统酯化的略低[1]，这是由于酯化淀粉的分子链中引入大体积的乙酰基，形成空腔结构，利于淀粉分子与水结合，故酯化后的淀粉分子膨胀度增加。而通过 PEF 酯化的双重改性方法获得的酯化淀粉，由于 PEF 和酯化反应双重作用，虽然在一定程度上增加淀粉分子链上的乙酰基，但由于 PEF 的作用，淀粉分子结晶结构被破坏，部分支链淀粉发生断裂，空间网络结构变差，使得糊化后的淀粉分子在离心力的作用下与水结合的能力下降，更多的水分从淀粉网络结构中析出，持水能力下降，即膨胀度稍微下降[27,30]。且经对比可发现，直链淀粉含量为 23%的 NPE，其膨胀度较传统酯化淀粉(NCE)下降更多。因此，直链淀粉和支链淀粉的结构差异以及酯化的优先程度是影响淀粉酯化溶解度和溶胀力变化的关键因素。

4) 对冻融稳定性的影响

冻融稳定性(以析水率衡量)被认为是淀粉的重要指标，用于评估其在反复冷冻和解冻过程中抵御不良环境变化的能力[31]。通常，析水率随着冷冻-解冻循环次数的增加而增加。图 4-9 表明直链淀粉含量的不同对原淀粉、传统酯化淀粉及 PEF 协同酯化淀粉冻融稳定性的影响。由图 4-9 可知，经过 1 次冷冻-解冻循环后，NG50 和 NG80 的析水率达 60%以上，并且随着直链淀粉含量的增加，经过第 1 次冷冻-解冻后，其冻融稳定性的顺序是 NW＞NN＞NG50＞NG80。淀粉经酯化改性后，WPE 的析水率最低，冻融稳定性最好，且 PEF 协同酯化的淀粉冻融稳定性均大于传统酯化淀粉。随着冷冻-解冻循环次数的增加，直链淀粉含量较高的 NG50 和 NG80 在 5 次循环中析水率没有太明显的变化，最终维持在 70%～73.26%，但均

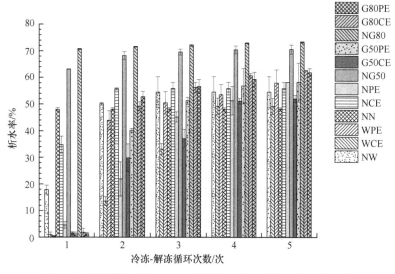

图 4-9　不同直链淀粉含量的原淀粉与酯化淀粉的冻融稳定性

高于支链淀粉含量较少的 NW 和 NN。对于 NW 来说，在经过第 1 次和第 5 次循环后，析水率分别为 17.85%和 54.53%(增加了 36.68%)，而 NG80 析水率从 70.67%变化到 73.26%(增加了 2.59%)。这表明直链淀粉含量高的原淀粉显示出较差的冻融稳定性，反复冻融循环后几乎没有变化，表现出良好的耐苛性。

所有的酯化淀粉在经过 5 次冷冻-解冻循环后的析水率均在不断增加，但与对应的原淀粉相比，大部分仍具有较低的析水率和较好的冻融稳定性，特别是对于直链淀粉含量较低的淀粉(WCE、WPE、NCE、NPE)。不难看出，随着循环次数的增加，含有大量直链淀粉的原淀粉和酯化改性淀粉，具有更高的析水率且经多次冷冻-解冻后其析水率基本维持恒定。这也可以说明，具有高直链淀粉含量的淀粉，在经过第 1 次冷冻-解冻后便有大量的水分子从淀粉糊网络结构中析出，因此在之后多次的冷冻-解冻循环中没有太明显的变化。通过传统酯化法改性的 WCE 是最稳定的凝胶。通过传统和 PEF 协同酯化的方法对淀粉颗粒进行改性处理，将测得的析水率进行对比分析，发现了 PEF 协同改性的酯化淀粉在冷冻食品行业应用的新思路。也就是说，具有高支链淀粉含量的改性酯化淀粉(WCE、WPE)是可广泛应用在食品工业产品中的较为理想的添加剂，并可以在冷冻-解冻多次的苛刻条件下仍保持较好的冻融稳定性。分析原因是支链结构含量较多的淀粉，本身就具有树枝状分散的空间结构，同时由于乙酰基是大分子，淀粉经酯化引入乙酰基后会大大增加其空间位阻，从而阻碍了淀粉分子之间氢键作用，此类淀粉经多次冷冻-解冻后还能保持其网络结构和与水分子的结合能力，导致析水率降低，冻融稳定性增加[32]。

此外，研究已经证明淀粉糊经反复冻融后可以加速老化，从而产生更多的抗性淀粉，特别是直链淀粉含量较高的淀粉糊更容易加速老化[33]。而抗性淀粉含量较多的淀粉制品可广泛用作膳食纤维加入食品，如面包、早餐谷物和各种挤压产品，该系列产品对肥胖、心血管疾病和糖尿病患者均有很好的调控血糖的作用。因此，经过反复冻融后的淀粉糊可进行干燥处理，以期得到抗性淀粉含量更高的淀粉原料。这再次提供 PEF 协同酯化高直链淀粉含量的淀粉颗粒在食品、医药行业应用的新思路。

4.1.4.3　脉冲电场对酯化淀粉表面光学特性的影响

图 4-10 为不同直链淀粉含量的原淀粉、传统酯化和 PEF 协同酯化淀粉的扫描电镜图。从图中可以看出，原淀粉(NW、NN、NG50、NG80)颗粒呈椭圆形、多边形，表面多光滑[34,35]。直链淀粉含量较低(≤23%)的淀粉经传统酯化后，其形状和尺寸没有发生明显的变化，但与原淀粉对比，其表面粗糙度明显增加(WCE、NCE)。而直链淀粉含量较高(≥50%)的淀粉经传统酯化后，不仅表面的粗糙度明

显增加、出现凸起，而且淀粉颗粒发生了明显的形变（G50CE）。当酯化反应伴随着 PEF 作用时，WPE、NPE、G50PE 和 G80PE 样品的颗粒表面粗糙度明显增加，且形状上出现不规则颗粒，包括直链淀粉含量较低的 WPE 和 NPE。G80PE 颗粒在形状上发生严重变化，WPE 样品的颗粒在中央脐点处有明显的凸起。可以推测，直链淀粉含量的不同对淀粉颗粒发生酯化反应有很大的影响，并且直链淀粉含量越高，酯化后的淀粉颗粒表面损伤效果越明显。淀粉颗粒表面的凸起和形变，一方面是由于酯化反应中酯化剂及碱的共同作用，另一方面是由于 PEF 作用存在能量输入，在淀粉颗粒表面的高电压会使淀粉颗粒表面的结构遭到破坏，进而形成不可逆电穿孔。另外，PEF 对破坏颗粒物表面结构具有积极的促进作用，最终导致乙酰基更容易与淀粉分子上的羟基氢发生取代，利于淀粉颗粒乙酰基酯化反应的进行[2]。

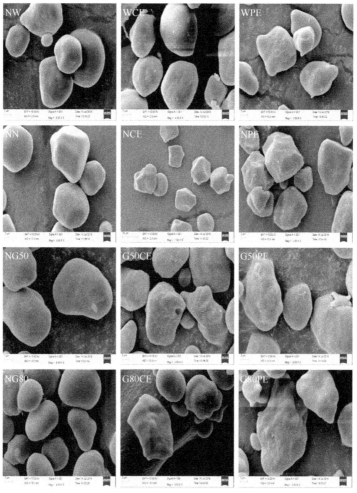

图 4-10　原淀粉及酯化淀粉的扫描电镜图[1]

4.1.4.4　脉冲电场对酯化淀粉结构的影响

1)红外光谱技术

目前红外光谱技术已经应用于合成高分子结晶结构的表征，该技术对分子的构象和螺旋结构的改变十分敏感，因此可以研究淀粉的结晶结构。图 4-11 表征了不同直链淀粉含量的原淀粉及酯化淀粉短程结晶结构的变化。由图 4-11(a)中原淀粉 NW 的光谱可知，淀粉颗粒在 $3000\sim3360\ \mathrm{cm^{-1}}$、$2933\ \mathrm{cm^{-1}}$ 和 $1650\ \mathrm{cm^{-1}}$ 附近出现吸收峰，这些峰的出现均与淀粉分子内部及分子与分子之间的作用力有关。其中，$3000\sim3360\ \mathrm{cm^{-1}}$ 归因于与自由的分子间和分子内结合羟基的复合拉伸振动，$2933\ \mathrm{cm^{-1}}$ 处观察到的谱带归因于 C—H 键的拉伸，出现在 $1650\ \mathrm{cm^{-1}}$ 处的谱带归因于 H_2O 分子的弯曲振动[24, 36-37]。与原淀粉傅里叶变换红外光谱(FTIR)相比，传统酯化后的淀粉及 PEF 协同酯化淀粉的 FTIR 图在 $1733\ \mathrm{cm^{-1}}$(乙酰基的 C＝O 拉伸)和 $1560\ \mathrm{cm^{-1}}$(乙酰基的羧基拉伸)处出现了新的吸收谱带，这两条谱带的出现证明了淀粉颗粒样品中存在乙酰化时羧基的伸缩振动。同时，由图 4-11(b)和图 4-11(c)可知，当直链淀粉含量较少时，酯化反应后的 WCE、WPE 与 NW 在 $1400\sim2000\ \mathrm{cm^{-1}}$ 波段的短程结晶结构发生了十分明显的变化，且该变化比直链淀粉含量较高的 G80 更明显。另外，WPE 在 $1733\ \mathrm{cm^{-1}}$(乙酰基的 C＝O 拉伸)和 $1560\ \mathrm{cm^{-1}}$(乙酰基的羧基拉伸)的峰强度明显大于 WCE 的。通过观察图 4-11(c)具有高直链淀粉的原淀粉和酯化淀粉的 FTIR 图可以发现，G80CE 除了出现酯化反应的特征谱带外，并没有十分显著的削弱或加强，G80PE 在酯化反应特征峰上有微弱的增加，但并没有 WPE 的谱带峰变化显著。这充分说明，酯化反应对直链结构含量较低的淀粉影响较明显，且 PEF 协同作用更容易促进酯化反应的发生。

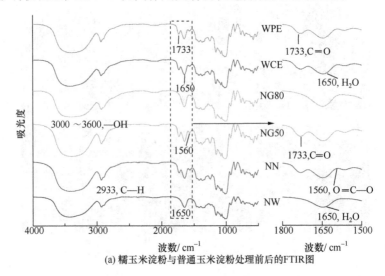

(a) 糯玉米淀粉与普通玉米淀粉处理前后的FTIR图

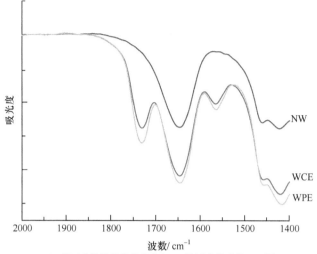

(b) 糯玉米淀粉经传统酯化和PEF协同酯化后的FTIR图

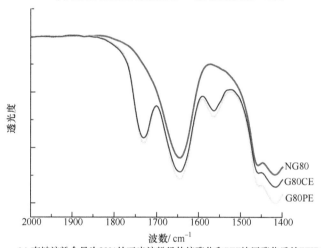

(c) 直链淀粉含量为80%的玉米淀粉经传统酯化和PEF协同酯化后的FTIR图

图 4-11　不同直链淀粉含量的原淀粉、酯化淀粉的 FTIR 图[1]

2) 淀粉的结晶结构

　　淀粉的结晶结构同分子结构、形成条件有着重要的联系，并将最终影响到应用性能。因此对淀粉结晶结构的研究或改性技术对淀粉结晶结构影响的研究，与对淀粉链结构的研究同等重要，将直接影响淀粉科学理论的发展、淀粉精深加工技术的发展和淀粉应用领域的拓展[38]。淀粉颗粒以半晶态的形式存在于自然界中，具有结晶和无定形两种结构，淀粉分子中直链淀粉和支链淀粉的短链部分形成了双螺旋结构，这些双螺旋分子链通过分子间的相互作用力以一定的空间点阵在淀粉颗粒的某些区域形成不同的多晶形态[39-41]。用 X 射线衍射（XRD）技术进行晶体结构分析主要是利用 X 射线通过晶体时产生的衍射现象。一个衍射花样包括衍射线在空间的分布规律以及衍射线的强度两个方面的特征，衍射线的分布规律是由晶胞大小、形状和取向决定，而衍射线的强度取决于原子在晶胞中的位置、数量和种类[42]。

图 4-12 为不同直链淀粉含量的原淀粉、传统酯化及 PEF 协同酯化淀粉的 XRD 结晶结构图。NW 和 NN（直链淀粉含量小于 23%）在 15.8°、17.8°和 23.0°处具有强的衍射峰，在 17.8°和 18.8°出现未分离的双峰，这些特征体现了典型的 A-型谷物淀粉结晶结构，其中 17.8°和 18.8°处尚未分离的双峰是由支链淀粉大分子的短侧链形成的。对于 NG50 和 NG80，即直链淀粉含量等于或高于 50%的原淀粉，其 XRD 有典型的六角形排列的 B-型结晶结构，而非谷物淀粉常见的 A-型结晶结构，即在 17.10°有强衍射峰，在 5.5°、14.3°、19.7°、22.3°和 24.0°具有中等衍射峰，这与 Noda 等[43]的结论一致。NW、NN、NG50、NG80 的结晶度分别为 24.3%、20.1%、13.7%和 12.8%，与直链淀粉含量呈现相反的趋势，即直链淀粉含量高的原淀粉其结晶度较低，这是由于结晶区的双螺旋结构主要是支链淀粉的羟基形成氢键，直链淀粉含量高导致支链淀粉分子间氢键减少，最终造成淀粉结构的无定形区增加，结晶结构更加无序[44, 45]。

与所有原淀粉相比，经传统酯化改性后的淀粉结晶度均有所下降，这可以通过乙酰基的取代反应来解释，即部分羟基被酯化剂乙酰基取代，从而减少了分子

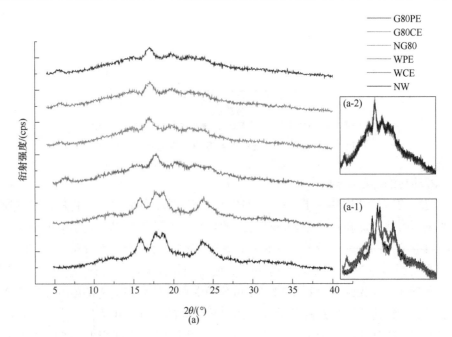

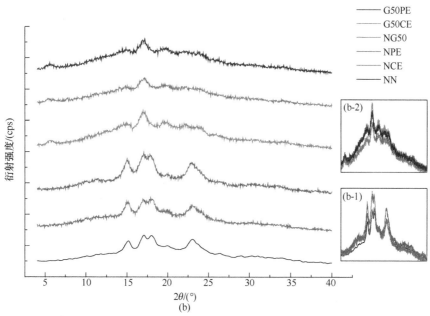

图 4-12　不同直链淀粉含量的玉米淀粉经传统酯化、PEF 协同酯化后的 XRD 图(彩图见封三)

(a) 糯玉米淀粉与直链淀粉含量为 80%的玉米淀粉处理前后的 XRD 图；(b) 普通玉米淀粉与直链淀粉
含量为 50%的玉米淀粉处理前后的 XRD 图；(a-1)、(a-2)、(b-1) 和 (b-2) 分别为糯、普通、直链淀粉含量
为 50%和 80%的玉米淀粉处理前后的叠加图

间氢键的形成，并导致原始有序晶体结构的破坏。有趣的是，具有高支链淀粉含量的蜡质玉米淀粉对 PEF 协同酯化的双重改性更加敏感，诱导其晶型从 A-型结晶结构转变为 B-型结晶结构，传统酯化淀粉 WCE 的结晶度为 22.8%，而双改性 PEF 协同酯化 WPE 的结晶度降至 17.6%。从图 4-12(a-1)的对比图中也可以清晰地看到，在 23.0°的强散射峰基本消失，在 17.8°和 18.8°处的未分离双峰合并为 18.0°处的衍射峰。这表明具有较高支链淀粉含量的淀粉，通过 PEF 协同酯化处理后，酯化淀粉中的分子有序结构及由无定形区和结晶区交替排列的层状结构会更容易被破坏。Zuo 等[44]指出，直链淀粉含量较大的酯化淀粉，当其结晶结构遭到破坏时，淀粉分子间氢键减弱，热塑性会提高。对于具有高直链淀粉含量的酯化淀粉来说，特别是 G80CE(12.3%) 和 G80PE(12.6%) 的酯化淀粉，其结晶度没有明显的变化，这表明传统酯化及 PEF 协同的酯化改性处理对直链淀粉作用相对较小，主要发生在支链淀粉上，故其颗粒的结晶区破坏较少。在直链淀粉含量大于 20%的淀粉中，PEF 协同酯化改性后的淀粉 NPE(20.4%)、G50PE(12.9%) 和 G80PE(12.6%)结晶度均稍大于其经过传统酯化改性的结晶度 NCE(19.7%)、G50CE(11.7%) 和 G80CE(12.3%)，表明 PEF 可能会促进淀粉分子结构的重新排列。

4.1.5　脉冲电场协同淀粉改性的机理

4.1.5.1　传统酯化反应的机理

酯化反应中乙酰化淀粉的制备机理见式(4-1)～式(4-4)。在 pH 8.0～8.5 的碱性催化反应环境下，淀粉颗粒首先与溶液中的 NaOH 发生反应，使淀粉分子上的羟基活化，其反应见式(4-1)。

$$\text{[淀粉-OH]} + NaOH \longrightarrow \text{[淀粉-ONa]} + H_2O \tag{4-1}$$

随着反应的进行，被活化的淀粉羟基进一步与乙酸酐反应，羟基上的氢原子被酸酐中的乙酰基取代，得到乙酰化淀粉和水，具体见式(4-2)。

$$\text{[淀粉-ONa]} + (CH_2CO)_2O \longrightarrow \tag{4-2}$$

$$\text{[乙酰化淀粉]} + CH_3COO^- \quad Na^+ \quad + \quad H_2O$$

但是如果乙酸酐添加过量会伴随式(4-3)的副反应，即乙酸酐会与碱作用生成乙酸钠，因此乙酸酐的添加是逐滴加入，避免未反应的乙酸酐与碱液发生反应而降低反应效率。

$$(CH_3CO)_2O + NaOH \longrightarrow CH_3COO^- \quad Na^+ \quad + \quad H_2O \tag{4-3}$$

同时,由于酯化反应是可逆反应,如果碱过量则会使已经酯化的淀粉与 NaOH
发生水解反应,降低酯化淀粉的含量,见式(4-4)。因此,为了避免酯化反应的逆
反应的发生,PEF 协同酯化反应一般在 pH 8.0～8.5 的环境下进行。

$$\text{淀粉—}O\text{—}\overset{O}{\underset{}{C}}\text{—}\quad + \text{ NaOH } \longrightarrow \text{ 淀粉 } + \quad \overset{O}{\underset{}{C}}\text{—}O^-\ Na^+ \tag{4-4}$$

4.1.5.2　脉冲电场协同酯化的机理

PEF 在酯化反应中的协同作用机理如图 4-13 所示。

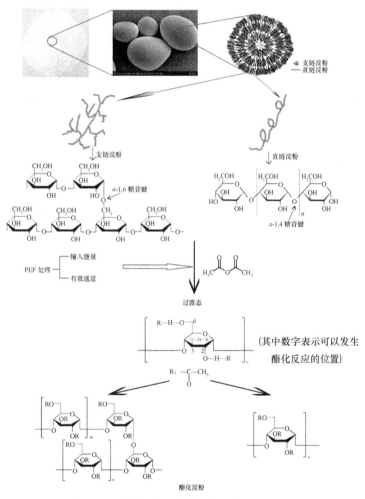

图 4-13　脉冲电场对酯化反应的作用机理图

根据图 4-13 所示的 PEF 协同反应机理及式(4-1)～式(4-4)的乙酰化酯化原理、以及相关文献分析，现推测 PEF 协同酯化反应的作用机理如下。

(1)PEF 体系在酯化反应处理室的两电极间产生高电位差。反应室由两个电极片组成，在处理室两端加上电压后，在电极片间会产生高电位差。当采用的 PEF 是双极性平方波时，两电极间的电场强度方向不断发生变化，从而可以改变酯化反应中带电粒子的移动方向。因此，在酯化反应过程中，一方面，PEF 产生的高电位差可以加速反应体系中带电粒子的运动速率；另一方面，双极性脉冲波可以改变两极板间场强的方向，促进反应体系间带电粒子的有效碰撞，促进酯化产物的生成。另外，由于酯化的反应机理被认为是可以产生碳离子中间体(C^+)的典型 S_N2 亲核取代[46]，因此，处理室中的乳液含有大量的 Na^+、OH^-、C^+反应粒子。高电位差和电场方向的改变不仅可以加速反应粒子的迁移率，而且可以改变其运动方向，从而导致有效碰撞增加，提高了酯化反应效率，表现为 DS 增加。

(2)PEF 协同酯化反应时，向反应体系输入大量能量，为酯化反应的能垒跃迁提供能量，从而加速酯化反应的进行。

(3)PEF 可破坏淀粉颗粒的结构，利于酯化剂的入侵。前人大量的研究表明，经 100～300 V/cm 的 PEF 处理后，生物体表面会产生孔洞，发生电穿孔现象，电穿孔现象的存在可以使 PEF 技术在药物、抗体和质粒的生物学、医学方面得到广泛应用，这些物质可以通过 PEF 产生的电穿孔进入细胞中达到各种治疗及修复的目的[47-50]。Han 等[51,52]的研究也表明，经 PEF 处理后的淀粉颗粒在其表面检测到很多凹槽和凸起，并提出空间电荷极化理论，指出淀粉溶液中存在的离子在 PEF 的作用下，会发生移动并聚集在淀粉粒子表面，形成宏观的空间电荷，也就是空间极化电荷；随着 PEF 电压的不断升高，在淀粉颗粒的外层上产生瞬间高压放电，使淀粉颗粒外层破裂，支链淀粉断裂析出，从而导致淀粉颗粒的破坏。另外，通过对酯化淀粉的观察可知，其结晶结构被破坏、快速消化淀粉的增加、溶解度增加均可说明上述论证。因此，PEF 处理可以破坏淀粉颗粒的结构，为乙酰基的取代提供便利的途径。

4.1.6　脉冲电场对壳聚糖降解的影响

壳聚糖是甲壳素脱乙酰化的多糖产物，是地球上仅次于纤维素的第二大再生资源，也是地球上除蛋白质外数量最多的含氮天然化合物[53]。甲壳素是由 β-(1,4) 糖苷键连接的 2-乙酰氨基-2-脱氧-D-吡喃葡萄聚糖，广泛存在于节肢动物(如虾、蟹、蚊蝇等)、软体动物(如乌贼)、环节动物、原生动物、腔肠动物、海藻(以绿藻为主)、真菌(如子囊菌、担子菌、藻菌等)，以及动物的关节、蹄等坚硬部分及动物肌肉与骨接合处[54,55]。

4.1.6.1　壳聚糖降解

低聚壳聚糖是由甲壳素和壳聚糖经水解后产生的一类低聚合度（一般在 2～20）、可溶于水的氨基糖类化合物，是甲壳素低聚物和壳聚糖低聚物的总称。其化学结构是由 N-乙酰-D-氨基葡萄糖和 D-氨基葡萄糖通过 β-(1,4)糖苷键连接起来的均聚或杂聚低聚糖。目前用于壳聚糖降解的方法有化学降解法、物理降解法、复合降解法等[56]。

壳聚糖具有较高的生物相溶性，容易被吸收利用，特别是分子量低于 3000 Da 的低聚壳聚糖更展现出独特的生理活性和功能性质。低聚壳聚糖的制备一直以来是科研和生产的热点与难点。低聚壳聚糖水溶性大于 99%，人体对其吸收率达 99.9%，从而比壳聚糖具有更优越的生物活性，其药理活性是同等质量壳聚糖的 14 倍[57,58]。

4.1.6.2　单独脉冲电场降解壳聚糖

以 PEF 为处理手段，探索电场强度、处理时间、壳聚糖质量浓度和电导率等因素对壳聚糖降解的影响。图 4-14 表明，随着电场强度的增大，壳聚糖分子量逐渐降低，且电场强度越高，降解速率越快。PEF 强度较低时，壳聚糖的降解速度较慢，PEF 的场强为 6.7 kV/cm 和 13.3 kV/cm 时，其降解速率曲线斜率约为 2.2；当场强达 20.0 kV/cm 时，其降解速率曲线斜率达 3.6，速度明显加快；随着电场强度的进一步增加达到 26.7 kV/cm 时，降解出现明显的拐点，降解速率曲线斜率为 7.3；当场强达 33.3 kV/cm 时，降解速率曲线斜率达 21，出现加速下降的趋势。

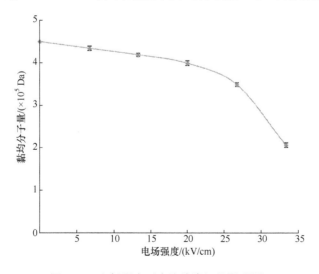

图 4-14　电场强度对壳聚糖降解的影响[59]

而且，PEF 强度越高，壳聚糖的降解率也越高。PEF 的场强为 6.7 kV/cm 时，壳聚糖的分子量降低为 $4.35×10^5$ Da 左右，降解率为 3.3%；PEF 的场强为 26.7 kV/cm 时，壳聚糖的分子量降低为 $3.96×10^5$ Da 左右，降解率为 12.0%；当 PEF 的场强升到 33.3 kV/cm 时，壳聚糖分子量降低为 $2.06×10^5$ Da 左右，降解率达 54.2%[59]。

4.1.6.3　PEF 与过氧化氢协同降解壳聚糖

由图 4-15 可以看出，单独 PEF 处理，随着处理时间的增加，壳聚糖的分子量初步降低，但效果不明显；单独过氧化氢处理，前 20 min 内，随着处理时间的增加，分子量显著降低，但之后时间对其影响不大；PEF 和过氧化氢协同降解处理，前 10 min 内，随着处理时间的增加，分子量显著降低，而且随着时间的延长，分子量进一步降低。PEF 和过氧化氢协同作用效果明显，处理 60 min 后，单独 PEF 和过氧化氢的降解效率分别为 25% 和 90.7%，而 PEF 和过氧化氢联用的降解效率达到 94.8%[59]。

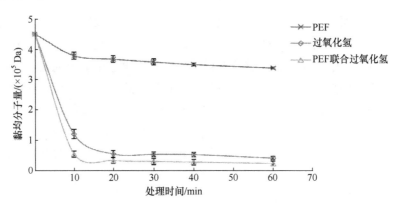

图 4-15　不同处理条件下壳聚糖降解产物黏均分子量的变化[59]

4.1.6.4　PEF 和臭氧协同降解壳聚糖

从图 4-16 可以看出，经单独 PEF 处理后，随着处理时间的延长，壳聚糖的分子量逐渐降低，但降解效果并不明显；单独臭氧处理，在前 20 min，壳聚糖黏均分子量显著降低，30 min 后黏均分子量变化不大，降解速度变缓；PEF 和臭氧协同降解处理，随着处理时间的增加，分子量显著降低，40 min 后已达 5000 Da 以下，至 60 min 后壳聚糖分子量约为 2000 Da，为完全水溶性产物。处理 30 min 后，单独 PEF 和臭氧的降解效率分别为 20.5% 和 93.8%，而 PEF 和臭氧联用的降解效率达到 98.5%，由此可见，PEF 与臭氧联用降解壳聚糖时存在协同效应。有学者指出[60]，脉冲电压能增加臭氧在水中的质量浓度，总传质系数也相应升高。因此，

PEF 能促进臭氧在壳聚糖中的传质效果，提高溶液中臭氧的过饱和浓度，从而促进壳聚糖的进一步降解。

4.1.6.5　PEF 协同机理

PEF 及其协同作用降解壳聚糖的机理为自由基理论，PEF 能增加溶液中羟自由基、氧自由基、氢自由基的数量[61]，促进自由基作用于壳聚糖分子中的 β-(1,4) 糖苷键，加速键的断裂。电场单独作用、电场与过氧化氢和臭氧协同作用，均能增加壳聚糖溶液中的自由基浓度，从而增加壳聚糖的降解效率。同时，壳聚糖乙酸溶液中，氨基被质子化，在电场处理下，壳聚糖在溶液中的链状结构更舒展，从而增加了自由基攻击 β-(1,4) 糖苷键的机会，加速了壳聚糖的降解[62-64]。

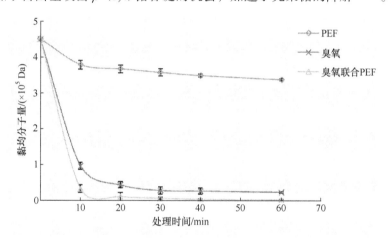

图 4-16　不同处理条件下壳聚糖降解产物分子量的变化[59]

4.1.7　脉冲电场对淀粉络合物制备的影响

锌是人体必需的微量元素之一，在人体基因表达、生长发育、免疫、内分泌等生命过程中起着极其重要的作用。我国居民以谷类为主食，肉食为辅，而植物性食物含锌量少，加上谷类在精细加工过程中，锌大量流失，导致我国居民锌摄入量不足，影响人们身体健康。目前市场上的一些补锌产品具有对肠胃有副作用、消化吸收率低、成本过高、难以普及等缺点，不能达到人们对补锌产品的期望。

我国稻谷的年产量占世界稻谷年产量的 35%，居世界第一，然而稻谷的加工产品主要是大米，其结构单一，副产品综合利用水平低，因此，大米深加工的研究和高附加值产品的开发迫在眉睫。大米淀粉是大米的主要成分，具有颗粒小、分布均匀、低过敏、易消化等特点。以大米淀粉作为制备新型锌营养强化剂原料，其应用前景广阔。有学者根据 PEF 的特点，将其应用于淀粉锌络合物的生产，即在 PEF 的作用下淀粉与乙酸锌反应，可生产出锌含量及转化率较高的淀粉锌络合物，并通过试验得出当电场强度为 7.5 kV/cm、脉冲波数为 360 个，所得大米淀粉锌络合物锌含量为 738.62 mg/kg，锌的转化率为 54.17%[65]。该络合物可作为锌营养强化剂，成本低，安全性高，易被人体消化吸收，以期部分代替价格较高的第三代补锌产品，降低人们补锌成本，提高淀粉多糖的附加值，同时拓宽了大米淀粉的应用范围。

4.1.8　脉冲电场对其他碳水化合物的影响

关于 PEF 对淀粉外的其他碳水化合物的影响研究较少。张鹰等[66]报道 25 kV/cm PEF 处理的脱脂牛乳中乳糖含量未发生显著变化。Garde-Cerdan 等[67]研究发现 PEF 处理对葡萄汁中还原糖含量几乎没有影响。周亚军等[68]以玉米皮粉（纤维素含量 21.25%）为原料，以多糖提取率为衡量指标，采用 PEF 技术提高玉米皮粉的酶解效果，得出在电场强度 25 kV/cm、电场频率 2080 Hz、液固比 42：1（mL/g）条件下，PEF 辅助酶法对玉米皮多糖的提取率最高可达 15.36%，与 PEF 辅助水提法相比提高了 6.4%，说明 PEF 技术可以提高玉米皮多糖的提取率且 PEF 辅助酶提法效果更佳。

4.1.9　脉冲电场对食品其他组分的影响

Cortés 等[69]研究发现 PEF 处理对橘汁中类胡萝卜素的活性影响很小。Rivas 等[70]研究了 PEF 处理橙汁及处理后的贮藏期（4℃保存 81 d）内水溶性维生素（维生素 H、叶酸、维生素 B$_5$ 和核黄素）的变化，发现 40 kV/cm PEF 处理后样品中的维生素可保留 90%以上。Zhang 等[71]报道花色苷——矢车菊素-3-O-葡萄糖苷在 PEF 作用下可发生降解，吡喃环断裂生成查耳酮。Elez-Martínez 等[72]研究了 PEF 处理后橙汁中维生素 C 及其抗氧化能力的变化，发现维生素 C 的保留量随场强、处理时间增大而减小。曾新安等[73]报道 20 kV/cm 下 PEF 处理后的橙汁维生素 C 保留率为 86.6%，比 90℃热处理 10 min 后维生素 C 的保留率高出 24.4%。陈晨等[74]报道经过 PEF（30 kV/cm，500 μs）处理之后，胡萝卜汁色泽、黏度均未发生显著变化，而总酚和类胡萝卜素总量均有所提高。陈杰等[75]报道新鲜干红葡萄酒经 PEF 处理之后，大部分酚类物质的含量都发生了显著变化，葡萄酒色度与色调值也有显著的提高。苏慧娜等[76]报道干红葡萄酒经 PEF 处理之后，原花色素的含量、平均聚合度及其组成单元都发生了显著变化，且变化趋势基本符合自然陈酿效果。李婷婷等[77]报道了高压 PEF 处理能够减缓大蒜维生素 C 和总黄酮的降解速度，提高贮藏过程中超氧化物歧化酶活性，一定程度上抑制了大蒜的褐化。

4.1.10 本节小结

综上所述，PEF 处理样品过程中温度变化较小，并且不会污染环境，操作安全，节约时间，消耗能量少，是一种非热加工技术，可以作为改性淀粉、协同淀粉改性的方法，通过改变淀粉的结构和理化性质，扩大淀粉的应用范围，提高协同改性效率，同时也可以作为提取非淀粉多糖的一种新的加工方法，提高产品的经济效益和社会效益。

4.2 脉冲电场对蛋白质的影响

蛋白质作为一类重要的生物大分子，主要由碳、氢、氧、氮、硫等化学元素组成。蛋白质大部分是由 20 多种 α-氨基酸连接形成的多聚体，在形成蛋白质后，这些氨基酸又称为残基。要发挥生物学功能，蛋白质需要正确折叠为一个特定构型，主要是通过大量的非共价相互作用来实现，如氢键、离子键、范德瓦耳斯力和疏水作用等。

4.2.1 脉冲电场对大豆分离蛋白的影响

4.2.1.1 对大豆分离蛋白游离巯基含量的影响

巯基和二硫键是大豆分离蛋白中的重要功能基团，对其功能性质具有重要的作用。某些加工方法，如加热，会引起巯基的变化和二硫键的断裂，从而引起蛋白变性。通常测定其巯基的含量变化情况预测蛋白的变性程度。测定原理是：利用 5,5'-二硫代双(2-硝基苯甲酸)(DTNB)与巯基反应，生成的黄色物质在 412 nm 处有最大吸收，再利用分光光度计测定[77]。

在不同的脉冲参数下对大豆分离蛋白溶液进行脉冲处理，然后应用 DTNB 试剂测定蛋白的游离巯基。脉冲处理时间和脉冲强度对大豆分离蛋白游离巯基有显著的影响，表明较弱的脉冲处理条件对蛋白分子有一定程度的破坏作用，可诱导蛋白分子部分展开，使埋藏在蛋白分子内部的巯基暴露到分子表面，因此表面游离巯基含量增加；较强的 PEF 则使游离巯基相互靠近，进一步相互作用形成二硫键，从而使蛋白分子聚集，巯基含量下降。

4.2.1.2 对大豆分离蛋白疏水性的影响

疏水相互作用是维持蛋白质三级结构的主要作用力，它对大豆分离蛋白结构的稳定和其功能性质具有重要的作用。8-苯胺基-1-萘磺酸铵(ANS)荧光探针法是一种经典的评价蛋白质表面疏水性的方法，能反映水溶液中蛋白质三维结构[78]。

ANS 与芳香族氨基酸结合在 390 nm 激发波长下于 470 nm 处有最大吸收，且荧光强度与蛋白的表面疏水性呈正相关[79]。

在不同的脉冲参数下对大豆分离蛋白溶液进行脉冲处理，然后应用 ANS 荧光探针法测定蛋白的表面疏水性。脉冲处理时间和处理强度对大豆分离蛋白相对荧光强度有显著的影响，表明 PEF 使大豆分离蛋白空间结构发生了变化，较弱的脉冲处理条件破坏了蛋白分子内部疏水相互作用，使更多的疏水性区域暴露到蛋白分子表面，因此蛋白的表面疏水性增加；强烈的脉冲条件则使蛋白分子之间通过疏水相互作用形成蛋白分子聚集体，因此表面疏水性下降[80,81]。

4.2.1.3　对大豆分离蛋白分子量的影响

分子排阻色谱是根据分子大小进行分离的方法。所用的固定相是具有网状结构的凝胶，小分子物质能进入其内部，而大分子物质被排阻在外部，所以在分离过程中大分子先出来，小分子后出来。

采用高分子蛋白质分离柱，对脉冲处理前后的大豆分离蛋白进行分子量测定。较短的脉冲处理时间对大豆蛋白分子没有影响，较长的脉冲处理时间改变大豆蛋白分子的结构。此现象可解释为：PEF 诱导蛋白分子的极化，维持蛋白四级结构的非共价键作用力(如疏水相互作用、二硫键、静电相互作用及氢键等)被破坏，亚基解离，导致更多的疏水基团暴露，当脉冲条件足够强时，极化的亚基相互吸引，通过疏水相互作用、二硫键、静电相互作用及氢键等重新形成更大的分子聚集体[82]。

4.2.2　脉冲电场对牛乳蛋白理化性质的影响

4.2.2.1　对牛乳蛋白表面游离巯基含量的影响

酪蛋白是一种相当独特的蛋白质，只含很少的含硫氨基酸。因此，不讨论 PEF 对其游离巯基含量的影响。乳清蛋白中 α-乳白蛋白由 123 个氨基酸残基组成，8 个半胱氨酸残基形成 4 个分子内二硫键；β-乳球蛋白由 162 个氨基酸残基组成，含有 5 个半胱氨酸残基，可形成 2 个分子内二硫键、1 个游离巯基；牛血清白蛋白由 582 个氨基酸残基组成，在其氨基酸序列中有 17 个二硫键和 1 个游离巯基；免疫球蛋白中也含有一些二硫键[83]。

PEF 处理对乳清蛋白表面游离巯基含量的影响。随着脉冲场强的增强或脉冲处理时间的延长，乳清蛋白的表面游离巯基含量有所增加，说明一定强度的 PEF 处理对乳清蛋白分子有一定程度的破坏作用，可诱导蛋白分子部分展开，使埋藏在蛋白分子内部的巯基暴露到分子表面，因此表面游离巯基含量增加。当然，也可能会出现暴露的游离巯基通过二硫键重新聚合的情况,但聚合的应该只是小部分,所以总体来说表面游离巯基含量还是增加的。

4.2.2.2　对牛乳蛋白表面疏水性的影响

关于 PEF 处理影响蛋白质表面疏水性的内在原因,有可能是 PEF 使蛋白质分子中的弱氢键和范德瓦耳斯力受到破坏,从而使蛋白质分子的结构发生了改变,在这个过程中伴随着疏水基团的暴露。PEF 对酪蛋白影响不显著,一方面是因为酪蛋白特殊的空间结构,其缺乏高度紧密的结构,在一些变性条件下比较稳定[84];另一方面是因为酪蛋白胶束结构被 PEF 破坏,暴露出一些疏水基团之后又由于疏水相互作用而聚集,所以总的来说,表面疏水性没有多大变化。

4.2.2.3　对牛乳蛋白分子量的影响

对 PEF 处理前后的酪蛋白和乳清蛋白的分子量分布进行分析。由于 PEF 作用,酪蛋白胶束结构受到一定程度的破坏,胶束展开,埋藏在内部的极性区域暴露,进而通过非共价相互作用发生聚合;乳清蛋白经过 PEF 处理后,蛋白分子本身受到一定程度的破坏,被诱导展开,埋藏在蛋白分子内部的巯基和疏水区域等暴露到分子表面,进而通过二硫键、疏水相互作用等聚合。

4.2.3　脉冲电场对蛋白质作用的讨论

目前,PEF 对蛋白质影响的研究还不是很多。研究人员在研究 PEF 对大豆分离蛋白的影响时发现,随着脉冲场强的增强或脉冲处理时间的延长,大豆分离蛋白的溶解度、乳化性、起泡性和疏水性等理化及功能性质都有所提高,表面游离巯基含量增加,但较强 PEF 条件则使其功能性质略微下降,使其表面游离巯基含量下降;较强的 PEF 条件改变维持蛋白质二级结构的作用力(如氢键等)从而改变了二级结构,进而使四种结构的含量发生了变化。在研究 PEF 对蛋清蛋白的作用时也有类似发现,只是其溶解性下降,而没有上升的过程。这些变化过程其实和热处理有相似的地方,在恒定的 pH 和离子强度,大多数蛋白质的溶解度在 0~40℃范围内随着温度的升高而提高,当温度高于 40℃时,热动能的增加导致蛋白质结构展开或变性,于是埋藏在内部的非极性基团暴露,促进了聚集和沉淀的作用,使蛋白质溶解度下降[84]。

根据上述研究结果,PEF 对蛋白质的影响可总结如下:其对一些维持蛋白质空间结构的非共价作用(疏水相互作用、静电相互作用等)有较强的破坏作用,对二硫键等共价键则作用不明显,其对蛋白质二级结构影响不明显。由此可发现,处理强度对牛乳中的两种主要蛋白(酪蛋白和乳清蛋白)的影响其实并不是很大,能够在很大程度上保持蛋白质品质，在实际应用中具有十分积极的意义。

4.2.4 本节小结

PEF 处理可以改变食品生物大分子内与分子间的非共价作用，进而影响食品生物大分子的结构，诱导其功能特性发生改变，使食品的品质特性得以改善。采用 PEF 处理食品蛋白质，对蛋白质进行物理改性研究，其处理过程零污染，操作方便。PEF 改变食品蛋白质理化性质处理操作时间短、能耗低且加工过程中食品组分变化小，因此探索利用 PEF 技术影响食品中蛋白质等生物大分子结构与功能特性具有十分重要的意义。

思考题

1. PEF 对食品组分中淀粉的作用机理是什么？
2. PEF 可以促进酯化反应的原因是什么？
3. 在 PEF 对淀粉的改性处理中，支链淀粉含量较高的淀粉的结构变化与直链淀粉含量较高的淀粉有何不同？

参考文献

[1] 洪静. 脉冲电场协同淀粉酯化的改性研究[D]. 广州: 华南理工大学, 2017.

[2] 韩忠. 不同电场处理对玉米淀粉理化性质影响研究[D]. 广州: 华南理工大学, 2011.

[3] 文仁贵. POE/POE-*g*-MAH/高含量淀粉共混物的制备、性能与结构的研究[D]. 广州: 华南理工大学, 2007.

[4] 黄强. 酶促淀粉颗粒结构变化及其淀粉改性机理研究[D]. 广州: 华南理工大学，2007.

[5] 张力田. 碳水化合物化学[M]. 北京: 中国轻工业出版社, 1988.

[6] 张力田. 改性淀粉[M]. 北京: 中国轻工业出版社, 1992.

[7] 高嘉安. 淀粉与淀粉制品工艺学[M]. 北京: 中国农业出版社, 2001.

[8] Liu Z W, Han Z, Zeng X A, et al. Effects of vesicle components on the electro-permeability of lipid bilayers of vesicles induced by pulsed electric fields（PEF）treatment[J]. Journal of Food Engineering, 2016, 179: 88-97.

[9] Whistler R L, Bemiller J N, Paschall E F. Starch: Chemistry and Technology[M]. 2nd ed. Orlando: Academic Press, 1984.

[10] Che L M, Li D, Wang L J, et al. Micronization and hydrophobic modification of cassava starch[J]. International Journal of Food Properties, 2007, 10: 527-536.

[11] Liu H S, Yu L, Simon G, et al. Effects of annealing on gelatinization and microstructures of corn starches with different amylose/amylopectin ratios[J]. Carbohydrate Polymers, 2009, 77: 662-669.

[12] Kim H N, Sandhu K S, Lee J H, et al. Characterisation of 2-octen-1-ylsuccinylated waxy rice amglodextrins prepared by dry-heating [J]. Food Chemistry, 2010, 119: 1189-1194.

[13] Diop C I K, Li H L, Xie B J, et al. Effects of acetic acid/acetic anhydride ratios on the properties of corn starch acetates[J]. Food Chemistry, 2011, 126(4): 1662-1669.

[14] Hizukuri S, Kaneko T, Takeda Y. Measurement of chain length of amylopectin and its relevance to the origin of crystalline polymorphism of starch granules[J]. Biochimica Biophysica Acta-General Subject, 1983, 760(1): 188-191.

[15] Teng A, Witt T, Wang K, et al. Molecular rearrangement of waxy and normal maize starch granules during *in vitro* digestion[J]. Carbohydrate Polymers, 2016, 139:10-19.

[16] Wang C, He X, Huang Q, et al. Distribution of octenylsuccinic substituents in modified A and B polymorph starch granules[J]. Journal of Agricultural and Food Chemistry, 2013, 61(51): 12492-12498.

[17] Cyras V P, Tolosa Zenklusen M C, Vazquez A. Relationship between structure and properties of modified potato starch biodegradable films[J]. Journal of Applied Polymer Science, 2006, 101(6): 4313-4319.

[18] Błaszczak W, Valverde S, Fornal J, et al. Changes in the microstructure of wheat, corn and potato starch granules during extraction of non-starch compounds with sodium dodecyl sulfate and mercaptoethanol[J]. Carbohydrate Polymers, 2003, 53(1): 63-73.

[19] Jane J L. Current understanding on starch granule structures[J]. Journal of Applied Glycoscience, 2006, 53(3): 205-213.

[20] Chen Z, Schols H A, Voragen A G J. Differently sized granules from acetylated potato and sweet potato starches differ in the acetyl substitution pattern of their amylose populations[J]. Carbohydrate Polymers, 2004, 56(2): 219-226.

[21] Ruan H, Chen Q H, Fu M L, et al. Preparation and properties of octenyl succinic anhydride modified potato starch[J]. Food Chemistry, 2009, 114(1): 81-86.

[22] Rajan A, Sudha J D, Abraham T E. Enzymatic modification of cassava starch by fungal lipase[J]. Industrial Crops and Products, 2008, 27(1): 50-59.

[23] Huang Q, Fu X, He X, et al. The effect of enzymatic pretreatments on subsequent octenyl succinic anhydride modifications of cornstarch[J]. Food Hydrocolloids, 2010, 24(1): 60-65.

[24] Hong J, Zeng X A, Brennan C, et al. Recent advances in techniques for starch esters and the applications: a review[J]. Foods, 2016, 5(3): 50.

[25] Vaca-Garcia C, Borredon M E, Gaset A. Method for making a cellulose or starch ester by esterification or trans-esterification[P]: EP20000906455, 2000.

[26] Wang S, Yu J, Yu J. et al. The Partial characterization of C-type rhizoma *Dioscorea* starch granule during add hydrolysis[J]. Food Hydrocolloids, 2008, 22(4): 531-537.

[27] Yuryev V P, Krivandin A V, Kiseleva V I, et al. Structural parameters of amylopectin clusters and semi-crystalline growth rings in wheat starches with different amylose content[J]. Carbohydrate Research, 2004, 339(16): 2683-2691.

[28] Miao M, Li R, Jiang B, et al. Structure and physicochemical properties of octenyl succinic esters of sugary maize soluble starch and waxy maize starch[J]. Food Chemistry, 2014, 151: 154-160.

[29] Singh N, Chawla D, Singh J. Influence of acetic anhydride on physicochemical, morphological and thermal properties of corn and potato starch[J]. Food Chemistry, 2004, 86(4): 601-608.

[30] Zhong F, Yokoyama W, Wang Q, et al. Rice starch, amylopectin, and amylose: molecular weight

and solubility in dimethyl sulfoxide-based solvents[J]. Journal of Agricultural and Food Chemistry, 2006, 54(6): 2320-2326.

[31] Meng Y C, Sun M H, Fang S, et al. Effect of sucrose fatty acid esters on pasting, rheological properties and freeze-thaw stability of rice flour[J]. Food Hydrocolloids, 2014, 40: 64-70.

[32] 罗志刚, 周刚, 周子丹. 蜡质玉米淀粉在 BMIMCL 介质中的均相乙酰化[J]. 华南理工大学学报: 自然科学版, 2012, 40: 133-138.

[33] Chung H J, Jeong H Y, Lim S T. Effects of acid hydrolysis and defatting on crystallinity and pasting properties of freeze-thawed high amylose corn starch[J]. Carbohydrate Polymers, 2003, 54(4): 449-455.

[34] Shi M, Chen Y, Yu S, et al. Preparation and properties of RS Ⅲ from waxy maize starch with pullulanase[J]. Food Hydrocolloids, 2013, 33(1): 19-25.

[35] El Halal S L M, Colussi R, Pinto V Z, et al. Structure, morphology and functionality of acetylated and oxidised barley starches[J]. Food Chemistry, 2015, 168: 247-256.

[36] Hong J, Chen R, Zeng X A, et al. Effect of pulsed electric fields assisted acetylation on morphological, structural and functional characteristics of potato starch[J]. Food Chemistry, 2016, 192: 15-24.

[37] Hong J, Zeng X A, Buckow R, et al. Nanostructure, morphology and functionality of cassava starch after pulsed electric fields assisted acetylation[J]. Food Hydrocolloids, 2016, 54: 139-150.

[38] 陈玲, 黄嫣然, 李晓玺, 等. 红外光谱在研究改性淀粉结晶结构中的应用[J]. 中国农业科学, 2007, 40(12):2821-2826.

[39] Kuakpetoon D, Wang Y J. Structural characteristics and physicochemical properties of oxidized corn starches varying in amylose content[J]. Carbohydrate Research, 2006, 341(11): 1896-1915.

[40] 蔡一霞, 王维, 朱智伟, 等. 不同类型水稻支链淀粉理化特性及其与米粉糊化特征的关系 [J]. 中国农业科学, 2006, 39(6): 1122-1129.

[41] Xiao C, Yang M. Controlled preparation of physical cross-linked starch-g-PVA hydrogel[J]. Carbohydrate Polymers, 2006, 64(1): 37-40.

[42] 陆冬梅, 杨连生. 水分对微波变性木薯淀粉晶体颗粒态的影响[J]. 化学工业与工程技术, 2005, 26(4): 10-12.

[43] Noda T, Isono N, Krivandin A V, et al. Origin of defects in assembled supramolecular structures of sweet potato starches with different amylopectin chain-length distribution[J]. Carbohydrate Polymers, 2009, 76: 400-409.

[44] Brewer L R, Cai L, Shi Y C. Mechanism and enzymatic contribution to in vitro test method of digestion for maize starches differing in amylose content[J]. Journal of Agricultural and Food Chemistry, 2012, 60(17): 4379-4387.

[45] Zuo Y, Gu J, Yang L, et al. Synthesis and characterization of maleic anhydride esterified corn starch by the dry method[J]. International Journal of Biological Macromolecules, 2013, 62: 241-247.

[46] Smith M B, March J. March's Advanced Organic Chemistry: Reactions, Mechanisms, and Structure[M]. Hoboken: John Wiley & Sons, 2007.

[47] Ammar J B, Lanoisellé J L, Lebovka N I, et al. Effect of a pulsed electric field and osmotic treatment on freezing of potato tissue[J]. Food Biophysics, 2010, 5: 247-254.

[48] Parniakov O, Barba F J, Grimi N, et al. Pulsed electric field and pH assisted selective extraction of intracellular components from microalgae *Nannochloropsis*[J]. Algal Research, 2015, 8: 128-134.

[49] Chen C, Smye S, Robinson M, et al. Membrane electroporation theories: a review[J]. Medical and Biological Engineering and Computing, 2006, 44: 5-14.

[50] Neumann E, Kakorin S, Tœnsing K. Fundamentals of electroporative delivery of drugs and genes[J]. Bioelectrochemistry and Bioenergetics, 1999, 48(1): 3-16.

[51] Han Z, Zeng X, Zhang B, et al. Effects of pulsed electric fields (PEF) treatment on the properties of corn starch[J]. Journal of Food Engineering, 2009, 93(3): 318-323.

[52] Han Z, Zeng X A, Yu S J, et al. Effects of pulsed electric fields (PEF) treatment on physicochemical properties of potato starch[J]. Innovative Food Science & Emerging Technologies, 2009, 10(4): 481-485.

[53] 严俊. 甲壳素的化学和应用[J]. 化学通报, 1984, 11: 26-31.

[54] Ishii H, Minegishi M, Lavitpichayawong B, et al. Synthesis of chitosan-amino acid conjugates and their use in heavy metal uptake[J]. International Journal of Biological Macromolecules, 1995, 17(1): 21-23.

[55] Williamson S L, Williamson S L, McCormick C L. Novel semi-interpenetrating networks of cellulose and chitin utilizing 9% LiCl/*N,N*-dimethylacetamide solvent system[J]. Polymer Preprints(USA), 1996, 37(1): 510-511.

[56] 蒋珍菊. 壳聚糖类肝素衍生物的合成及其抗凝血性能研究[D]. 成都: 西南石油学院, 2003.

[57] 曾林涛. 壳低聚糖制备及其生理活性研究[D]. 武汉: 华中师范大学, 2007.

[58] 杜昱光, 张铭俊, 张虎, 等. 壳寡糖制备分离新工艺及其抗癌活性研究[J]. 中国微生态杂志, 2001, 13(1): 5-7.

[59] 罗文波. 脉冲电场-活性氧协同作用降解壳聚糖研究[D]. 广州: 华南理工大学, 2011.

[60] 吴孝怀. 臭氧在壳聚糖γ辐射降解中协同作用的研究[D]. 苏州: 苏州大学, 2009.

[61] 武汉大学. 分析化学实验[M]. 第2版. 北京:高等教育出版社, 1986.

[62] Tolaimate A, Desbrieres J, Rhazi M, et al. On the influence of deacetylation procession the physicochemical characteristics of chitosan from squid chitin[J]. Polymer, 2000, 41(7): 2463-2469.

[63] 王久芬. 高分子化学[M]. 哈尔滨: 哈尔滨工业大学出版社, 2004.

[64] Mao S, Shuai X, Unger F, et al. The depolymerization of chitosan: effects on physicochemical and biological properties[J]. International Journal of Pharmacemics, 2004, 281(1-2): 45-54.

[65] 陈山, 谢政, 洪静, 等. 脉冲电场对淀粉锌络合物制备及结构的影响[J]. 华南理工大学学报(自然科学版), 2017, 45(3): 125-131.

[66] 张鹰, 曾新安, 朱思明. 高强脉冲电场处理对脱脂乳游离氨基酸和乳糖的影响研究[J]. 食品科技, 2004, 3: 12-19.

[67] Garde-Cerdan T, Margaluz A, Marselles-Fontanet A R, et al. Effects of thermal and non-thermal processing treatments on fatty acids and free amino acids of grape juice[J]. Food Control, 2007, 18: 473-479.

[68] 周亚军, 贺琴, 吴都峰. 高压脉冲电场辅助提取河蚌多糖工艺优化[J]. 农业机械学报, 2014(s1): 236-240.

[69] Cortés C, Esteve M J, Rodrigo D, et al. Changes of colour and carotenoids contents during high intensity pulsed electric field treatment in orange juices[J]. Food and Chemical Toxicology, 2006, 44(11): 1932-1939.

[70] Rivas A, Rodrigo D, Company B, et al. Effects of pulsed electric fields on water-soluble vitamins and ACE inhibitory peptides added to a mixed orange juice and milk beverage[J]. Food Chemistry, 2007, 104(4): 1550-1559.

[71] Zhang Y, Hu X S, Chen F, et al. Stability and colour characteristics of PEF-treated cyanidin-3-glucoside during storage[J]. Food Chemistry, 2008, 106(2): 669-676.

[72] Elez-Martínez P, Martin-Belloso O. Effects of high intensity pulsed electric field processing conditions on vitamin C and antioxidant capacity of orange juice and gazpacho, a cold vegetable soup[J]. Food Chemistry, 2007, 102(1): 201-209.

[73] 曾新安, 刘燕燕, 李云, 等. 高强脉冲电场和热处理对橙汁维生素 C 影响比较[J].食品工业与科技, 2009, 30(6): 123-129.

[74] 陈晨, 赵伟, 杨瑞金. 高压脉冲电场对鲜榨胡萝卜汁的品质和内源酶活力影响[J]. 北京工商大学学报, 2011, 29(3): 28-32.

[75] 陈杰, 张若兵, 王秀芹, 等. 脉冲电场对新鲜干红葡萄酒酚类物质和色泽影响的研究[J]. 光谱学与光谱分析, 2010, 30(1): 206-209.

[76] 苏慧娜, 黄卫东, 战吉成, 等. 高压脉冲电场对干红葡萄酒原花色素的影响[J]. 食品科学, 2010, 21(3): 39-43.

[77] 李婷婷, 宋述尧, 迟燕平, 等. 高压脉冲电场对大蒜采后抗氧化物质的影响[J]. 食品工业与科技, 2009, 30(6): 272-274.

[78] Beveridge T, Toma S J, Nakai S. Determination of SH— and SS— groups in some food proteins using Ellman's reagent[J]. Journal of Food Science, 1974, 39(1): 49-51.

[79] Kato A, Nakai S. Hydrophobicity determined by a fluorescence probe method and its correlation with surface properties of proteins[J]. Biochimica et Biophysica Acta-Protein Structure, 1980, 624(1): 13-20.

[80] Utsumi S, Kinsella J E. Structure-function relationships in food proteins: subunit interactions in heat-induced gelation of 7S, 11S, and soy isolate proteins[J]. Journal of Agricultural and Food Chemistry, 1985, 33(2): 297-303.

[81] Jeantet R, Baron F, Nau F, et al. High intensity pulsed electric fields applied to egg white: effect on Salmonella enteritidis inactivation and protein denaturation[J]. Journal of Food Protection, 1999, 62(12): 1381-1386.

[82] Jeyamkondan S, Jayas D S, Holley R A. Pulsed electric field processing of foods: a review[J]. Journal of Food Protection, 1999, 62(9): 1088-1096.

[83] Yamauchi F, Yamagishi T, Iwabuchi S. Molecular understanding of heat-induced phenomena of soybean protein[J]. Food Reviews International, 1991, 7(3): 283-322.

[84] 张和平, 张烈兵. 现代乳品工业手册[M]. 北京:中国轻工业出版社, 2005.

第 5 章　脉冲电场辅助提取

5.1　概　　述

　　食品和制药工业涉及很多从动植物及微生物中获得的具有生物活性的化合物，而这些活性物质的获得则依赖于应用新型的提取技术来实现的自动化、连续化提取过程，从而以高效、廉价、环保的形式制备出所需要的工业产品。为了契合这些要求，近些年许多创新的提取技术被研究开发并且对其应用潜力进行了评价。

　　传统的提取技术主要通过溶剂较强的渗透作用将细胞中某一种或某一类化合物提取到溶液中，细胞内外形成一定的浓度差，导致细胞内的浓溶液不断向外扩散，溶剂又不断进入细胞内，浓度不断被重新分配，直到细胞内外溶液浓度达到动态平衡状态，实现提取过程，该过程属于液-固萃取操作。液-固萃取技术主要包括浸泡、浸渍、煮沸、研磨、磁力搅拌、水渗透、热回流、索氏提取等操作方法。这些方法或多或少地存在提取时间长、萃取率低、溶剂消耗多、提取效率差等缺点和局限性，而且热提取技术在提取过程中还存在降解热敏性化合物的风险。例如，采用回流提取方法利用甲醇溶液从丹参粉中提取丹参酮类物质，提取时间由 10 min 延长至 60 min 后，其丹参酮 I、丹参酮 II A 和隐丹参酮的含量分别降低了 51.8%、44.7% 和 45.9%，而总丹参酮的含量则降低了近一半[1]。为了克服上述传统提取技术的缺点，一些新型提取技术被开发并应用于生物活性物质提取过程中，如超声辅助提取法、微波辅助提取法、加压溶剂提取法、超临界萃取法以及脉冲电场辅助提取法等。

　　脉冲电场技术最初出现在食品领域是将其应用于食品原料杀菌过程中，利用电场的短脉冲使大多数微生物和引起食品品质降低的酶类(如多酚氧化酶、果胶酶、过氧化物酶等)在室温下失活，以保证食品的安全和贮藏期，提高食品的贮藏品质。关于脉冲电场应用于提取过程最早可以追溯到 20 世纪末。经过学者们的大量研究已经证明，脉冲电场技术辅助提取可以有效提高生物活性物质的提取率，即脉冲电场处理过程诱发提取体系产生协同效应，包括强烈的物理、化学作用等，提高了细胞膜的通透性，导致细胞膜的损伤，进而促进了胞内化合物的释放，在很短的处理时间内极大地提高了胞内化合物的提取效果。另外，相比于其他提取技术，脉冲电场提取技术提取时间很短(小于 1 s)而且可以实现连续化操作，非常适合应用于工业提取当中。近些年脉冲电场技术已经被广泛应用于动植物组织细胞中的多酚、多糖、多肽、植物油等生物活性物质的提取过程中。

5.2　脉冲电场提取机理

目前，脉冲电场提取机理主要采用电穿孔的模型进行阐述，即随着脉冲电场的电场强度增加，细胞膜两侧跨膜电压(U_m)随之增加。如果跨膜电压超过了细胞膜能承受的临界值(U_t)，通常为 0.5～1.5 V，就会导致细胞膜形成可逆或者不可逆的损伤。这种细胞膜出现的损伤称为电穿孔[2, 3]。细胞的跨膜电压 U_m 与细胞直径 d、电场强度 E、膜表面外场方向与法向量之间的夹角 θ、细胞的电物理性质、细胞膜和外界周围介质等因素都有关系。一般认为导致植物细胞(临界直径 $d_c \approx 50～80~\mu m$，$\theta = \pm\pi$)出现电穿孔的阈值为 $E_t \approx 130～260~V/cm$ [4]。对于微生物细胞(临界直径 $d_c < 1~\mu m$)，造成电穿孔所需的阈值 E_t 则是该植物细胞的 50～100 倍。在实际操作过程中，电穿孔的程度还与脉冲数和脉冲持续时间等参数有关。这些参数都涉及脉冲电场导致的细胞膜损伤，如果造成的穿孔为不可逆损伤，则势必会导致提取率的提高；若造成的膜损伤可以在脉冲处理消失后自行修复，那么提取率就会受到影响。此外，通过脉冲电场参数的变化，脉冲电场可以实现胞内化合物选择性提取。目前，关于脉冲电场选择性提取的机理还不清楚，一方面可能是脉冲电场处理造成细胞膜电穿孔的孔洞直径有所不同，从而导致细胞内不同分子量化合物迁移速率形成差异[5]，该过程如图 5-1 所示；另一方面可能是高分子量化合物自身存在一定电荷数，在脉冲电场提取条件下导致其结构和电荷发生变化，所受到的电场作用力不同，从而引起提取速率的差异。例如，脉冲电场用于微拟球藻胞内物质的提取过程，当提取溶液的 pH 为 11 时，对胞内水溶性蛋白质表现出了选择性提取的趋势[6]。

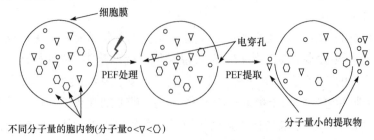

图 5-1　脉冲电场选择性提取过程机理示意图

5.2.1　脉冲电场诱导植物组织损伤

高强脉冲电场导致植物组织损伤情况可以通过受损程度进行衡量。受损程度的计算为造成的受损细胞与总细胞之间的比值。因为组织的平均电导率会随着受损程度的增加而增加，所以受损程度能够采用电导率进行测定。受损指数 Z 通过式(5-1)进行计算。

$$Z = (\delta - \delta_i)/(\delta_d - \delta_i) \tag{5-1}$$

式中，δ 表示低频(1~5 kHz)条件下测定的电导率；δ_i 和 δ_d 分别表示完整细胞和受损细胞的电导率。当 Z 为 0 则表示全部为完整细胞，$Z=1$ 则表示全部为受损细胞。通过式(5-1)可以知道，Z 值的范围为 0~1。

图 5-2(a)是甜菜细胞受损指数达到一半($Z=0.5$)时，所需的特征损伤时间 τ_E；图 5-2(b)表示受损指数 Z 与处理时间($t_t=nNt_i$)之间的关系，其中 t_i 表示脉冲持续时间(100 μs)，n 表示脉冲数，N 表示处理次数。脉冲电场处理在室温下($T=20℃$)进行。从图 5-2(a)中可以看出，随着脉冲电场强度 E 的增加，特征时间 τ_E 会随之降低，并且当电场强度≥600 V/cm 时，特征时间 τ_E 接近 10^{-4} s。此外，从图 5-2(b)可以看出，当电场强度较小时(小于 200 V/cm)，Z 值无法达到 1，即电场处理不可能实现全部甜菜细胞受损；而当电场强度超过了临界电场强度后，随着电场强度增加，接近受损指数 $Z=1$，所需要的处理时间 t_t 也会明显降低。因此，采用脉冲电场从动植物组织细胞中进行提取时，通过分析细胞受损程度，即电导率的变化情况，可以从宏观的角度反映脉冲电场处理过程对细胞膜的影响情况。

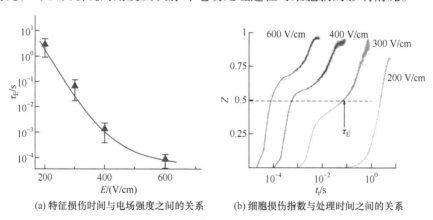

(a) 特征损伤时间与电场强度之间的关系　　　　(b) 细胞损伤指数与处理时间之间的关系

图 5-2　甜菜细胞受损程度[4]

5.2.2　脉冲电场提取设备

采用脉冲电场设备提取细胞内物质的形式主要包括两种，一种是间歇式的提取设备，即将物料放置于处理室，进行脉冲电场提取，当提取结束后进行物料的更新，实现分批处理工艺过程，提取设备示意图如图 5-3 所示；另一种则是直接或者经过粉碎磨浆等预处理过程后，将物料均匀分散于提取液中，用泵将料液连续地输送到处理室，实现连续操作工艺过程，提取设备示意图如图 5-4 所示。连续式处理操作过程对物料的粒径需要有一定限制，即物料尺寸应远远小于处理室的内径，否则在处理过程中物料尺寸过大堵塞处理室，导致物料受电场处理不均匀，产生局部热效应，影响提取效率和目标产物的质量。另外，无论是间歇式还是连续式提取设备，均会涉及其他一些必要的附属元件，如温度测量和温度调控装置。目前温度测量装置主要包括热电偶、热电阻温度测量探头、光纤探头以及红外线测温装置。其中热电偶和热电阻温度测量探头需要与被测位置处的物料进行充分的热交换，因此需要经过一段时间后才能达到热平衡状态，存在测温滞后现象，故在连续生产质量检测中存在一定的使用局限。光纤式温度测量技术近年来发展迅速，根据光纤所起的作用，可分为两类，一类是利用光纤本身具有的某种敏感功能测量温度，属于功能型传感器；另一类，光纤仅起到传输光信号的作用，必须在光纤端面配合其他敏感元件才能实现测量，称为传输型传感器。但是该方法测温同样是接触式，因此采用该方法对处理室内物料温度进行检测比较困难，目前存在技术局限。红外光谱温度检测技术利用的是一切温度高于绝对零度的物体都在不停地向周围空间发出红外辐射能量。物体的红外辐射能量的大小以及其按波长的分布与它的表面温度有着十分密切的关系。因此，通过对物体自身辐射的红外能量的测量，便能准确测定它的表面温度。红外测温系统结构如图 5-5 所示。红外检测的缺点是由于检测灵敏度与热辐射率相关，因此受被测目标表面及背景辐射的干扰，还受缺陷大小、埋藏深度的影响，对被测目标的分辨率差，不能精确测定缺陷的形状、大小和位置。目前，脉冲电场物料温度的监测主要还是对处理前或者处理后的物料通过热电偶测温探头进行实时测量，而直接监测处理室温度仍然存在一些困难，需要结合其他测温装置进行进一步持续改进。

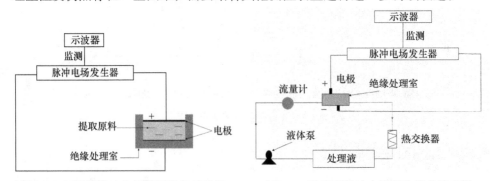

图 5-3　间歇式脉冲电场提取设备示意图　　　　图 5-4　连续式脉冲电场提取设备示意图

　　脉冲电场技术是与传统意义上的热处理方式不同的加工手段，但是由于处理

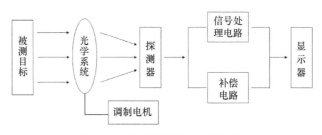

图 5-5　红外测温系统结构示意图

样品的特性差异，样品在处理过程中因电学性质不同仍有可能产生一定的升温(欧姆加热)现象，一般升温幅度小于 10℃。因此，处理过程中需要利用热交换装置对处理样品的温度进行调控，最大程度保持物料在处理前后温度的恒定，尤其是含有较多热敏性成分的物料，如多酚类、天然色素和维生素类等。根据热交换装置与物料接触方式的不同，可以将热交换装置分为内交换和外交换两种形式。内交换过程即循环水在管道外部，而物料在管道内部进行热量交换的形式；而外交换过程则是物料在管道外部，循环水在管道内部进行热量交换的过程。常用的热交换装置类型主要有蛇管交换器和夹套交换器。一般热交换装置可以与脉冲处理室进行结合，可以快速地对处理的物料温度进行控制，从而缓解物料处理过程中引起的温升问题，确保处理后的物料品质不会受到影响。图 5-6 是含有夹套式热交换装置的脉冲电场处理室示意图，其中含有内、外两种热交换形式。在该设备中循环冷却水分别在物料两侧形成热交换过程，从而形成了一套内热交换体系和一套外热交换体系，对处理室内处理的物料充分地进行温度控制，确保物料基本不产生温升现象。此外，热交换装置也可以安置于处理室之前对进入处理室的物料温度进行控

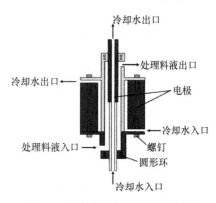

图 5-6　含热交换装置的脉冲电场处理室[7]

制，从而确保处于脉冲电场过程中物料处理效果的一致性。热交换装置还可以安置于处理室之后，做到对处理后物料温度的控制，尽可能地降低处理过程中温升现象对物料品质的影响。

5.2.3　影响提取率的主要因素

目前研究表明脉冲电场提取效果与诸多因素相关，包括脉冲电场处理参数(电场强度、脉冲宽度、脉冲波形等)、提取介质的性质(料液比、溶剂选择、处理温

度等)、提取原料性质(细胞尺寸、结构性质等)和提取目标的理化性质(分子量、电荷数等)等。这些因素均直接或者间接影响脉冲电场引起细胞膜穿孔,最终影响目标产物提取率,因此有必要搞清楚这些因素对提取率的影响情况。

5.2.3.1　电场强度

电场强度是影响细胞失活的主要因素之一。当电场强度超过细胞所能承受的临界场强时,失活细胞的数量随外加电场强度的增加而增加。最近研究表明,对于直径较大的细胞来说,所需的临界场强相对较小[2]。一般认为细胞的尺寸越大,造成细胞穿孔所需要的临界跨膜电位就越低,因此所需的电场强度也就相对较小。相较于导致微生物细胞(1～10 μm)死亡所需的电场强度,约为 12～20 kV/cm,从动植物细胞(40～200 μm)中提取生物活性成分所需的电场强度仅需要 1～2 kV/cm 即可。Yin 等[8]的研究表明,当处理时间固定时,脉冲电场强度从 5 kV/cm 上升到 20 kV/cm,林蛙(*Rana temporaria chensinensis* David)多糖的提取率从 17.11%提高到 26.87%。此外,从鱼骨中提取硫酸软骨素的研究表明,当脉冲数为 6 个、NaOH 溶液浓度为 3%、提取时间为 5 min 时,随着脉冲电场强度从 5 kV/cm 提高到 15 kV/cm,硫酸软骨素提取含量从 3.50 g/L 左右上升至最高值 5.84 g/L,而当电场强度继续上升至 25 kV/cm,硫酸软骨素提取含量则基本保持不变[9]。此外,脉冲电场技术应用于油菜花粉中黄酮类色素的提取时,同样表明脉冲电场场强的升高可以增加油菜花粉细胞膜的电穿孔现象,提高油菜花黄酮类物质的提取[10]。Liu 等[11]以蒸馏水作为溶剂研究不同电场强度脉冲电场对洋葱中水溶性多酚和黄酮类物质提取效果的影响。结果表明,当处理时间为 60 个脉冲(脉宽为 100 μs)、电场强度从 0 kV/cm 上升至 2.5 kV/cm 时,可以明显地提高水溶性多酚和黄酮的含量。在最优处理条件下,即电场强度为 2.5 kV/cm、90 个脉冲、提取温度为 45℃时,水溶性总酚含量以没食子酸(GAE)为标准物质计为 102.86 mg GAE/100g 鲜重,黄酮含量以槲皮素(QE)为标准物质计为 37.58 mg QE/100g 鲜重,分别是未脉冲处理对照组相应提取成分的 2.2 倍和 2.7 倍。此外,研究过程为了能够直观地反映脉冲电场处理对细胞膜造成的穿孔现象,除了采用扫描电镜等显微技术对处理后样品组织结构进行观察外,还可以利用荧光标记的方法,对标记样品进行定性分析,并借助荧光显微镜观察处理后组织形成穿孔现象。张若兵等[12]将碘化丙啶荧光染料(PI)添加到小球藻细胞的悬浮溶液中,由于 PI 是一种溴化乙啶类似物,不能通过具有完整结构的细胞膜,但却能穿过破损的细胞膜与细胞中的核 DNA 生成具有荧光特性的复合物,该复合物能在波长 615 nm 发出红色荧光,从而通过该过程研究不同电场强度脉冲电场处理对小球藻细胞穿孔率的影响规律。结果表明,在电场强度为 25～40 kV/cm 场强区间内,电场强度每提升 4～5 kV/cm,小球藻细胞发生不可逆电穿孔的比例提高约 15%，而且小球藻细胞的穿孔比例在一定范围内随电场强度提高基本呈线性关系，处理后小球藻细胞穿孔现象如图 5-7 所示。通过目前脉冲电场提取的研究可以看出，在通常情况下，较高的电场强度可以获得较高的提取率，但是在实际操作过程中鉴于提取设备的限制，如提取设备的稳定性和使用寿命，以及高电场强度引起的提取溶液温度提高可能导致目标提取物的氧化降解损失，高电场强度也会造成一定的能量浪费等，提取过程中电场强度并不能一味地增加，应该控制在最佳的电场强度范围内进行提取操作。

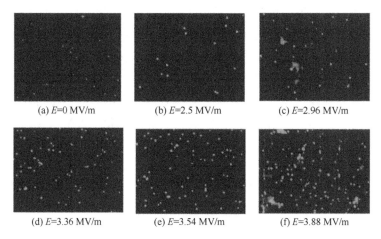

(a) $E=0$ MV/m　　　　(b) $E=2.5$ MV/m　　　　(c) $E=2.96$ MV/m

(d) $E=3.36$ MV/m　　　　(e) $E=3.54$ MV/m　　　　(f) $E=3.88$ MV/m

图 5-7　荧光染色的不同电场强度脉冲电场处理后小球藻细胞电穿孔现象[12]

5.2.3.2　处理时间

前面介绍过，脉冲电场处理时间为脉宽 (W_p) 与脉冲数 (N_p) 的乘积，其中脉冲数还与频率 (f)、处理室体积 (V) 和样品的流速 (F) 有关。因此，增加脉冲数或者增加脉宽都可以延长处理时间。处理时间是决定电穿孔效应的又一个重要因素。Liu 等[11]进一步研究了处理时间对洋葱中水溶性多酚和黄酮含量的影响。在研究中当固定电场强度为 2.1 kV/cm 时，脉冲数从 0 个增加至 90 个，水溶性多酚含量从无脉冲电场处理对照组的 32.13 mgGAE/100gFW 提高到了 86.06 mgGAE/100gFW，而黄酮含量同样增加了近 3 倍多。出现这种现象的原因可能为大多数多酚和黄酮类物质主要与单糖、多糖和蛋白质组分结合并主要存在于植物细胞的液泡、叶绿体等含有细胞膜的细胞器中，在正常条件下，这些物质无法转移到细胞外；当脉冲电场作用导致细胞和细胞器的细胞膜形成电穿孔现象，随着处理时间的增加造成不可逆穿孔数量增加或者可逆穿孔的修复时间延长，从而促进了多酚和黄酮类物质从细胞内迁移到细胞外，进而提高了这些物质的提取率[13]。此外，Moubarik 等[14]研究了脉冲数对茴香水溶性提取物提取率的影响，在脉冲电场强度为 350 V/cm 的作用下，将脉冲数从 50 个增加到 1000 个，延长了脉冲电场的处理时长。随着脉冲数从 50 个增加到 350 个，水溶性物质提取率从 84% 提高到了 98%；然而，进一步增加脉冲数到 600 个时，水溶性提取物的提取率并没有持续增加。Luengo 等 [15] 在橘子皮中提取多酚类物质的过程中从细胞解离的角度研究了脉冲电场处理时间(0～300 μs)对其提取率的影响。随着处理时间从 0 μs 延长至 300 μs，橘子皮细胞解体指数随之提高至 0.33(7 kV/cm)，与此同时，提取 30 min 后，多酚提取率提高了 159%，达到(34.80 ± 5.96)mgGAE/100g 橘皮。另外，熊夏宇等[10]在研究脉冲电场提取油菜花花粉中黄酮的过程中发现，当脉冲数增加到 240 个之前，黄酮提取率会明显增加，而当脉冲数超过 240 个之后，提取率基本保持不变。学者认为在电场强度一定时，当油菜花花粉流经处理室时，只有部分细胞的内外两侧电荷积聚，当电压增大，随着脉冲数的增加，这类穿孔的细胞也随之增加，总黄酮提取率可以继续提高。相比于脉冲电场强度，提取时间对花粉黄酮提取率的影响则有限，只有当脉冲电场超过一定范围，造成了花粉细胞形成孔洞后，通过延长处理时间，才可以提高黄酮化合物的溶出，提高提取率。此外，有研究也表明提取时间的延长会增加提取过程中的热效应，从而增加了提取温度，造成了一些提取的负面影响，如降解生物活性物质[16]。

5.2.3.3　脉冲波形

脉冲波实施过程中存在指数衰减波、平方波、振荡波等形式。研究表明，平方波脉冲比振荡波脉冲和指数衰减波脉冲具有更高的能量和细胞失活效果，而且双极脉冲波比单极脉冲波具有更好的效果，因为它会引起微生物细胞膜上带电分子的往复运动，从而造成细胞膜的应力损伤，增强细胞膜的电穿孔效应[16]。

双极脉冲的应用还具有能量消耗最少、固体在电极表面的沉积少、电解的负面影响小等优点。因此，在提取过程中一般采用双极平方波。然而，有研究表明脉冲平方波和脉冲指数衰减波两种波形应用于甜菜提取蔗糖的过程中，波形这一指标并不决定蔗糖的提取率，可能是由于研究过程中选择的电场强度(7 kV/cm)足以造成甜菜细胞膜形成电穿孔，而不依赖于施加电场的脉冲形状[17]。这也就是说相比于脉冲波形，脉冲电场强度更为重要，因为脉冲电场强度高低与细胞膜电穿孔存在直接的关系。

5.2.3.4　溶剂选择、浓度和 pH

溶剂选择的几个因素为溶剂的电导率、溶剂的极性和特定提取物在溶剂中的溶解度。随着溶剂电导率的增加，细胞膜上电穿孔增强，这意味着提取率可能增加。因此，在施加相等的输入能量情况下，选择具有较高电导率的溶剂可增强萃取。此外，特定提取物的溶解度也是重要的。萃取物在溶剂中的高溶解度代表高的传质速率。Yin 等[18]采用脉冲电场从桦褐孔菌细胞中提取桦木醇，提取过程中研究了 75%(体积分数)乙醇溶液、纯乙醇溶液和甲醇溶液对其提取率的影响。研究表明，桦木醇提取率依次为甲醇>75%乙醇溶液>纯乙醇溶液。另外，采用脉冲电场从鱼骨中提取硫酸软骨素的提取过程中，当 NaOH 浓度低于 3%(体积分数)时，提取率迅速提高；当溶剂浓度大于 3%(体积分数)时，提取率速度较平缓，因此选择了 3% NaOH 溶剂作为硫酸软骨素优化提取条件[9]。此外，Jin 等[19]从啤酒废酿造酵母中提取海藻糖，结果表明当 pH 从 3 提高到 7 时，提取率显著提高，并且在 pH 为 7 时提取率达到了最高值 2.66%(20 kV/cm)。这些因素可能涉及促进了脉冲电场作用下细胞膜电穿孔现象的发生、增加了提取目标产物的溶解性、提高了离子的流动性等，但是具体的原因仍需探究。

5.2.3.5　料液比

提取过程中料液比是一个非常重要的指标。Yin 等[18]在桦褐孔菌提取桦木醇过程中将料液比由 5∶1 增加到了 30∶1(mL/g)，桦木醇的提取率则由 4.1 g/kg 提高到了 6.2 g/kg，说明增加溶剂含量可以提高提取率，但是如果料液比继续增加，由于桦木醇含量有限，导致提取率不再提高。此外，过高的料液比会增加提取处理之后溶剂分离过程的难度。Liu 等[20]研究了从啤酒发酵废酵母中提取蛋白质，结果表明，当料液比由 1∶20 增加到 1∶50，蛋白质的提取率从 1.03%上升到了 1.69%，并且在料液比为 1∶50 时达到最高值，当继续升高料液比，则蛋白质的提取率下降至 1.59%。这些研究结果表明只有当高压脉冲作用于合适的膜比表面积时，才能表现出最佳的电穿孔效应，促进细胞内物质的释放，提高其提取率。

5.2.3.6　提取温度

脉冲电场提取过程中，为了凸显非热加工的特点，一般都在常温条件下进行提取操作，因此关于优化提取温度的研究并不多。Lopez 等[17]研究了在脉冲电场辅助提取甜菜(Beta vulgaris)蔗糖的过程中温度对提取率的影响。结果表明，当脉冲电场强度为 7 kV/cm(3.9 kJ/kg)、脉冲数为 20 个、提取温度为 20℃和 40℃时，蔗糖提取率较相同温度条件下未脉冲电场处理分别提高了 7 倍和 1.6 倍，说明在该电场处理条件下，较低提取温度更有利于提高蔗糖的提取率。Luengo 等[21]研究脉冲电场技术从普通小球藻提取叶黄素过程中提取温度对其含量的影响。结果表明，提取温度的提高可以增加可逆和不可逆电穿孔的发生。此外，温度的升高提高了普通小球藻形成不可逆电穿孔的灵敏度。当脉冲电场条件相同的情况下(25 kV/cm, 75 μs)，温度从 10℃增加到 40℃，叶黄素提取率增加了 1.3 倍。然而，

Zhang 等[22]通过研究不同温度条件下脉冲电场对菠菜叶绿素的结构和抗氧化活性的影响，发现处理温度从 20℃上升到 45℃会导致叶绿素含量的降低，这主要是叶绿素发生了热降解作用。因此，一般情况下，较高的温度降低了液体溶剂的黏度，增强了基体颗粒的渗透，提高了提取率。温度的选择则应在提高提取率的同时，考虑到温度对目标提取物活性的影响。

5.3　脉冲电场辅助提取多酚

多酚类化合物又称为植物多酚，是植物中一种特殊的次生代谢产物，来源于莽草酸途径和苯丙氨酸代谢途径，其具有芳环结构并结合有 1 个或者多个羟基[23]。植物多酚可保护植物免遭紫外线的损伤和病原菌的侵害，广泛分布于各类植物的果实、皮、根和叶片中[24]。植物多酚根据结构可以分为缩合单宁[如原花色素(图 5-8)]和水解单宁[如没食子单宁(图 5-9)]两大类[25]。水解单宁和缩合单宁的构成单元骨架完全不同，由此造成化学性质方面的显著差异，一般水解类单宁在酸、碱、酶的作用下不稳定，易于水解；相反，缩合单宁则不容易水解，在强酸作用下缩合成不溶于水的物质。此外，根据多酚来源的不同，人们可以将多酚分为茶多酚、葡萄多酚、苹果多酚等。众多研究结果已经表明植物多酚具有很好的生物活性，如抗氧化性和清除自由基的作用、抗菌消炎和抗病毒作用以及抗心脑血管疾病的作用等[5]，已被广泛应用于药品和保健产品等领域。基于植物多酚在植物界存在的广泛性和它们表现出来的较好的生物活性，通过脉冲电场技术进行植物多酚提取就成为近些年的一个研究方向。此外，为了响应国家对环境保护的重视以及对产业升级的要求，从农副产品废弃物中提取多酚已经成为生物活性物质提取的研究热点。

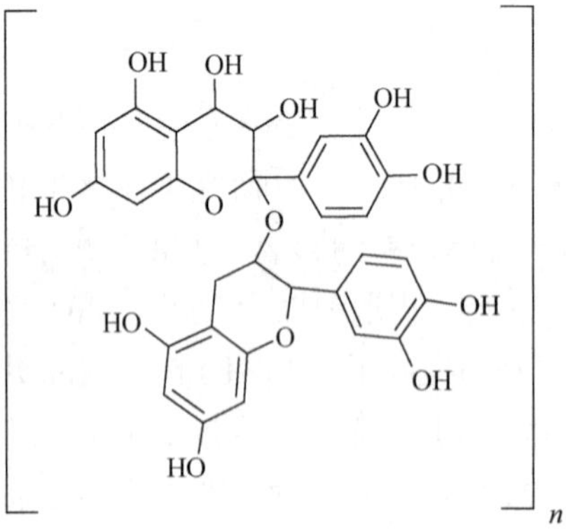

图 5-8　原花色素

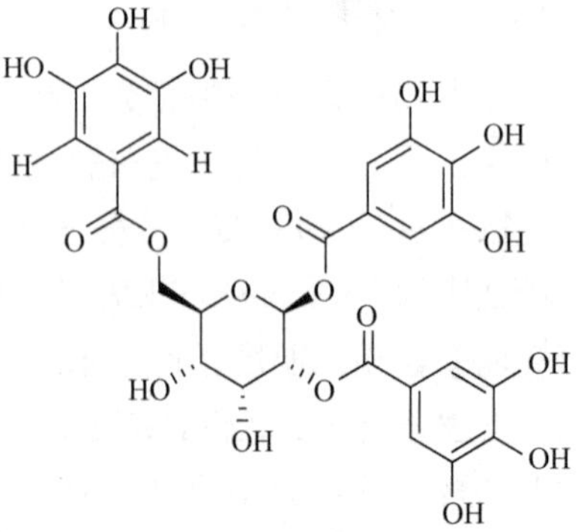

图 5-9　没食子单宁

5.3.1　茶多酚

茶多酚又称为茶鞣或茶单宁，包括儿茶素类、酮类和黄酮苷类、青花素和花白素类以及酚酸和缩酚酸类等化合物。茶多酚占茶叶干重的 15%～35%，其中儿茶素占酚类物质的 60%～80%、酮类占酚类物质的 10%～12%、花色素占酚类物质的 10%、酚酸占酚类物质的 10%～15%[26]。

Zderic 等[27]采用间歇式脉冲电场设备对茶叶多酚进行提取研究，所用新鲜茶叶宽度为 1 cm，处理场强范围为 0.1～1.1 kV/cm，脉冲持续时间为 0.00001～1 s，脉冲数为 10～50 个。结果表明，随着脉冲电场强度的增加，茶多酚提取率显著增加，当电场强度为 0.9 kV/cm 时达到最大提取率27%，然而，当其他参数不变，脉冲间歇时间由 0.5 s 提高到 3 s 时，达到相同提取率则需电场强度增加到 1.1 kV/cm。脉冲电场主要参数指标示意图如图 5-10 所示。这一现象说明脉冲电场强度增加可以促进提取率，而脉冲间歇对提取率具有一定的抑制作用。这个现象可以通过 Zimmermann 等[28]提出的电穿孔理论进行解释，即细胞作为一个电容器，脉冲电场作用导致细胞膜两侧形成一定的电压，如果增加电场强度，细胞膜两侧的电压随之增加，更容易形成可逆或者不可逆孔道，但当电场消失后(脉冲间歇期)，细胞膜形成的可逆孔道就会恢复，从而减少了内外交换的通道，进而影响了细胞内物质的溶出。此外，Zderic 等研究了在不同电场强度(0.4 kV/cm 和 0.9 kV/cm)处理下，处理时间对提取率的影响，结果表明在 0.4 kV/cm 电场强度下，较长的处理时间(2.5 s)可以达到较高的提取率(26.6%)；然而，采用高电场强度 (0.9 kV/cm)则提取时间仅需要 1.5 s 即可达到相同的提取率。该研究结果可以说明脉冲电场从茶叶中提取茶多酚的设备工艺参数与提取率存在直接关系，而且电场强度相对于处理时间更为明显。

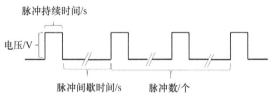

图 5-10　脉冲电场主要参数指标示意图[21]

唐守勇等[29]则采用脉冲连续处理设备对粉碎过筛后分散于提取溶剂中的竹叶进行脉冲电场处理，研究脉冲电场对竹叶茶多酚提取工艺，其工艺流程如图 5-11 所示。结果表明，电场强度、料液比、乙醇浓度以及处理时间均可以影响茶多酚的提取率，其中提高脉冲电场强度和脉冲数均可以提高提取率。采用正交试验获得的最高的茶多酚提取率为 1.26%，其最优的处理条件为：电场强度为 22 kV/cm，脉冲数为 9 个，料液比为 1∶20，乙醇浓度为 60%。该方法与传统的乙醇浸渍超声处理相比，提取率提高了近两倍。此外，段涌光等[30]也采用连续脉冲电场提取装置研究了高强脉冲电场对茶叶中茶多酚提取的影响。研究结果表明，脉冲电场场强、缓冲液的 pH 以及脉冲数是影响茶多酚提取的主要因素。获得的最佳处理条件为：缓冲液 pH 为 9.5，电场强度为 25 kV/cm，脉冲数为 12 个。在该条件下的茶多酚吸光度为 0.192，是传统水浸渍提取的 1.1 倍。

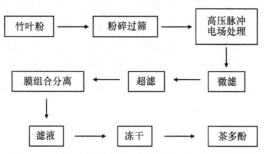

图 5-11　脉冲电场提取竹叶茶多酚工艺流程[29]

5.3.2　苹果多酚

　　苹果多酚是从苹果组织中提取的多酚类化合物的总称，其中包含多种不同的酚类物质，大体上可分为黄酮类物质(儿茶素、表儿茶素、原花青素等)、糖类衍生物、酚酸以及羟基酸酯类。成熟苹果中多酚类物质主要包括儿茶素、绿原酸和原花青素等，未成熟苹果中的多酚类物质则主要包括黄酮醇类化合物及二羟基查耳酮[31]。几种常见的苹果多酚类物质的化学结构式如图 5-12 所示。研究表明苹果

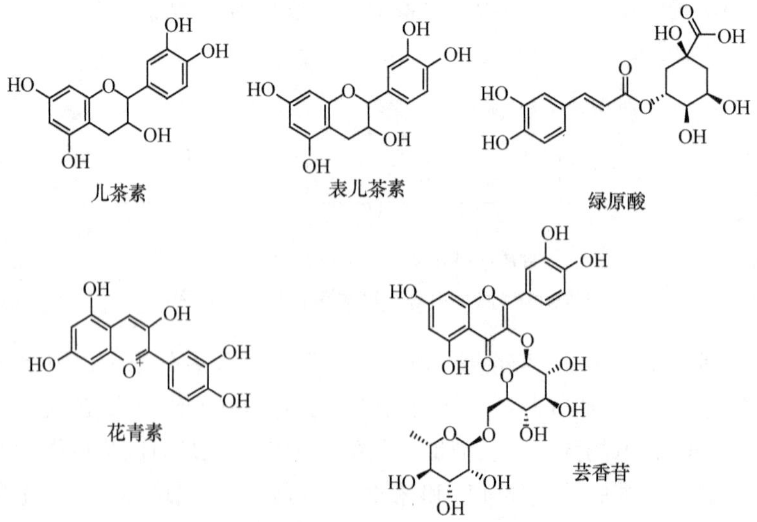

儿茶素　　　　　　　表儿茶素　　　　　　　绿原酸

花青素　　　　　　　　芸香苷

图 5-12　几种常见的苹果多酚类化合物结构式

多酚具有多种药理功能，如抗癌、抗动脉硬化、保护软骨与增强骨质、生发乌发、保护视网膜、抗视力退化、抗过敏、防龋齿、防辐射、防治冠心病与中风等心血管疾病[32]。

Turk 等[33]通过脉冲电场(电场强度 1 kV/cm，频率 100 Hz，脉冲宽度 100 μs，处理时间 32 ms，输入能量 46 kJ/kg)处理苹果泥，考察对果汁提取率以及苹果多酚和果汁质量的影响。结果表明，通过脉冲电场处理后，果汁提取率提高了 4.1%，但是果汁中苹果多酚的含量下降 17.8%，而导致这个结果的原因是脉冲电场使细胞膜孔道形成，促进了苹果多酚物质的溶出，但也促进了苹果中多酚氧化酶的氧化作用。由于这个原因，Turk 等[34]在脉冲电场处理苹果泥过程中进一步采用了抗氧化酶对多酚进行了保护。结果表明，通过脉冲电场(电场强度 650 V/cm，频率 200 Hz，脉冲宽度 100 μs，处理时间 23.2 ms，输入能量为 32 kJ/kg)处理后，提取率提高了 5.2%，在有抗氧化酶的保护作用下苹果汁中苹果多酚的含量上升了 8.8%，而苹果渣中对多酚氧化酶敏感的原花青素 B_2 含量明显低于未处理组。此外，苹果的典型芳香味较对照组明显加强。通过 Turk 的研究可以看出，脉冲电场处理促进苹果组织细胞内物质的溶出，提高了苹果汁中苹果多酚的含量；但是研究也发现一个现象，在脉冲电场设备参数一致的情况下，电场强度的提高和处理时间延长并没有更好地提高果汁的提取率，这个现象说明脉冲电场处理促进苹果细胞膜的可逆或者不可逆穿孔的过程与处理物料的细胞结构和细胞大小等因素存在一定关系。

5.3.3 柑橘类多酚

柑橘类水果是世界范围内的重要作物，柑橘约占 65%。食品工业中柑橘主要用于生产新鲜果汁和其他饮料。果皮约占柑橘质量的一半，是这类水果工业加工的主要副产品。果皮中富含酚类物质，特别是含有特征性的黄酮苷类化合物，主要包括柚皮苷、橙皮苷、柚皮芸香苷和新橙皮苷等，其主要分布在柑橘皮组织的细胞液泡中。该类物质已被证明有重要的抗氧化活性，具有清除自由基能力，对人类健康有益[35]。Luengo 等[15]将脉冲电场技术应用于橘皮多酚的提取过程中，研究其对总多酚和黄酮类物质(柚皮苷和橙皮苷)含量和橘皮提取物抗氧化活性的影响。在试验中所采用的脉冲电场设备的主要参数为：方波，脉宽为 4 μs，频率为 300 Hz，设备输出最大电压和电流分别为 30 kV 和 200 A。在提取过程中所用的电场强度范围为 1~7 kV/cm，处理时间为 15~50 μs。研究结果表明，随着电场强度和处理时间的增加，细胞的破损指数随之增大，达到最大值 0.33。此外，脉冲电场处理可以提高总多酚含量至 159%，而且柚皮苷和橙皮苷分别从 1 mg/100g 和

1.3 mg/100g 增加到 3.1 mg/100g 和 4.6 mg/100g（5 kV/cm）。与对照组相比，不同电场强度（1 kV/cm、3 kV/cm、5 kV/cm 和 7 kV/cm）脉冲电场处理后提取物的抗氧化活性分别增加了 51%、94%、148% 和 192%。

5.3.4 葡萄多酚

　　葡萄是世界普遍栽培的水果之一。在世界葡萄及葡萄酒产业总体蓬勃发展的同时，葡萄酒生产过程中也产生了大量的葡萄皮渣，酿造过程中产生的葡萄皮渣约占鲜葡萄总质量的 20%～30%，主要包括葡萄梗、葡萄皮、葡萄籽以及发酵罐中的酒泥沉淀等。按照这一比例估算皮渣质量，2016 年全球酿造 267 亿升葡萄酒，产生的葡萄皮渣大约为 650～1115 万吨。葡萄皮渣中含有丰富的营养成分，其中最为重要的是多酚类物质（25%～35%），包括白藜芦醇、原花青素、单宁等，具有抗肿瘤、降低心血管疾病和糖尿病、抗氧化等功效[36]。因此，通过提取技术对葡萄皮渣中的多酚类物质等进行提取，可以很好地提高葡萄皮渣的综合利用率。脉冲电场技术不仅可以提高多酚类物质的含量，而且获得的提取物的抗氧化性会更强。Boussetta 等[37]将脉冲电场应用于'霞多丽'品种果皮多酚回收过程中，研究脉冲电场对其影响。结果表明，当脉冲电场（脉冲电场设备参数：电压 400 V，电流 38 A，频率 500 Hz，双极方波）处理果皮时，随着电场强度和处理时间不断增加，细胞损伤指数 Z 不断增加；当电场强度到达 1.3 kV/cm、处理时间接近 1 s 时，损伤指数 Z 可以接近最大值 1，如图 5-13 所示。较对照组 [（19.1±0.5）μmolGAE/g 样品]，采用脉冲电场在室温下（20℃）进行处理可以提高总酚的含量。此外，Khalil[38]比较了脉冲电场对不同种类的葡萄果皮回收总酚的影响。结果表明，脉冲电场应用于不同品种的葡萄皮均可以提高皮渣中总酚的回收率。通过 HPLC 检测发现葡萄皮渣中多酚成分主要是没食子酸、儿茶酚、芸香苷和杨梅酮，其中杨梅酮在对照组中未检测出，而在脉冲电场处理后含量为 26.2 μg/g。较对照组样品，通过脉冲电场处理后没食子酸、儿茶素和芸香苷则分别增加了 4.86 倍、1.35 倍和 1.75 倍。

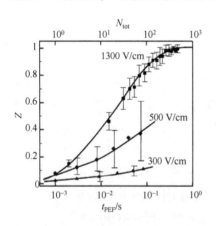

图 5-13　脉冲电场处理'霞多丽'果皮在不同电场强度（E）条件下的损伤指数（Z）与处理时间（t_{PEF}）和脉冲数（N_{tot}）之间的关系

5.4　脉冲电场辅助提取多糖

多糖是一种非常重要的有机化合物,广泛分布于自然界中,在机体生长和发育阶段扮演了非常重要的角色。多糖在生物体中具有多种功能,被认为是能量的储存形式(如淀粉和糖原)和结构成分(如植物中的纤维素和节肢动物中的甲壳素)。此外,科学证明多糖及多糖类衍生物在免疫系统、受精、预防疾病、凝血和发育中也扮演了重要的作用。因此,多糖、核苷酸、蛋白质和脂质是生命科学中最重要的四个生物大分子。而生物活性多糖是指那些对生物有生物学作用的多糖,以及那些由有机体产生的多糖。

多糖可以根据结构、化学成分、溶解度、来源和用途等多种因素进行分类。就化学成分而言,多糖分为两类,即同质多糖或杂多糖。同质多糖由单一类型的单糖组成,如由葡萄糖组成的纤维素和糖原;由多种单糖组成的是杂多糖或杂聚糖,如由 α-1-异吡喃糖醛酸-2-硫酸盐和 2-脱氧-2-磺胺-α-D-葡萄糖-6-硫酸盐组成的肝素。根据来源,多糖又可以分为动物多糖,如肝素、硫酸软骨素;植物多糖,如膳食纤维等;真菌多糖等。由于大多数多糖具有抗氧化活性、抗病毒活性、抗肿瘤活性、防辐射等功效,获得了人们越来越多的关注[39]。但是大多数植物和动物多糖都来自于有限的资源,因此,通过提取技术提高多糖提取率是多糖发展的一个重要方向。多糖类传统提取方式是碱提、酶解、微波等手段,一般提取时间长、提取温度高而且提取效率也不理想等,并且高温会造成一些热敏性多糖结构的改变或者发生降解,从而降低了多糖的生物学活性。相比于传统方法,高强脉冲电场则可以在常温下进行连续的提取过程,有效地提高了多糖的提取率和生物学活性。

5.4.1　动物多糖

动物多糖主要是从动物组织中提取获得的多糖,主要包括甲壳素、硫酸软骨素和肝素等。已经证实这些多糖均具有一定的生物活性,例如,甲壳素具有光谱抗菌性;肝素具有良好的抗凝血活性;硫酸软骨素具有促进伤口愈合过程中细胞黏附、增殖和迁移调节等功效。因此,通过从动物加工副产物中或者新开发的动物资源中提取动物活性多糖也成为研究热点。例如,赫桂丹等[40]以虾壳为原料,将脉冲电场技术用于壳聚糖的提取过程中,与传统加热法和微波法辅助提取技术进行了对比,并通过单因素试验和三元二次回归旋转组合设计确定脉冲电场处理的最佳制备工艺。结果表明,脉冲电场技术与传统加热和微波法方法相比,具有非热、反应速度快、脱乙酰度高的特点；建立了脉冲数、场强、NaOH 质量浓度对脱乙酰度影响的数学模型；确定了最佳工艺参数为电场强度 20.5 kV/cm、脉冲数 10 个、NaOH 质量分数 48.64%，在该条件下脱乙酰度达到最大值 92.32%，比加热法提高了 210 倍，比微波辅助法提高了 3.75 倍。因此，利用脉冲电场技术可以快速制备虾壳中的壳聚糖。Yin 等[8]将高强脉冲电场应用于中国林蛙多糖的提取过程，并与传统的碱提、酶解提取方式进行了对比。脉冲电场处理条件是：电场强度为 10~30 kV/cm，脉冲宽度为 2~6 μs，提取溶液为碱性溶液(0~1% KOH)。结果表明，在最优脉冲电场处理条件下(20 kV/cm，6 μs，0.5% KOH)提取率为55.59%，多糖含量为 43.15 mg/L，远高于 45℃条件下 5%碱液 KOH 提取方法(提取率 19.78%，多糖含量 10.78 mg/L)和 50℃提取 5 h 的胃蛋白酶提取方法(提取率24.44%，多糖含量 14.93 mg/L)。该研究表明了脉冲电场应用于林蛙可以明显提高其中多糖的提取率。此外，脉冲电场也被应用于其他一些动物组织中提取活性多糖，同样表现出了较好的提取效果[41]。

5.4.2　植物多糖

农产品加工过程会产生较多的副产物，这些副产物中仍然存在大量的活性多糖，从这些植物组织中提取活性多糖则成为提高农副产品附加值和促进农产品产业升级的重要研究方向。Zhao 等[42]将脉冲电场技术应用于玉米须提取多糖的研究中，发现在最优脉冲电场条件下(30 kV/cm，脉宽 6 μs，料液比 50∶1)，其多糖提取率为 7.31%，较热提取(100℃，3 min)和微波提取(560 W 提取 3 min，之后100℃热水提取 30 min)方法分别提高了 1.95%和 1.13%。刘旭野等[43]则将脉冲电场应用于提取玉米皮中的多糖，并通过响应面方法优化脉冲电场参数来提高多糖提取率。结果表明，在最优脉冲电场处理条件下(电场强度 25 kV/cm，频率2080 Hz，料液比 1∶42)，辅助酶提取较水提取的提取率提高了 6.4%，影响因子依次是料液比>电场强度>频率。卢敏等[44]研究了脉冲电场提取麸皮多糖，考察了电场强度、脉冲数和料液比对多糖含量的影响。结果表明，脉冲电场可以提高麸皮中多糖的提取率，其中工艺参数中影响麸皮多糖提取率的因素依次是脉冲数>电场强度>料液比。在最优处理条件下(电场强度 25 kV/cm，脉冲数 10 个，料液比1∶10)，麸皮多糖提取率为 4.77%。蔡光华等[45]考察了溶液 pH、电场强度、脉冲频率、料液比、温度参数对脉冲电场提取枸杞多糖的影响，结果表明电场强度和提取温度对枸杞多糖提取起主导作用。在最优提取条件下，枸杞多糖最高提取率为 13.26%。这些研究均涉及主要提取工艺参数对多糖的影响，但是并没有获得一致的结果，这可能与不同原料的细胞结构存在差异有关。此外，这些研究中并没有全面探讨脉冲电场参数，如脉冲时间、脉冲宽度等，这些电场参数均会影响处理过程中电场对细胞膜的损伤指数，导致细胞内物质的提取效果的差异。此外，提取环境的差异，如 pH、料液比、温度等均会对多糖提取率造成一定的影响[46]。

5.4.3　真菌多糖

真菌多糖是从真菌的培养液或者营养体等组织结构中提取出来的活性多糖类物质，主要的提取真菌为酵母菌及蕈菌类。酵母菌由于具有良好的发酵能力，被广泛应用于酒精发酵行业，如生产啤酒、葡萄酒等。蕈菌类因味道鲜美、营养丰富而被人们作为传统食物所食用，部分真菌还兼备药用价值，如灵芝、茯苓、白桦茸等。其中真菌多糖作为重要的活性成分，具有免疫调节、抗肿瘤、抗氧化、细胞修复等功效，现已被广泛应用于食品、药品、化妆品等领域。Jin 等[19]将脉冲电场技术应用于提取啤酒发酵后废弃酵母中的海藻多糖，并与传统的微波、超声辅助提取方法进行了比较。结果表明，在最优脉冲提取工艺下（19.97 kV/cm，脉冲数 6 个，料液比 1∶30，提取时间 6 min），海藻多糖的提取率可以达到 2.64%（103.15 μg/s），分别是超声辅助提取和微波辅助提取效率的 15.96 倍和 34.08 倍。脉冲电场相比于其他常规非连续提取法，在啤酒废酿造酵母提取海藻糖过程中表现出了很高的提取效率，因此可以作为一种非常有价值的提取方法。殷涌光等[47]将脉冲电场应用于桦褐孔菌多糖提取过程中，并与热碱法、微波辅助提取法、超声波辅助提取法进行了对比试验。结果表明，在最优脉冲电场处理条件下（电场强度 30 kV/cm，脉冲数 6 个，料液比 1∶25，pH 为 10），桦褐孔菌多糖的提取率达到 49.8%，是热碱提取法的 1.67 倍，是微波辅助提取法的 1.12 倍。脉冲电场提取的多糖纯度为 25.6%，是微波辅助提取法的 1.25 倍，是超声辅助提取法的 1.4 倍。另一项研究则将脉冲电场技术应用于深层培养发酵羊肚菌丝体的多糖提取过程中，并对提取后的多糖进行了分离纯化。研究表明，在最优脉冲电场提取工艺条件下（电场强度 18 kV/cm，脉冲数 7 个，料液比 1∶27），羊肚菌多糖的提取率为 56.03 μg/mL。采用 DEAE-52 纤维素离子交换柱对多糖提取液进行分离纯化，得到了一种主要的非极性多糖分子，其分子量为 2.48×10^6 Da，占总多糖的 71.95%[48]。这些研究表明，脉冲电场不仅具有良好的多糖提取率，而且提取后所得到的多糖纯度较好，这与脉冲电场的选择性提取可能有一定的关系。目前关于脉冲电场选择性提取的机理还不明确，仍需深入探索。

5.5　脉冲电场辅助提取蛋白质

蛋白质是生命中必不可少的大分子，在催化各种生物运动所需的众多生化反应中发挥着重要作用。此外，蛋白质还执行有机体所需其他功能，如植物体内的光合作用、动物体内的组织构成功能等。大多数植物和微生物都能自身生物合成所有 20 种所需的氨基酸，但是包括人类在内的动物却不能自行合成某些氨基酸，包括谷氨酰胺、甲硫氨酸、亮氨酸、异亮氨酸、苯丙氨酸、赖氨酸、苏氨酸和色氨酸等，这些必需氨基酸只有通过饮食摄取。此外，对于婴儿，组氨酸和精氨酸也必须从饮食中获得。

微生物由于具有快速的生长繁殖能力和物质的转化能力，并且来源广泛，是蛋白质来源的潜在资源，尤其是酵母菌。在啤酒发酵工业中，发酵结束后废弃的啤酒酵母菌具有潜在的蛋白质提取价值，例如，生产 1 万吨啤酒可以产生 15 吨酵母(干重)。啤酒酵母中有丰富的营养，如蛋白质、核酸、B 族维生素、氨基酸，尤其是赖氨酸及谷胱甘肽等。因此，高效开发利用啤酒废酵母获得蛋白质具有巨大的经济价值。Liu 等[20]利用脉冲电场处理啤酒废弃酵母悬浊液提取酵母蛋白。结果表明，在最优脉冲电场处理条件下(电场强度 10 kV/cm，脉冲数为 6 个，脉冲宽度 12 μs，料液比为 1∶50)，酵母蛋白提取率为 2.8%(20℃)。谢阁等[49]通过脉冲电场技术提取废弃啤酒酵母中蛋白质，并结合搅拌(400 rad/min)和加热(50℃)方式促进蛋白质从细胞中释放。结果表明，利用脉冲电场结合搅拌、加热提取酵母蛋白质的提取率达 69.9%，是单独加热处理的 1.5 倍，是单独脉冲电场处理的 2.5 倍。采用脉冲电场与搅拌结合进行的提取方法，是一种纯物理处理方式，不但可以获得较高的提取率，而且避免引入额外的化学物质，简化了后续处理工艺，是有效的蛋白质提取技术。

豆粕是压榨过油脂后剩余的副产物，富含蛋白质成分，约占 46%～51%，其中赖氨酸 2.5%～3.0%，色氨酸 0.6%～0.7%，甲硫氨酸 0.5%～0.7%，被广泛应用于食品等领域。大豆分离蛋白是一种从大豆中提取的优质蛋白质(含量为 90%)，具有许多功能特性，如凝胶性、乳化性、起泡性及持水性等，被广泛地应用于食品加工中。一般工业生产大豆分离蛋白采用碱溶酸沉法提取，但是加工工艺比较复杂而且对原料具有一定的要求，加工成本较高。董鸿武等[50]则采用脉冲电场技术辅助提取高温豆粕中大豆分离蛋白成分。研究表明，在最优脉冲电场处理条件下，大豆分离蛋白提取率可以达到 62%，比热处理、微波辅助提取和超声辅助提取方法的提取率分别提高了 0.74%、13.19%和 10.1%。

鹿茸作为一种名贵的中药，具有防止衰老、治疗心血管疾病、促进骨愈合等功效，但是鹿茸经水溶性、脂溶性物质提取过后，剩余残渣中仍然残留部分有效物质，如胶原蛋白、角蛋白等，若能再次利用高效率的提取方法将其中有效物质进行提取，可以提高鹿茸的利用率。刘唯佳[51]将脉冲电场结合酶解法应用于鹿茸渣提取蛋白质。结果表明，在最优脉冲电场处理条件下(电场强度 15 kV/cm，脉冲数 8 个，料液比 1∶8，酶浓度 8 U/mg)，蛋白质提取率为 15.96%。获得的蛋白质分子量范围大部分在 16～25 kDa，呈现连续的电泳条带，同时小于 16 kDa 的部分也含有一些连续模糊的电泳条带。韦汉昌等[52]则将脉冲电场结合酶法应用于从猪皮中提取胶原蛋白。结果表明，在最佳处理条件下（电场强度为 25 kV/cm、脉冲频率为 40 Hz、脉冲时间为 1 s、酶解时间为 30 min），胶原蛋白溶出率可达81.3%。经高强脉冲电场处理的猪皮，其胶原蛋白溶出率远高于未经高强脉冲电场处理的猪皮，而且酶解所用的时间比较短。

5.6　脉冲电场辅助提取脂类

　　脂类是人体需要的重要营养素之一，供给机体所需的能量，提供机体所需的必需脂肪酸，是人体细胞组织的组成成分。根据结构可以将脂类分为油脂（甘油三酯）和类脂（磷脂、固醇类）。油脂不仅可以提供能量而且是脂溶性维生素的良好溶剂，有助于人体吸收脂溶性维生素。此外，一些植物油脂，尤其是植物精油具有抗菌、抗氧化、消炎生物活性，具有良好的应用价值。磷脂和糖脂是构成生物膜脂双层结构的基本物质和参与构成生物大分子化合物的组成成分，如脂蛋白、脂多糖等，还与细胞识别、免疫等密切相关[53]。

　　将微生物、农副产物作为原料进行脂类提取，不仅可以解决环境问题，而且可以提高农副产品的综合利用价值，变废为宝。相比于传统的提取方法，脉冲电场具有低温、快速、均匀、利于保护活性物质等优点。因此，将脉冲电场技术应用于脂类提取过程具有潜在的应用价值。孙丽霞等[54]将脉冲电场技术应用于海鲫鱼内脏提取油脂，以提取率为指标，在单因素试验基础上设计响应面法试验，考察了高强脉冲电场强度、脉冲频率、提取时间及液固比对海鲫鱼内脏油脂提取率的影响，得到最优提取工艺条件为电场强度 18 kV/cm、脉冲频率 300 Hz、提取时间 65 min、液固比 1∶1，在此条件下获得油脂的提取率为 15.2%，为海鲫鱼内脏的高值化加工提供了一定的参考价值。此外，脉冲电场被应用于罗非鱼内脏提取油脂，通过 GC/MS 对提取油脂脂肪酸进行了分析，并与超声辅助提取和索氏提取法进行了对比。结果表明，索氏抽提油脂提取率最高，其次是脉冲电场提取，最低为超声辅助提取方式（表 5-1）。通过 GC/MS 对提取的油脂进行分析后发现，脉冲电场提取（电场强度 20 kV/cm，频率 300 Hz）的油脂具备单不饱和脂肪酸相对含量高、n-6 与 n-3 系列脂肪酸比例小的特点。该结果说明脉冲电场技术对油脂提取可能存在一定的选择性，为罗非鱼油脂的高附加值利用提供了一定的参考[55]。另外，有研究利用高强脉冲电场技术对蛋黄粉溶液进行处理，在单因素试验的基础上进行正交试验优化，得出的高强脉冲电场提取蛋黄卵磷脂的最佳条件为脉冲数

35 个、电场强度 30 kV/cm、助剂浓度 18 mL/g，蛋黄卵磷脂提取率为 90%。该法并不需要加热，具有高效、快速、安全等优点，优于一般的有机溶剂萃取[56]。脉冲电场应用于油脂提取过程中同样表现出了提取时间短、处理温度低、提取得到油脂的质量高等优势，为脉冲电场提取油脂提供了参考价值，拓宽了脉冲电场的应用领域。此外，Zeng 等[57]则应用脉冲电场技术处理花生油，研究脉冲电场处理后花生油在贮藏期间（40℃，100 d）理化性质的变化。结果表明，在贮藏期间通过脉冲电场处理后的花生油的酸价（0.69 mg/g）、过氧化值（4.8 meq/kg）和羰基值（2.17 mmol/kg）均低于未处理组（0.79 mg/g、11.5 meq/kg、1.37 mmol/kg），说明脉冲电场处理可以有效地抑制油脂氧化反应的速度，延长了花生油的保质期。这些研究表明，脉冲电场不仅可以促进油脂的提取过程，而且可以抑制油脂的氧化过程，所以采用脉冲电场进行油脂的提取有助于延长油脂的保质期。

表 5-1　不同提取方法提取效果差异[55]

项目	索氏抽提	超声辅助	脉冲电场
提取时间/h	8	0.5	0.5
提取温度/℃	85	60±2	30±2
有机溶剂使用	是	否	否
提取率/%	28.94±0.68	26.89±0.39	27.57±0.40

植物精油一般是从植物的叶、花朵、种子和果实中提取出来的具有挥发性气味的物质。根据化学成分，植物精油可以划分为 4 大类，即萜烯类衍生物、芳香族化合物、脂肪族化合物、含氮和含硫类化合物，广泛分布于松柏科、樟科、芸香科、伞形科、唇形科、姜科、菊科、禾本科、毛茛科、百合科、夹竹桃科、石蒜科、蔷薇科、胡椒科、杜鹃科、木犀科等植物中。近些年研究表明，大多数植物精油不仅具有愉悦芳香的风味，而且具有良好的抗菌活性、抗病毒、消炎、解热镇痛等功效，被广泛应用于食品工业、医药和化妆品领域，如玫瑰精油、丁香精油和柚子精油等[58]。脉冲电场提取过程由于低温、处理时间短等优势可以避免精油的挥发和降解，近些年将脉冲电场技术应用于精油的提取也成为研究热点。

魏静妮[59]将脉冲电场技术应用于柚子皮辅助提取柚皮精油，并与冷榨法和蒸馏法提取精油的化学成分进行了对比研究。结果表明，当脉冲电场条件为电场强度 2.5 kV/cm、脉冲数 25 个、提取温度 68℃，柚皮精油提取率最高达到 1.37%。通过 GC/MS 分析发现，三种方法提取的精油中主要成分均为萜烯类物质，种类都超过 15 种，相对含量均超过 90%。脉冲电场辅助提取的柚皮精油存在 45 种化学成分，较冷榨法的 39 种、蒸馏法的 33 种得到的化合物种类都要多，其中脉冲电场辅助法提取的诺卡酮相对含量最高，达到 2.46%。通过香味聚类分析说明脉冲电场辅助提取法和冷榨法提取的精油香气比较接近，具有柑橘香味和柚子天然清香的味道，好感度更高，而蒸馏法提取的柚皮精油香味与柚子水果味差距较大，主要为花木味、油味和烂熟的味道。相较于蒸馏法和冷榨法，脉冲电场提取的柚皮精油表现出了最强的金黄色葡萄球菌抑菌活性。此外，脉冲电场技术与酶法结合应用于玫瑰精油的辅助提取过程中。研究结果表明，高强脉冲电场协同酶法辅助提取玫瑰精油最佳工艺参数为脉冲数 10.09 个、电场强度 20.96 kV/cm、蒸馏时间 1.64 h，在此条件下精油提取率达到最大值，约为 0.12%，精油提取率较单纯纤维素酶解提高了 20.1%。该方法各因素对精油得率影响顺序依次为电场强度>蒸馏时间>脉冲数。通过 GC/MS 进行成分鉴定，玫瑰精油主要成分有 63 种化合物，占精油总量的 95.04%，其中，种类最多的是萜烯类化合物，其次是醇类、醛类、烷烃类和酯类化合物，含量最多的为香茅醇，其次是十九烷，并且玫瑰精油可以有效抑制细菌和霉菌生长[60]。此外，有研究将高强脉冲电场与水蒸气蒸馏提取相结合进行玫瑰精油的提取。研究表明，当脉冲电场场强为 20 kV/cm、脉冲数为 8 个、蒸馏时间为 2 h 时，玫瑰精油提取率最高，为 0.105%，而且与单独水蒸气提取法相比，精油中甲基丁香酚含量有所提高[61]。

5.7　脉冲电场辅助提取核酸

　　核酸也称为多聚核苷酸，是由许多个核苷酸聚合而成的生物大分子，而核苷酸则由含氮的碱基、核糖或脱氧核糖、磷酸三种分子构成。从 20 世纪 80 年代起，国际医学界就倡导核酸营养学理论，许多核酸食品问世。核酸食品大约分两大类，一类是含有丰富核酸的天然食品，如水产食品，其不仅核酸含量较高，蛋白质含量也高，富含人体所需要的 8 种必需氨基酸、矿物质和某些维生素，且易被人体消化吸收；另一类核酸食品就是将 DNA 或 RNA 产品配合其他营养素添加到食品中制成的核酸系列食品。例如，风靡世界的核酸豆腐，在制作豆腐过程中，添加适量的核酸，常食这种豆腐，可防止皮肤皱变，还可以有效地延缓人体老化；日本还生产了核酸健壮素、核酸健美素、核酸健脑素等。核酸具有提高免疫力、抗衰老、抗氧化、促进细胞再生与修复和改善神经障碍等方面的功效[62]。因此，将核酸类物质从动植物组织中提取出来，制备成具有功效的食品或者保健品已经成为研究热点。

　　Yin 等[63]采用脉冲电场技术，建立了从牛脾脏中提取 DNA 的提取方法。样品粉碎过滤后，立即用于脉冲电场处理，从牛脾中分离 DNA。以 260 nm 吸光度与

280 nm 吸光度之间的比值来衡量溶液中 DNA 的浓度（$OD_{260/280}$）。研究表明，当脉冲电场场强为 30 kV/cm，频率为 140 Hz，脉冲数为 8 个，稀释倍数为 4 倍，处理温度为 65℃，处理时间为 0.5 h，$OD_{260/280}$ 值最高，达 1.1，提取的 DNA 分子量为 0.50～19.33 kDa。相比于文献涉及的传统提取方法，脉冲电场辅助提取 DNA 的提取率提高了 2 倍，并且提取条件较温和。刘铮等[64]则将脉冲电场技术应用于废啤酒酵母提取核酸。结果表明，当酵母悬浮液浓度为 11%、脉冲电场强度为 30 kV/cm、处理时间为 400 μs、提取温度为 45℃的条件下，核酸的提取浓度可以达到 0.382 mg/mL。此外，为了提高脉冲电场技术对啤酒酵母细胞中核酸的提取率，谢阁等[49]研究了单独脉冲电场、超声波、自溶以及脉冲电场与超声、自溶相结合的方法从废啤酒酵母中提取核酸。研究结果表明，采用高强脉冲电场（脉宽 2 μs、场强 30.00 kV/cm、频率 667 Hz、电导率 0.15 S/m、处理时间 720 μs）与细胞自溶（温度 50℃、pH 6.5、30 g/L NaCl、自溶 6 h）协同提取废啤酒酵母中核酸，提取率最高达到 88.19%。

5.8　本　章　小　结

本章对脉冲电场提取进行了介绍，发现脉冲电场处理过程的提取率与提取过程中所采用的提取条件存在一定的联系，这种联系与脉冲电场提取原理有直接的关系，即与脉冲处理过程中形成的电压所造成原料细胞的可逆或不可逆孔径的多少和孔径尺寸有关。以提取率为优化目标，可以采用响应面等方式对处理条件进行优化，从而获得理想的提取率。这对脉冲电场应用于提取工业具有非常重要的指导价值。

脉冲电场提取技术与常规和非常规提取方法相比，往往表现出提取率高、处理时间短、能耗低等优点。此外，脉冲电场提取在低温下进行，避免了热敏化合物的损失，对热敏性化合物的提取具有非常重要的意义。此外，由于其新颖的连续提取系统的设计，可以较为容易地实现连续或批量生产。因此，脉冲电场技术在分析、制药、食品等领域具有广阔的应用前景。

脉冲电场提取过程具有以上优点，但是其仍存在一些不足和有待进一步研究解决的问题。例如，在提取过程中应该选择脉冲宽度较大的方波作为输入能源，这样可以减少能源的浪费和设备成本。处理室的结构应该进行调整，现在的处理室结构不能满足工业生产的流量需求。这在很大程度上是因为处理室的设计不够合理。绝缘板上的孔太小，最大流量受到严重限制。系统的不稳定性不容忽视，一些故障如阻塞和短期故障很可能会发生，对工业化生产造成了许多不稳定因素和安全问题。因此，需要对脉冲电场处理系统进行优化设计，从而实现高效、稳定、安全的要求。

　　为了实现连续化操作，所有的处理程序包括前处理和后处理，都应该考虑周到。例如，前处理过程以研磨搅拌为预处理工艺，有利于提高液体中物料的萃取率和减小粒径，从而保持物料颗粒远远小于处理区域间隙，进而保持良好的加工操作以及处理过程的稳定性。高电导率的产品降低了处理室的电阻，从而需要更多的能量才能达到特定的电场强度。因此，在生产高盐产品时，应在加工后添加盐。此外，在处理前后应该对物料的温度进行调整，从而能够最大程度保证提取化合物结构的稳定性和生物活性，特别是一些热敏性化合物，如蛋白质、多酚类等。

　　最后，关于脉冲电场处理过程中的传质理论缺乏准确描述，细胞失活和物质扩散的复杂机制尚未得到很好的揭示。通过深入了解脉冲电场的机理，建立科学的传质模型，有助于脉冲电场在提取方面的深入应用。

思考题

　　1. 脉冲电场从动植物组织中辅助提取生物活性物质的原理是什么？

　　2. 脉冲电场辅助提取生物活性物质的影响因素主要有哪些？

　　3. 脉冲电场实现选择性提取的可能原因是什么？

参考文献

[1] 胡广林, 王小如, 黎先春. 回流提取过程中丹参酮的热降解行为研究[J]. 天然产物研究与开发, 2007, (1): 120-122.

[2] Kandušer M, Miklavčič D. Electroporation in biological cell and tissue: an overview//Lebovka N, Vorobiev E. Electrotechnologies for Extraction from Food Plants and Biomaterials[M]. New York: Springer, 2009: 1-37.

[3] Zimmermann U. Electrical breakdown, electropermeabilization and electrofusion//Shepherd J T, Mancia G, Hainsworth R, et al. Reviews of Physiology, Biochemistry and Pharmacology[M]. Berlin, Heidelberg: Springer, 1986: 175-256.

[4] Vorobiev E, Lebovka N I. Extraction of intercellular components by pulsed electric fields//Raso J, Heinz V. Pulsed Electric Fields Technology for the Food Industry[M]. Boston, MA: Springer, 2006: 153-193.

[5] Vorobiev E, Lebovka N I. Pulsed-electric-fields-induced effects in plant tissues: fundamental aspects and perspectives of applications//Lebovka N, Vorobiev E. Electrotechnologies for Extraction from Food Plants and Biomaterials[M]. New York: Springer, 2009: 39-81.

[6] Parniakov O, Barba F J, Grimi N, et al. Pulsed electric field and pH assisted selective extraction of intracellular components from microalgae *Nannochloropsis*[J]. Algal Research, 2015, 8: 128-134.

[7] Pizzichemi M. Application of pulsed electric fields to food treatment[J]. Nuclear Physics B (Proceedings Supplements), 2007, (172): 314-316.

[8] Yin Y G, Han Y Z, Han Y. Pulsed electric field extraction of polysaccharide from *Rana temporaria*

chensinensis David[J]. International Journal of Pharmaceutics, 2006, 312(1-2): 33-36.

[9] He G, Yin Y, Yan X, et al. Optimisation extraction of chondroitin sulfate from fish bone by high intensity pulsed electric fields[J]. Food Chemistry, 2014, 164. 205-210.

[10] 熊夏宇, 曾新安, 王满生, 等. 响应面法优化脉冲电场辅助提取油菜花粉中黄酮类物质工艺研究[J]. 中国农业科技导报, 2015, 17(5): 88-93.

[11] Liu Z W, Zeng X A, Ngadi M. Enhanced extraction of phenolic compounds from onion by pulsed electric field (PEF)[J]. Journal of Food Processing and Preservation, 2018, 42(9): e13755.

[12] 张若兵, 徐国旺, 王昱婷, 等. 脉冲电场作用下细胞膜可控电穿孔技术研究[J]. 高电压技术, 2018, 44(7): 2254-2260.

[13] Parada J, Aguilera J M. Food microstructure affects the bioavailability of several nutrients[J]. Journal of Food Science, 2007, 72(2): R21-R32.

[14] Moubarik A, El-Belghiti K, Vorobiev E. Kinetic model of solute aqueous extraction from Fennel (*Foeniculum vulgare*) treated by pulsed electric field, electrical discharges and ultrasonic irradiations[J]. Food and Bioproducts Processing, 2011, 89(4): 356-361.

[15] Luengo E, Álvarez I, Raso J. Improving the pressing extraction of polyphenols of orange peel by pulsed electric fields[J]. Innovative Food Science & Emerging Technologies, 2013, 17: 79-84.

[16] Raso J, Heinz V. Pulsed Electric Fields Technology for the Food Industry: Fundamentals and Applications[M]. Berlin: Springer Science & Business Media, 2010.

[17] Lopez N, Puertolas E, Condon S, et al. Enhancement of the solid-liquid extraction of sucrose from sugar beet (*Beta vulgaris*) by pulsed electric fields[J]. LWT-Food Science and Technology, 2009, 42(10): 1674-1680.

[18] Yin Y, Cui Y, Ding H. Optimization of betulin extraction process from *Inonotus obliquus* with pulsed electric fields[J]. Innovative Food Science & Emerging Technologies, 2008, 9(3): 306-310.

[19] Jin Y, Wang M, Lin S, et al. Optimization of extraction parameters for trehalose from beer waste brewing yeast treated by high-intensity pulsed electric fields (PEF)[J]. African Journal of Biotechnology, 2011, 10(82): 19144-19152.

[20] Liu M, Zhang M, Lin S, et al. Optimization of extraction parameters for protein from beer waste brewing yeast treated by pulsed electric fields (PEF)[J]. African Journal of Microbiology Research, 2012, 6(22): 4739-4746.

[21] Luengo E, Martínez J M, Bordetas A, et al. Influence of the treatment medium temperature on lutein extraction assisted by pulsed electric fields from *Chlorella vulgaris*[J]. Innovative Food Science & Emerging Technologies, 2015, 29: 15-22.

[22] Zhang Z H, Wang L H, Zeng X A, et al. Effect of pulsed electric fields (PEFs) on the pigments extracted from spinach (*Spinacia oleracea* L.)[J]. Innovative Food Science & Emerging Technologies, 2017, 43: 26-34.

[23] 姚瑞祺. 植物多酚的分类及生物活性的研究进展[J]. 农产品加工(学刊), 2011, (4): 99-100.

[24] 寇兴然, 朱松, 马朝阳, 等. 植物多酚生物利用度及提高方法研究进展[J]. 食品与生物技术学报, 2017, 36(1): 1-7.

[25] Quideau S, Deffieux D, Douat-Casassus C, et al. Plant polyphenols: chemical properties, biological activities, and synthesis[J]. Angewandte Chemie International Edition, 2011, 50(3): 586-621.

[26] 冯丽, 宋曙辉, 赵霖, 等. 植物多酚及其提取方法的研究进展[J]. 中国食物与营养, 2007, (10): 39-41.

[27] Zderic A, Zondervan E, Meuldijk J. Breakage of cellular tissue by pulsed electric field: extraction of polyphenols from fresh tea leaves[J]. Chemical Engineering Transactions, 2013, 32: 1795-1800.

[28] Zimmermann U, Pilwat G, Riemann F. Dielectric breakdown of cell membranes[J]. Biophysical Journal, 1974, 14(11): 881-899.

[29] 唐守勇, 王文渊, 张芸兰, 等. 竹叶中黄酮和茶多酚的高强脉冲电场提取[J]. 中国食物与营养, 2014, 20(12): 50-53.

[30] 殷涌光, 金哲雄, 王春利, 等. 茶叶中茶多糖、茶多酚、茶咖啡碱的高压脉冲电场快速提取[J]. 食品与机械, 2007, (2): 12-14, 22.

[31] 冉军舰, 赵瑞香, 阮晓莉, 等. 不同品种苹果多酚体外抗氧化能力评价[J]. 食品工业科技, 2018, 39(23): 89-94, 116.

[32] 黄闪闪, 李赫宇, 王磊, 等. 苹果多酚抗氧化特性研究进展[J]. 食品研究与开发, 2014, 35(24): 159-162.

[33] Turk M F, Billaud C, Vorobiev E, et al. Continuous pulsed electric field treatment of French cider apple and juice expression on the pilot scale belt press[J]. Innovative Food Science & Emerging Technologies, 2012, 14: 61-69.

[34] Turk M F, Vorobiev E, Baron A. Improving apple juice expression and quality by pulsed electric field on an industrial scale[J]. LWT-Food Science and Technology, 2012, 49(2): 245-250.

[35] Nayak B, Dahmoune F, Moussi K, et al. Comparison of microwave, ultrasound and accelerated-assisted solvent extraction for recovery of polyphenols from *Citrus sinensis* peels[J]. Food Chemistry, 2015, 187: 507-516.

[36] 王犁烨, 武运, 杨华峰, 等. 酿酒葡萄皮渣主要物质提取与利用的研究进展[J]. 中外葡萄与葡萄酒, 2018, (6): 82-86.

[37] Boussetta N, Lebovka N, Vorobiev E, et al. Electrically assisted extraction of soluble matter from chardonnay grape skins for polyphenol recovery[J]. Journal of Agricultural and Food Chemistry, 2009, 57(4): 1491-1497.

[38] Khalil J. Pulsed electric field (PEF) and pectinase for the extraction of polyphenols from grape pomace and peel[D]. Lincoln: University of Nebraska-Lincoln, 2011.

[39] Liu J, Willför S, Xu C. A review of bioactive plant polysaccharides: biological activities, functionalization, and biomedical applications[J]. Bioactive Carbohydrates and Dietary Fibre, 2015, 5(1): 31-61.

[40] 赫桂丹, 殷涌光, 闫琳娜, 等. 应用高电压脉冲电场辅助快速提取虾壳壳聚糖[J]. 农业工程学报, 2011, 27(6): 344-348.

[41] 周亚军, 贺琴, 吴都峰, 等. 高强脉冲电场辅助提取河蚌多糖工艺优化[J]. 农业机械学报, 2014, 45(S1): 235, 236-240.

[42] Zhao W, Yu Z, Liu J, et al. Optimized extraction of polysaccharides from corn silk by pulsed electric field and response surface quadratic design[J]. Journal of the Science of Food and Agriculture, 2011, 91(12): 2201-2209.

[43] 刘旭野, 郭星, 林松毅. 基于高强脉冲电场技术提高玉米皮多糖提取率的研究[J]. 食品安

全质量检测学报, 2016, 7(6): 2419-2425.

[44] 卢敏, 毕艳春. 高强脉冲电场提取麸皮多糖影响因素的研究[J]. 粮食加工, 2009, 34(1): 31-33.

[45] 蔡光华, 王晓玲. 高强脉冲电场提取枸杞多糖工艺[J]. 食品科学, 2012, 33(8): 43-48.

[46] Yan L G, He L, Xi J. High intensity pulsed electric field as an innovative technique for extraction of bioactive compounds–a review[J]. Critical Reviews in Food Science and Nutrition, 2017, 57(13): 2877-2888.

[47] 殷涌光, 崔彦如, 王婷. 高强脉冲电场提取桦褐孔菌多糖的试验[J]. 农业机械学报, 2008, (2): 89-92.

[48] 张玉, 刘超. 高强脉冲电场法提取羊肚菌多糖及其分离纯化[J]. 食品工业, 2016, 37(12): 54-58.

[49] 谢阁, 杨瑞金, 卢蓉蓉, 等. 利用高强脉冲电场诱导啤酒酵母细胞释放蛋白质与核酸[J]. 食品与发酵工业, 2008, (3): 44-47.

[50] 董鸿武, 刘宁. 脉冲电场技术提高高温大豆粕蛋白提取率的研究[J]. 中国食物与营养, 2014, 20(1): 62-66.

[51] 刘唯佳. 鹿茸中水溶性蛋白质的提取及鹿茸综合利用的研究[D]. 长春: 吉林大学, 2013.

[52] 韦汉昌, 韦群兰, 韦善清. 高强脉冲电场提取猪皮胶原蛋白[J]. 广西科学, 2011, 18(3): 235-237.

[53] 薛长勇, 吴坚. 生物活性脂类:中链脂肪酸及其与脂代谢和糖代谢[J]. 临床药物治疗杂志, 2011, 9(4): 4-7.

[54] 孙丽霞, 杨红, 张丽芳, 等. 响应面法优化高强脉冲电场辅助提取海鲫鱼内脏油脂工艺[J]. 食品工业科技, 2015, 36(16): 232-237.

[55] 孙丽霞, 杨红, 张丽芳, 等. 不同方法提取罗非鱼内脏油脂中脂肪酸的GC-MS比较分析[J]. 食品科技, 2015, 40(5): 260-264.

[56] 陈玉江, 殷涌光, 刘瑜, 等. 利用高强脉冲电场提取蛋黄卵磷脂的研究[J]. 食品科学, 2007, (10): 271-274.

[57] Zeng X A, Han Z, Zi Z H. Effects of pulsed electric field treatments on quality of peanut oil[J]. Food Control, 2010, 21(5): 611-614.

[58] Calo J R, Crandall P G, O'Bryan C A, et al. Essential oils as antimicrobials in food systems–a review[J]. Food Control, 2015, 54: 111-119.

[59] 魏静妮. 脉冲电场辅助提取柚皮精油及其抑菌性研究[D]. 广州: 华南理工大学, 2018.

[60] 薛长美. 高强脉冲电场高效提取玫瑰精油及其抑菌特性研究[D]. 长春: 吉林大学, 2018.

[61] Zhou Y J, Xue C M, Zhang S S, et al. Effects of high intensity pulsed electric fields on yield and chemical composition of rose essential oil[J]. International Journal of Agricultural and Biological Engineering, 2017, 10(3): 295-301.

[62] 沈晓玲, 李诚. 核酸食品的营养与安全性研究进展[J]. 食品科技, 2008, (1): 237-239.

[63] Yin Y G, Jin Z X, Wang C L, et al. The effect of pulsed electric field on DNA extraction from bovine spleens[J]. Separation and Purification Technology, 2007, 56(2): 127-132.

[64] 刘铮, 杨瑞金, 赵伟. 高强脉冲电场破壁法提取废啤酒酵母中的蛋白质与核酸[J]. 食品工业科技, 2007, (3): 85-88.

第6章 电场强化干燥与浸渍工艺

6.1 引　言

干燥是食品加工过程中的一项重要工序。通过对食品物料的干燥处理，不仅可以获得符合含水量要求的产品，而且对食品的其他性质也会产生影响，如香味、颜色、质构、贮藏期、营养价值等。目前常用的干燥方法有自然干燥法、蒸汽换热法、热风对流换热法、太阳能热源换热或是依赖电生成的红外线、微波等产生的热实现干燥[1]。此外还有真空冷冻、热泵等干燥方式，它们均有各自的优势，但也有干燥效率低、能耗高、干燥产品品质低等各种问题。据估计，发达国家的热力脱水加工能耗约占全国工业能耗的 9%~25%[2]。

浸渍一般是指依据相似相溶原理，将食品物料置于一定量的提取溶剂中，浸出目标组分的过程[3]。降低浸渍加工时间，可以通过增加浸渍液的温度而提高溶质扩散；也可以提高浸渍液中溶质的浓度，进而提高浸渍液的渗透压。

6.2 电场强化干燥

近年来，食品加工领域结合物理学或物理化学，利用电磁波、电磁场、声波和压力等对食品、农产品、生物体、水等进行加工、贮藏处理，实现高效、节能和其他特殊目的[4]。例如，茶叶加工中常应用微波技术对茶叶进行脱水浓缩和杀青处理等。未来的食品企业需要不断创新方法来提高食品加工的可持续性、效率和质量。高强电场具有应用于食品工业的潜力，涉及干燥、冷藏、冷冻、解冻以及提取目标生物分子等领域[5]。

6.2.1 电场强化干燥的概述

日本的 Asakawa(浅川)在 1976 年发现了"浅川效应"。即当物料处于高电压产生的强电场中时，物料中水的蒸发速率会加快的一种现象。换句话说，在含水物料周围加上合适电压之后，水的蒸发速率显著增加，热传导速率在气体物料中提高 1.5 倍，在液体物料中提高 2.0 倍，在固体物料中提高 1.6 倍，但此时耗能却很低[6]。之后，电场干燥理论研究和应用得到了迅速发展[7-10]。

和常规干燥方式相比，高强电场干燥属于新型干燥技术，干燥过程温升很小，非常适合热敏性物料的干燥[11]，且物料干燥后能较好地保持色泽、营养成分、物料外形等；此外，高强电场干燥设备的制造成本相对较低，运行费用低且操作简单，还兼具节能、无污染等优点[12]。

6.2.2 电场强化干燥的常用系统装置

根据电极放电类型，可将电场干燥系统分为电晕放电型和直接放电型两种。

6.2.2.1 电晕放电型电场干燥系统

常用的电晕放电型电场干燥装置主要由控制系统、高压发生系统和干燥室组成。整个干燥系统的基本工作流程为：①在控制系统的控制下，由外接电源给高压发生装置供电；②高压发生装置在干燥室内产生稳定、持续的高压电场；③干燥室内的上下极板分别与高压发生装置的正极和负极连接(或接地)。一般在干燥室内设置有电场强度检测系统，由控制系统根据实际需要调整电场强度。

实验室中采用的电场干燥装置多为组装的针-板电场，主要包括高压电源、针-板电极、重力传感器、数据记录仪等部分，电压在 0～30 kV 范围内可调，但是有些实验还会根据实际研究的需要增加温度控制器、风筒等附件[13, 14]。例如，图 6-1 所示的实验装置主要由高压电源和用于干燥的实验平台(主要包括放电电极、接地电极和调节支柱)等组成。其中，放电电极为针状电极，长度 69 mm，直径 1.8 mm，尖端圆角半径 0.2 mm；接地电极为圆形铝盘，直径 260 mm，厚度 1 mm；针形电极可以通过调节支柱进行上下调节，进而调节电场强度的大小。

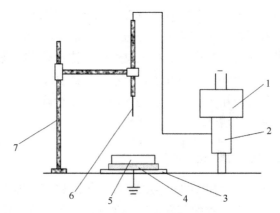

图 6-1　单针电极系统装置示意图[15]

1. 控制仪；2. 实验变压器；3. 绝缘板；4. 接地电极；
5. 待干燥物料；6. 放电电极；7. 调节支柱

针-板电极系统中不仅有单针电极，还有多针电极。例如，利用图 6-2 所示的针-板电极组成的电极系统干燥豆腐，当所加电压为 45 kV 时，上电极与下电极之间的最适距离为 0.09 m，针与针的最适间距为 0.08 m，在上述条件下，豆腐的干燥速率最快且整个干燥过程耗能最小[16]。因此，在高压电场的应用中，应尽量采用多针电极，但针间距也应保持足够的距离，否则会削弱电场干燥效果。

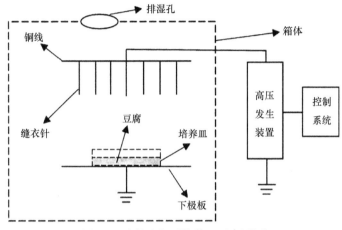

图 6-2　多针电极系统装置示意图[16]

除针-板电极系统外，也有线状电极构成的高压干燥系统。例如，Lai 等[17]利用图 6-3 所示的线状电极开展了相关试验研究，发现线状电极与针状电极一样，都能很好地提高干燥速率。

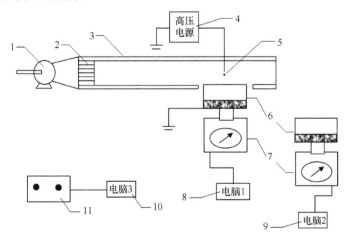

图 6-3　线状电极系统装置示意图[17]

1. 鼓风机；2. 整流器；3. 风洞；4. 高压电源；5. 电极；

6. 样品室；7. 数字天平；8. 电脑；9. 电脑；10. 电脑；11. 温度湿度记录仪

　　此外，Zheng 等[18]利用图 6-4 所示的实验装置研究了影响电场干燥的因素，包括电极形状、电压、极间距、温度等，该实验装置涉及了针电极、线电极和板电极这三种电极系统。之前，白亚乡等[19]也对比了针电极、线电极和板电极等不同电极系统在不同电压下处理豆腐的干燥速率，使用的干燥装置如图 6-5 所示，发现线状电极与针状电极一样，均能提高干燥速率，且都优于平板电极。

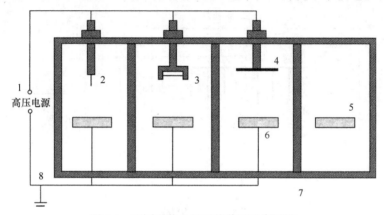

图 6-4　不同形状电极系统装置示意图[18]

1. 高压电源；2. 针状电极；3. 线状电极；4. 平板电极；

5. 样品池；6. 接地平板电极；7. 绝缘树脂箱；8. 接地点

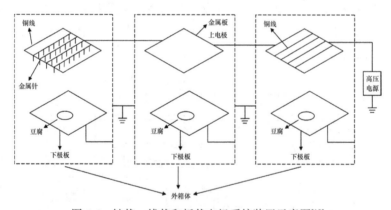

图 6-5　针状、线状和板状电极系统装置示意图[19]

6.2.2.2　直接放电型电场干燥系统

　　华南理工大学食品科学与工程学院自主研制了一套采用直接放电的脉冲电场预处理辅助干燥食品物料的设备系统，如图 6-6 所示。该设备的脉冲波形为指数衰减波，放电模式为直接高压快速放电，输出放电电压范围为 0～20 kV，处理室两极板间距为 0～10 cm(可调)，输出频率为 0～1.5 Hz，且设置有安全保护装置，即整机操作室需要在安全门完全关紧的条件下才能进行放电操作。

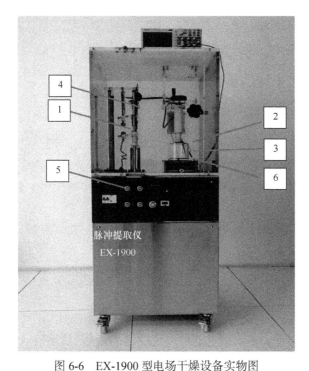

图 6-6　EX-1900 型电场干燥设备实物图

1. 放电开关；2. 上电极板；3. 处理室；4. 调节高度元件；5. 控制面板；6. 接地下电极板

图 6-6 中 EX-1900 型电场干燥设备的工作原理如图 6-7 所示，一次处理包括两个过程：①充电过程，即放电开关打开时，高压电给电容器充电，充电时间长

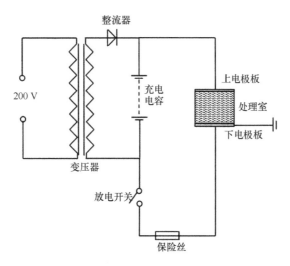

图 6-7　EX-1900 型电场干燥设备工作原理示意图

短取决于电容器的最大功率；②放电过程，即充电结束，合上放电开关，电容器向处理室中的液体物料放电，放电时间一般很短，小于 1 s。

6.2.3　电场强化干燥的基本原理

6.2.3.1　水分子结构

水是农产品的主要组分之一，对产品构造、外观、味道及品质有很大影响。水虽然是极普通的简单化合物，但它的一些特异性质会对产品自身产生重要影响，例如，水结冰时体积增大；4℃时比重最大等。水的特异性质主要基于它的如下特殊分子构造。

(1)1 个水分子由 1 个氧原子和 2 个氢原子组成，其结合角为 105°。受外界作用影响时，角度易发生变化。

(2)氧原子的负极性较大，氢原子的电子受氧原子的吸引，负极中心与正电荷中心不重合，使得整个分子呈现为极性分子。

(3)水分子间除存在范德瓦耳斯力外，还有弱的氢键作用，并由此结合为大的水分子团，而这种水分子团具有间隙较大的结晶构造，如图 6-8 所示。

(4)水分子团属于动态结合，其稳定存在时间只有 10^{-12} s 左右，即不断有水分子加入某个水分子团，又有水分子离开该水分子团。

(5)水分子团的大小只是一个平均数，与水的温度和离子浓度有关，电场、磁场、声波、红外线等都可影响水分子团的结构变化。

另外，若按水分在物料中存在的位置，水的种类又可分为细胞腔水与细胞壁水。细胞腔水属于大毛细管水，细胞壁水又分为化学水、吸附水与微毛细管水[21]。

6.2.3.2　食品物料的电学特性

食品物料电学特性是指食品在外加电场作用下产生的导电特性、介电特性以及其他电磁特性等[22]。构成食品物料的粒子大多带有某种电荷，可以形成电压或电动势，当食品物料受到外界刺激时，就会产生抵抗，通常表现为食品物料的电导率、电容率、击穿电位、刺激电位等电学特性。常用的表征食品物料电学特性的电物理量有电阻 R、电阻率 ρ、电导率 K、电容量 C、介电常数 ε 等。

因此，电学特性在食品物料的含水率测定、干燥与加热、质量调控和电处理等方面将会有广泛的应用，可以利用电磁场或电场对食品物料进行有效的加工处理。根据食品物料电学特性进行的电磁或电场加工处理方法，如微波和高频波加热、通电加热、高压静电处理、脉冲电场杀菌、电渗透脱水等，一般具有很多传统方法所不能达到的优点。

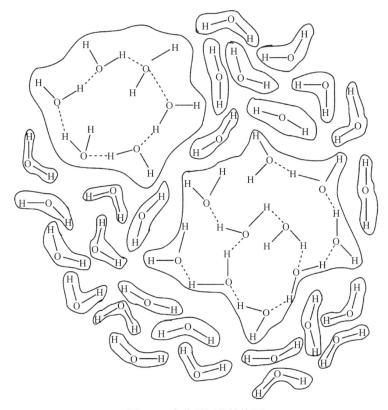

图 6-8　水分子团的结构[20]

6.2.3.3　食品物料中水分加速迁移

电场干燥是一种新的干燥技术，它处理食品物料及其中所含水分依靠的是高强电场，而不是与电极直接接触。这与常规加热干燥的"传热传质"干燥机理存在明显不同。通常高强电场干燥脱水包括以下两个过程。

1）水分从物料内部向表面迁移的过程

在毛细管水结构模型中，存在固液两相的界面，界面处将形成偶电层。界面偶电层电荷形成平板电容器，其电位称为 ζ 电位(亥姆霍兹模型)[23]。

$$\zeta = \frac{d\sigma}{\varepsilon_0 \varepsilon_r} \tag{6-1}$$

式中，σ 表示面电荷密度；d 表示偶电层间隔；ε_0 表示真空介电常数；ε_r 表示相对介电常数。

在这样的体系中加上电场时，由于界面两侧电荷的极性相反，作用于它们的静电力方向相反，因此会产生挟持着界面的相对运动。一般地，毛细管中水受电

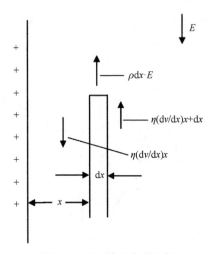

场作用的原理如图 6-9 所示。

在图 6-9 中，设外加与界面平行的电场为 E，瞬间形成稳定状态，在该状态下，考虑离界面 x 的厚度 dx 的层面，它以均匀速度与界面平行运动，作用于该层上的力则有

$$f_{电场} = E\rho dx \tag{6-2}$$

式中，ρ 表示电荷密度。

$$f_{黏} = \eta\left(\frac{dv}{dx}\right)_{x+dx} - \eta\left(\frac{dv}{dx}\right)_x = \eta\frac{d^2v}{dx^2} \tag{6-3}$$

图 6-9 毛细管中水受电场
作用的原理[24]

式中，v 表示 dx 层的移动速度。

当 $f_{电场} = f_{黏}$ 时，则

$$\rho = \frac{\eta d^2 v}{E dx^2} \tag{6-4}$$

将式(6-4)代入一维泊松方程：

$$\frac{d^2\phi}{dx^2} = -\frac{\rho}{\varepsilon_0} \tag{6-5}$$

得

$$\varepsilon_s E \frac{d^2\phi}{dx^2} = -\eta\frac{d^2v}{dx^2} \tag{6-6}$$

将式(6-6)对存在的液体的整个区域进行两次积分，得

$$v = \frac{\varepsilon_s E \zeta}{\eta} \tag{6-7}$$

式中，v 表示水分运动的速度；ε_s 表示水的相对介电常数；E 表示外加电场强度；η 表示黏度系数。

由式(6-7)可见，电场作用下毛细管中水分的运动速度与电场强度成正比[25]。

2)表面水分蒸发的过程

表面水分的蒸发主要受空气温度、湿度、压力等因素制约，而不是由物料内部条件所决定。水分子是很强的极性分子，彼此间存在着电偶极矩的相互作用，在电场中的偶极矩受到电场力的作用，将偶极子拉入电场强度最大的区域，如

式 (6-8) 所示:

$$dF = \varepsilon(\varepsilon - 1) \cdot \mathrm{grad}\left(\frac{E^2}{2}\right)dv \tag{6-8}$$

式中，dv 表示自由水体积元；dF 表示体积元所受的电场力；E 表示体积元所处的电场强度；ε 表示水的相对介电系数。

因此，在电场干燥过程中，运动到物料表面的水分还要受电场力的作用，导致物料中水分的蒸发速率加快。此外，要使电场在物料干燥过程中起作用，电场需大于某一特定的值，进而使细胞中的水分克服各种阻力而逐步渗到物料表面；同时，当外加电场不变时，随着物料水分含量的减少，干燥速率也会逐渐放缓[26]。

6.2.3.4　食品物料细胞膜通透性提高

20 世纪 60 年代，Sale 等[27]首次对电场特性做了全面的研究，通过运用多个高压脉冲对生物细胞进行处理，发现电场作用于细胞时，细胞膜内外电位差增大，通透性增强，提出电场能破坏细胞膜的选择通透性的观点。细胞膜内外均有自然电位差，外加电场使得膜内外电位差(跨膜电位)增大，当跨膜电位高于 1 V(细胞膜自然电位差约 1 V)时，会造成细胞膜结构紊乱、微孔的形成和通透性的提高[28]，且致使膜通透性不可逆，所需电脉冲与细胞直径大小成正比[29]。

生物组织的细胞膜可看作由一个电容和一个电阻并联而成，细胞膜两端溶液看作两个附加电阻，进而建立的生物组织的等效电路模型如图 6-10 所示。在交变电场作用下，该等效电路模型中电流分两路通过细胞组织，一路通过细胞外液传导，另一路通过细胞壁、细胞膜及细胞内液传导。

对于新鲜果蔬等生物组织来说，其细胞壁、细胞膜较厚，离子通透性差，电阻很大，电容较小[31]。完好的组织细胞，其细胞膜两端(内部和外部)出现的异性自由电荷形成了跨膜电压；当对细胞施加脉冲电场时，细胞膜两端电荷的积累提高了跨膜电压，从而加强了电荷引力对细胞膜的挤压作用，使细胞膜变薄，当挤压应力超过细胞膜某一区域的极限时，细胞膜会出现电穿孔[32]。随着膜微孔增大，大量离子通过膜的离子通道，打破了细胞内外原有的离子平衡，进而引起细胞破裂等各种生物物理现象的发生。当跨膜电位尚未还原至静

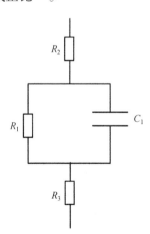

图 6-10　果蔬等生物组织的等效电路模型[30]

R_1. 细胞膜电阻；C_1. 细胞膜电容；R_2. 细胞内液电阻；R_3. 细胞外液电阻

息电位，尤其是在微孔密度还没有大幅度降低的情况下，新一轮的脉冲作用又开始，在这种情况下极有可能引起微孔的不断增加，进而造成细胞膜结构的不可恢复性破坏，细胞通透性逐渐增强，使得脱水速率也随之提高，最终提高了物料的干燥速率[33]。虽然各种细胞材料有不同的形态结构和电物理特性，但却都有一个相似的临界跨膜电压，在细胞受电场作用时，膜微孔的形成过程是类似的[34]。对于任意形状的单细胞来说，外电场诱导作用下该细胞的跨膜电压 $\Delta \varphi m$ 如式(6-9)所示[35]：

$$\Delta \varphi m(t) = f \cdot R \cdot E(t) \cdot \cos \theta \left(1 - e^{-\frac{t}{\tau}} \right) \tag{6-9}$$

式中，t 表示实际作用时间；e 表示自然对数的底数；f 表示细胞的形状系数；R 表示细胞半径；$E(t)$ 表示外加电场强度；θ 表示膜上任意一点到细胞中心与电场的夹角；τ 表示膜的充电时间常数。

在式(6-9)中，若将细胞形状简化为球形时，f 系数取 1.5。当脉冲宽度远大于膜的充电时间常数 τ 时，趋近于 1，则式(6-9)变为

$$\Delta \varphi m(t) = 1.5 \cdot R \cdot E(t) \cdot \cos \theta \tag{6-10}$$

从式(6-10)中可看出，球形细胞的跨膜电压与细胞大小和外加电场强度成正比。

电场作用生物组织后造成细胞电穿孔或细胞不可逆的损坏，增加了细胞的通透性，这有利于物料精深加工时水分等物质的传输，因此脉冲电场在食品生产行业中被广泛应用于提高含水物料的干燥和脱水速度等[36-38]。

6.2.3.5　离子风效应

在针-板组成的电极系统中，施加高强电场后，由于针电极尖端附近的电场强度很大，空气中散存的带电粒子(如电子或离子)在这种强电场的作用下做加速运动时就能获得足够大的能量，以至于它们与空气分子碰撞时能使空气离解成电子和离子。这些新的电子和离子与其他空气分子相碰撞，又能产生新的带电粒子，于是就能产生大量的带电粒子。因此，与尖端上电荷异号的带电粒子受尖端电荷的吸引，飞向尖端，使尖端上的电荷被中和；与尖端上电荷同号的带电粒子受到排斥而从尖端附近飞开，从而形成尖端放电现象，如图 6-11 所示，以负电晕电场为例。

这样由于不均匀电场的作用，负离子以一定的速度离开针状电极向接地电极运动。负离子运动过程中，与附近区域的其他气体分子发生碰撞，带动其他分子一起定向运动形成具有一定速度的离子气流。由于该离子气流的冲击作用，物料

表面水分加快蒸发，此时物料内部水分向表面的移动速度也加快，因此加快了物料的干燥速率。例如，Li 等[39]利用针-板组成的电极系统，在 105℃下进行了豆渣的干燥试验，发现在干燥的初始阶段，电场干燥速率是对照组的 2 倍左右，可缩短约 25%的干燥时间。后来又以蒸馏水为干燥对象，发现当电压不变时，存在一个最佳电极距离使得蒸馏水的蒸发速率最大[40]。

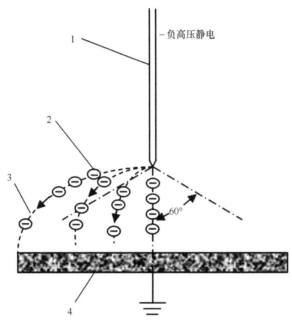

图 6-11　针-板电极系统电晕放电原理示意图[15]
1. 针状电极；2. 负离子；3. 电力线；4. 接地电极

　　由上可知，电晕放电型电场干燥过程中存在离子风。离子风是电晕放电过程中特有的现象，一般也称为"电晕风"，是放电过程中电子雪崩引起的高速离子射流流动。在高强电场的作用下，针极板发生尖端放电现象，与针尖电性相反的离子发生定向运动，形成离子风，且针尖正下方离子气流强度最大，导致水分蒸发和质能传热增强[41, 42]。通过对比分析针状电极下豆腐加玻璃罩与不加罩的干燥速率，试验装置示意图如图 6-12 所示，证明提高豆腐干燥速率的根本原因是电场所生成的离子气流，换句话说，离子风对豆腐的冲击作用是导致其干燥速率增加的主要原因，而不是电场的牵引作用力[19]。

　　此外，研究通过在马铃薯片上层是否添加云母片这一绝缘材料探究了电场作用对马铃薯片的干燥效果，干燥实验装置示意图如图 6-13 所示。研究发现在针状电极正下方的马铃薯片上加上云母片后，其水分蒸发量低于未加云母片的，且未加云母片马铃薯片的水分蒸发量是加上云母片的 3 倍左右，而加上云母片的水分蒸发量是对照的 1.6 倍左右，这也说明在针-板电极形成的电场中，马铃薯片除了受到电场的作用外还受到离子风的作用[43]。

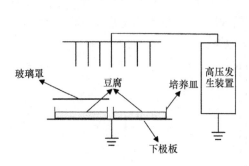

图 6-12　豆腐加玻璃罩与不加玻璃罩对比
实验示意图[19]

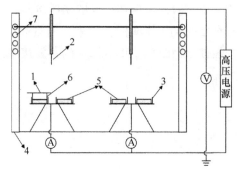

图 6-13　马铃薯添加云母片干燥的实验
装置示意图[43]

1. 云母片；2. 针状电极；3. 培养皿；4. 实验架；5. 马铃薯片；6. 马铃薯片与云母片距离；7. 调节高度用的孔架；A. 微安电流表；V. 高压电压表

当然，在电场干燥过程中，采用更高的电压，针状电极会产生更剧烈的尖端放电现象，在空气中形成更多离子，增强离子风的作用效果，降低待干燥物料上方的空气湿度，使物料表面空气湿度梯度升高，提高了传质增强因子。因此，物料的干燥速率会随着电压的升高而加快。

6.2.4　电场在食品物料干燥中的应用

内蒙古大学农业物理工程技术研究中心在梁运章教授的领导下，早在 20 世纪 90 年代发明了高压电场干燥设备及技术，已经部分实现了产业化[44]。

传统的热风干燥方法会导致食品物料的热伤害，严重影响食品质地、颜色、香气成分及营养价值，而冷冻干燥虽然保证了食品的质构特性，但成本较高，不适合普通食品的干燥生产。电场干燥技术作为一种新型的干燥技术，以独特的常温干燥特性，对物料的色泽、营养成分、状态等具有良好的保持作用；而其设备造价较低的优点使其更容易产业化[45]。因此，应大力推行电场干燥在农业发展方面的普及与应用，助力于推动农业科技的前进脚步[46]。

6.2.4.1　液体物料的浓缩干燥

目前高压电场技术已应用于多种液体物料的浓缩干燥中，包括自来水、葡萄糖酸钠溶液、猪胆汁、生物活性酶浆、免疫初乳乳清等。例如，孙剑锋等[47]利用单针电极高压电场及多针电极高压电场研究了蒸馏水的蒸发速度，如图 6-14 所示，发现当上电极为 2 个针电极时，随着 2 个针电极之间距离变大，电场下蒸馏水的蒸发速率也加快，并且比上电极为单针电极时电场下蒸馏水的蒸发速率高 10%～25%，是对照的 4.8～5.4 倍。如图 6-15 所示，当上电极为 3 个针电极时，随着 3 个针电极之间距离变大，电场下蒸馏水的蒸发速率也加快，并且比上电极为单针电极时电场下蒸馏水蒸发速率高 30%～35%，是对照的 3.4～3.8 倍。通过对上电极为 2 个和 3 个针电极时电场下蒸馏水的蒸发试验，发现上电极为多个针电极时，电场下蒸馏水的蒸发速率比上电极为单针电极时的蒸发速率要快，但并不是随着针的倍数增长而成倍增长；当上电极为多个针电极时，随着针电极之间距离变大，电场促进蒸馏水的蒸发速率也有变大的趋势，这说明针电极之间距离越大，它们形成的电场之间的相互影响越小。

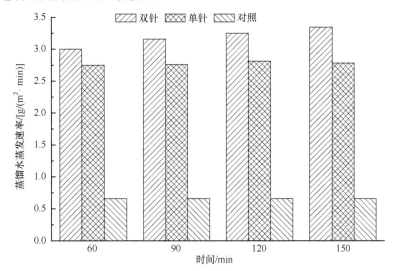

图 6-14　上电极分别为 2 个针电极、单针电极和对照在试验条件下蒸馏水的蒸发速率[47]
温度为 26℃；湿度为 65%

Barthakur 等[48]利用针-板电极系统，电极之间的距离为 30 mm，所加电压为 5250 V，在此种电场下进行了不同浓度（5%、10%、15%、20%）NaCl 溶液的蒸发试验（室温 25℃，湿度 42%），发现各种浓度 NaCl 溶液的蒸发速率是对照溶液蒸发速率的 3.5～3.9 倍，在施加电场的试样中更容易形成食盐结晶，同时也发现电场下试样温度比对照组的低 5℃。此外，Xue 等[49]对 20%的乳清蛋白溶液在高压电场作用下和不同温度的烘箱中进行了对比干燥试验，并用电泳、差示扫描量热仪和色差计测量了干燥后的有关参数，发现电场干燥的乳清蛋白的性质和在普通环境条件下干燥后的乳清蛋白的性质没有差别。

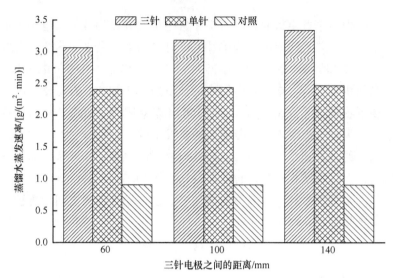

图 6-15　上电极分别为 3 个针电极、单针电极和对照在试验条件下蒸馏水的蒸发速率[47]
温度为 26℃；湿度为 65%；3 针成等边三角形排列

6.2.4.2　农作物种子的干燥脱水

优良的种子是发展现代农业的一个重要前提，为了避免种子在贮藏过程中发生霉变，种子水分含量必须降至安全水分含量以下，因此干燥是种子加工的必需环节。作为种子，有其特定的质量要求，发芽率则是其中最重要的一项指标。种子干燥必须保证种子所要求的发芽率。传统的干燥方法是自然晾晒或热风干燥，其缺点是：①易受自然条件影响；②温升易破坏种子活性；③速度慢、耗能多等。而利用高压电场干燥作物种子，不仅可以保护种子活性、耗能低、不污染空气、干燥均匀，而且还可杀灭细菌、保证物料不升温等。例如，Cao 等[50]利用图 6-16

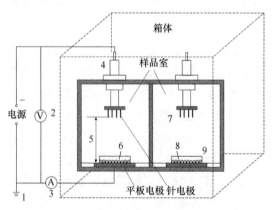

图 6-16　高压电场处理装置示意图[50]

1. 接地；2. 伏特表；3. 安培表；4. 高度调节杆；5. 放电距离；6. 种子；7. 虚拟电极；8. 对照种子；9. 玻璃皿

所示装置研究了高压电场对糙米干燥及糙米开裂和发芽率的影响，发现经电场处理后糙米的干燥速率得到显著提高，干燥速率随电场强度的提高而提高，随放电距离的增加而减小，如图 6-17 和图 6-18 所示；在 25℃、40℃和 50℃干燥温度下干燥速率分别提高了 2.83 倍、1.59 倍和 1.63 倍，如图 6-19 所示，且干燥速率符合指数模型，同时在较低温度下加快干燥的同时基本上对糙米开裂和发芽率无较大影响。

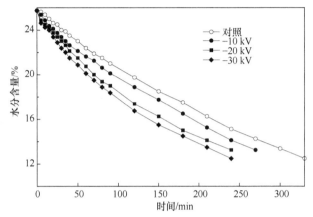

图 6-17　不同电压对糙米干燥特性的影响[50]

温度 40℃；放电距离 45 mm

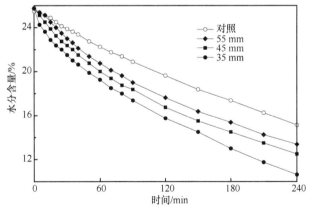

图 6-18　不同放电距离对糙米干燥特性的影响[50]

温度 40℃；电压−30 kV

Cao 等[51]利用图 6-16 所示装置研究了高压电场对小麦干燥特性的影响，发现相对于空气干燥法，应用电场强度为 10 kV/cm、7.5 kV/cm 和 5.0 kV/cm 的高压电场干燥，小麦的平均干燥速率分别提高了 2.1 倍、2.0 倍和 1.7 倍，且干燥过程是在一个较低的温度下进行的(不高于 35℃)，干燥速率随着电压的升高而提高，随着放电间隙的减小而提高，由于电流是微安级，所以整个干燥过程耗电量非常低。

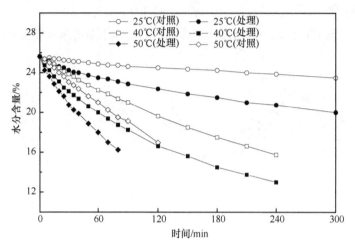

图 6-19 不同处理温度对糙米干燥特性的影响[50]

放电距离 45 mm；电压−30 kV

Basiry 等[52]利用直流高压电干燥油菜籽,所采用的装置示意图如图 6-20 所示,发现高压电场对油菜籽的干燥速率有显著影响,分别在电压为 8 kV、9 kV、10 kV 的强度下处理 270 min,其干燥速率分别提升 1.78 倍、2.11 倍、2.34 倍,干燥速率随着电压的增加而增加, 如图 6-21 所示。

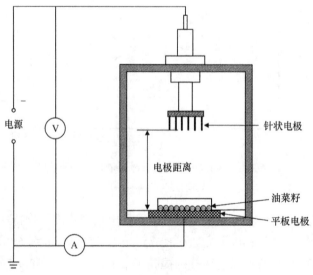

图 6-20 高压电场处理示意图[52]

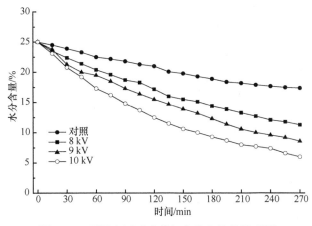

图 6-21　不同电压对油菜籽水分含量的影响[52]

6.2.4.3　果蔬的干燥脱水

目前蔬菜脱水普遍采用的方法是热风干燥，物料温度可达 80～90℃；随着温度的升高，维生素 C 和维生素 A 损失很高，糖分损失随温度升高、时间延长而增加，色素变化也很严重。目前为了保持热敏物料的品质，最直接和简单的方法是真空冷冻干燥等，但是干燥设备价格相对较高。因此，干燥的经济性和产品质量之间存在很大的矛盾，如何以低能耗和低成本获得优质的脱水干燥产品，是当前干燥研究中急需研究和解决的问题，也是干燥技术研究和发展中的一大挑战[53]。和常规干燥方式相比，高压电场干燥属于新型干燥技术，有望解决热敏物料的干燥问题，并且干燥过程温升小。

1994 年，Chen 等[54]首次将高压电场应用于新鲜果蔬的干燥中，之后，越来越多的文献报道了各种果蔬类的高压电场干燥效果。例如，那日等[55]利用电场对热敏性物料西洋参、金霉素、胡萝卜片等进行了干燥试验，发现施加电场后，干燥时间可缩短一半，且有效成分保存较好，色泽变化较小。刘振宇等[56]在高压脉冲电场预处理苹果对流干燥试验中，发现经电场预处理的苹果样品平均脱水率比未处理的要高。

Rahaman 等[57]以新鲜李子为研究对象，利用图 6-6 所示的脉冲电场设备探究了脉冲电场对李子干燥动力学、传质效率、产品色泽和微结构的影响，结果发现当电场强度逐渐增加为 3 kV/cm 时，组织细胞瓦解率也增加，达到 0.57%，如图 6-22 所示，进而增加了产品的干燥速率和失水率，减少了干燥时间。而且 Fick 扩散模型能很好地拟合产品的干燥过程，同一温度下，随着电场强度的增加，水分扩散系数也增加。此外，表 6-1 列举了当前高压电场干燥技术在果蔬中的部分应用实例。

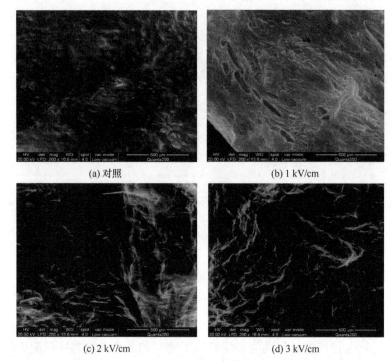

(a) 对照　　　　　　　　　　　　　(b) 1 kV/cm

(c) 2 kV/cm　　　　　　　　　　　(d) 3 kV/cm

图 6-22　不同电场条件下干燥李子的扫描电镜图

表 6-1　高压电场干燥果蔬的部分实例

序号	果蔬种类	电极形式	电场条件	干燥效果	参考文献
1	鲜胡萝卜条 (3 mm×5 mm)	针-板电极	物料温度 36～40℃； 电压 35 kV	与热风干燥相比，更具新鲜本色， 干燥时间缩短 43.3%，胡萝卜素 含量保留率提高 10.86%，平均 复水性提高 11.7%	[58]
2	新鲜甘薯片 (厚度 5 mm)	直径 6.5 cm 的圆形不锈 钢平板，电 极间距为 3.6 cm	指数衰减波形，脉冲频率 1 Hz，脉宽 400 μs，脉冲数 50 个，电场强度 1 kV/cm	与直接渗透脱水相比，渗透脱水 率提高 9.63%，达 12.997%	[59]
3	芸豆角	针-板电极	物料温度(40±1)℃；干燥 风速 0.5 m/s；电压 34 kV	与相同状态下无电压的干燥速率 相比，提升了 1.75 倍，与 65℃ 热风干燥的速率接近，但复水率 提高 21.41%，颜色更具新鲜本色	[60]
4	枸杞鲜果	针-板电极	物料温度(25±2)℃；相对 湿度(30±5)%；风速 0 m/s；电压 40～45 kV	产品比日晒和热风干燥的颜色鲜 红、均匀，枸杞多糖和维生素 C 含量分别比热风干燥的提高 11.93%和 1.7%	[61]

续表

序号	果蔬种类	电极形式	电场条件	干燥效果	参考文献
5	水晶白萝卜块 (10 mm×20 mm× 20 mm)	边长 20 mm 方形不锈钢 平板	单级矩形波，电场强度 1420 V/cm，处理时间 110 μs，脉冲数 30 个	与 80℃热风干燥相比，干燥 速率提高 40%	[62]
6	鲜甘薯矩形块 (厚度 5 mm)	直径 6.5 cm 的圆形不锈 钢平板	电场强度 1.0 kV/cm， 脉冲数 50 个(或电场 强度 2.0 kV/cm，脉冲 数 70 个)，热风温度 60℃，风速 1 m/s	处理效果较好，提高了热风 干燥过程中失水率和失水速率	[63]
7	鲜春笋矩形块 (厚度 3 mm)	直径 6.5 cm 的圆形不锈 钢平板	电场强度 1.0 kV/cm，脉 冲数 50 个，热风温度 60℃，风速 1 m/s	处理效果较好，提高了细胞膜 通透性，提高了热风干燥过程 中失水率和失水速率	[63]
8	鲜梨 (直径 13 mm、 厚度 5 mm)	边长 20 mm 方形不锈钢 平板	单级矩形波，电场强度 1000 V/cm，脉冲宽度 60 μs，脉冲数 15 个	果肉组织的模量值最高，胞隙增 大，细胞内液渗透压下降，质壁 结构松散	[64]
9	鲜苹果片 (直径 28 mm、 厚度 8.5 mm)	直径 2.9 cm 的圆形不锈 钢平板	单级矩形波，电场强度 900 V/cm，持续处理 时间 0.75 s，平均能量 输入 14.5 kJ/kg	加速苹果片的渗透脱水，处理过 的较未处理过的苹果样品有较 高的失水率和固形物含量，且对 失水率的影响较大	[65]
10	鲜菠菜 (长度 86 mm、 厚度 1 mm)	多针-盘 电极	电压 430 kV/m	去除菠菜体内总水分的 80.1%， 而在烘箱(60℃)与环境温度 (25℃)下菠菜去除的水分分别 为 79.8%和 19.3%，且色泽保持 较好，其中叶绿素 a 的含量为烘 干的 1.59 倍，叶绿色 b 的含量 为烘干的 1.44 倍	[66]
11	鲜日本萝卜片 (厚度 2 mm)	多针-盘 电极	电压 430 kV/m	复水能力比传统方法干燥后的 强，体积收缩率较小，且颜色 保持较好	[67]
12	鲜苹果片 (直径 86 mm、 厚度 2~3 mm)	线-板电极	环境温度 25℃，湿度 35%，电压 470 kV/m	干燥速率随电压提高而明显 提高	[68]
13	鲜胡萝卜片 (直径 24 mm、 厚度 10 mm)	直径 3 cm 的圆形不锈 钢平板	电场强度 600 V/cm， 持续处理时间 0.05 s	提高渗透脱水过程中的失水率 和固形物含量，增强复水能力	[69]
14	苹果方块 (15 cm×15 cm× 1 cm)	线-板电极	电压 16 kV，空气流速 0.3 m/s	与空气流速为 1.0~2.0 m/s 的 对流干燥具有相同的干燥速率	[70]
15	鲜李子片 (直径 35 mm、 厚度 5 mm)	圆形不锈钢 平板	电场强度 3000 V/cm， 脉冲数 30 个	比对照的失水率提高 28%	[57]

综上可知，电场预处理果蔬的干燥脱水技术，可实现提高果蔬脱水速率的目的，从而缩短干燥加工时间，提高果蔬干燥速率。

6.2.4.4　肉类制品的干燥脱水

肉干是我国传统肉制品的典型代表，因其风味独特、食用方便、便于携带和耐贮藏而深受消费者的喜爱。传统肉干制品在生产中多采用风干或热风来脱水，经热风干燥的产品，质地较硬，色泽发暗，营养成分损失较大，且质量不够稳定，生产效率低下。而高压电场干燥技术具有能耗低、不污染环境、干燥均匀、被干燥物质温升小，且不破坏被干燥物质的有效成分，在干燥的同时还可杀灭存在于其中的细菌等诸多优点，在鱼类、畜禽类等肉制品的干燥脱水中得到越来越广泛的应用。例如，白亚乡等[71]利用图 6-2 所示试验装置，探讨了高压电场对斑鳠鱼的干燥效果，发现场强增大，其干燥速率就会更快，40℃、电压为 33 kV 的条件下，其干燥速率较相同状态下无外加电场时提高 40%，与 66℃热风干燥的速率接近，但产品比热风干燥的收缩率小 3.44%、复水率高 3.85%，且色泽及平整程度等也均优于热风干燥。丁昌江等[72]利用针-板电极组成的高压电场探讨了不同形状电极的高压电场对熟牛肉干燥的影响，发现高压电场能够提高牛肉的干燥速率，且干燥速率随电压升高而升高，针状电极的干燥速率大于平板电极。

6.2.4.5　其他农业物料的干燥脱水

除了前面已经提及的各种食品物料，高压电场在其他农业物料的干燥脱水方面也有一些应用，如木材、胶体等。例如，李里特等[73]利用类似图 6-1 所示试验装置，在 25℃、相对湿度 60%、周围风速为 0 m/s 的环境下，在针-板电极系统的电场中探究 1%的琼脂凝胶的干燥效果，结果如图 6-23 和图 6-24 所示，发现电场可使凝胶的干燥速率明显加快，水分的蒸发速率随电场强度增大而线性升高。

类似地，王妮妮等[74]用自制的高压静电干燥装置，对两种木材(桐木、松木)进行干燥试验研究，发现静电场能明显加快木材内部水分迁移速率，电场下的干燥速率是自然干燥的 3～5 倍，且干燥速率随电场强度的增强而提高。此外，杨军等[75]采用高压电场干燥设备与其他两种常规干燥设备(热风烘箱和流化床)对真菌干燥后的品质进行对比，发现高压电场干燥所得样品的外观颜色很好，能耗比其他两种干燥方法低 50%～85%，且 3 种干燥方法所得样品的酸价相当，说明 3 种干燥方法对干燥后得到的微生物油脂的酸价影响均不明显，但高压电场干燥比其他两种方法能更有效地保留有效成分花生四烯酸不受损失。

Carlon 等[76]利用两个直径为 6 cm、相距 2 cm 的铜板水平放置做电极系统，其中一个接地，另一个接交流电，所加电压范围为 0～14 kV，在此电场下进行了

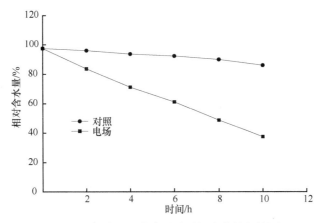

图 6-23　凝胶相对含水量随时间变化的规律[73]

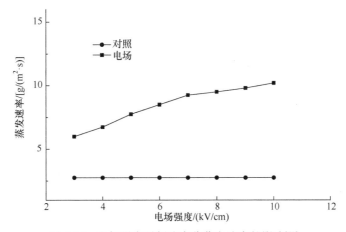

图 6-24　电场强度对凝胶水分蒸发速率的影响[73]

湿滤纸的干燥试验(室温 25℃，湿度 50%)，发现干燥速率随着电场强度的增大而增大(0 V 时除外)，而且干燥时间缩短了大约 6 倍。另外，顾平道等[77]针对转轮除湿再生系统存在的一个能耗高的问题，尝试将高压电场干燥技术应用到其中，发现高压电场干燥技术适用于再生系统快速脱除水分，同时能降低再生后空气温度，一般加热器再生空气的耗能会占整机能耗的 90%～95%，而高压电场脱除水分可节能 30%～40%。

6.2.4.6　与其他干燥技术的联合应用

综上所述，在高压电场干燥过程中，食品物料的脱水速率较大多数干燥方法明显加快，并且还可以与其他干燥方法(如热风干燥、对流干燥、真空干燥、微波干燥、远红外干燥等)进行联合，发挥协同增效作用，从而大幅提升干燥速率[78]。Dinani 等[79]在热风-高压电场干燥系统中进行试验研究，发现增加电压、减小电极间距均有利于蘑菇片体积密度和剪切强度的减小，孔隙率和水分吸收能力增加。黄小丽等[80]利用自行设计和制造的高压脉冲电场处理装置，探索了脉冲电场预处理对马铃薯微波干燥特性的影响，发现脉冲频率较电场强度对马铃薯微波干燥时间有更大的影响，经 40 Hz、1.5 kV/cm 的脉冲电场预处理可使马铃薯微波干燥的时间减少 23%。

Sriariyakul 等[81]通过将热风与远红外辐射和高压电场结合，探讨了几种不同结合干燥处理方式对芦荟原浆干燥过程的影响，结果发现高压电场只对低空气流速下的干燥动力学有显著的效果。Martynenko 等[82]将高压电场干燥与对流结合对苹果片进行干燥，发现高压电场干燥-对流组合对苹果片水分的排出比单独使用电场更有效，且干燥速率最显著的是高电压和低空气流速组合，与 Sriariyakul 等的结论吻合。类似地，Dinani 等[83-85]将对流-静电场应用在蘑菇片的干燥中，发现蘑菇片在更高的电压和低空气流速下的干燥速率、复水率较高，干燥后水分含量较低，且发现电压对有效扩散系数有很大影响。白亚乡等[86]将高压电场与热风干燥复合对海米进行干燥，发现 35 kV 的高压电场与 45℃的热风组合时，干燥时间比同温下单纯热风干燥缩短 50%，能耗降低 51.9%，干燥速率与 80℃单纯热风干燥相近。

6.2.5　电场作用下食品物料的干燥特性

许多研究表明，高压电场作用下物料的干燥过程符合一定的规律，干燥特性曲线涉及一些常见的数学模型。例如，Chen 等[54]利用针-板组成的高压电场在没有外加热源的条件下对马铃薯片进行了干燥试验，发现电场作用下马铃薯片的干燥过程不服从 Fick 扩散模型，而是服从 Smirnov 和 Lysenko 模型，即干燥加速度与干燥速度之比是时间的函数。王庆惠等[87]试验研究了热风以及高压电场下杏子的干燥特性，发现增大风速或升高温度都可使干燥速率加快，且通过拟合发现，Weibull 函数适用于杏子的干燥模型。Li 等[88]用 Page 模型对电场干燥豆腐渣的数据进行模拟，发现模型中的参数和电压极显著相关。Bai 等[89]用多个数学模型对薄层鱼肉的高压电场干燥数据进行模拟，发现 Quadratic 模型比较适合。丁昌江等[90]以 Weibull 分布函数和均方根误差、建模效率等统计参数对高压电场干燥熟牛肉的干燥数据进行了模拟和分析，同时基于 Fick 第二定律对高压电场干燥过程中熟牛肉的水分扩散系数进行了研究；发现 Weibull 模型比较适合薄层熟牛肉的高压电场干燥特性曲线的拟合分析。

此外，刘振宇等[91]应用 BP 神经网络 L-M 训练法分析了高压电场干燥处理参数与不同时间段干燥速率之间的关系，确定了高压电场干燥参数与不同时间段干燥速率之间的因果关系，建立了白萝卜和苹果预处理干燥的 BP 神经网络仿真模型,并与实测值进行对比,用 BP 神经网络预测的干燥速率接近实测结果,具有较好的估计效果。

6.2.6 电场强化干燥技术的优势及需要改进之处

6.2.6.1 优势

电场干燥为一种新的干燥技术,被干燥物温升小,能够实现物料在较低温度范围下进行干燥(25~40℃),在此温度范围内进行干燥,可避免物料中不饱和脂肪酸的氧化,减少蛋白质受热变性、变形、变色和呈味类物质的损失[71]。另外,在有限温度区域内,相同的温度环境,电场干燥比热风干燥的干燥速率明显加大,并且还可以和热风干燥、真空干燥、微波干燥等联合使用,进而加快干燥速率。例如,Tedjo 等[92]研究了芒果脱水过程中水和固形物的扩散特性,并比较了高压电场、高静压、超临界二氧化碳法等对芒果脱水率及化学、物理性质的影响,发现电场处理较其他方法有更高的失水率和复水率。Ade-Omowaye 等[93]研究比较了高压电场、冷冻、对流空气对红辣椒渗透脱水的影响,与冷冻方法相比,高压电场处理基本不改变植物细胞基体结构,而且维生素 C 的损失最小。此外,电场干燥往往伴随着臭氧的产生,而臭氧具有很强的杀菌能力,因此电场干燥还具有一定的保洁性[24]。

6.2.6.2 需要改进之处

影响电场干燥效率的主要因素,如电压、温度、上下电极间距、针间距以及面积等仍需要进一步研究,并需要根据食品物料的实际干燥情况确定合适的参数值,以便根据不同的干燥物料来合理调整干燥工况,使干燥效果达到最佳水平。另外,电场干燥在实际生产中与常规干燥方式一样,存在如何建立与完善干燥模型的问题,以利于增加该设备干燥物料的种类。

6.3 电场强化浸渍

6.3.1 传统浸渍方法

浸渍是红葡萄酒酿造工艺中极其重要的一部分,是指葡萄酒的构成物经过溶解或溶质扩散从葡萄中提取出来的过程。这一过程受到果实构成、果实破碎程度、温度、时间等因素的影响,不同条件下提取率、提取物构成各不相同[94]。合理的浸渍,能将优良原料的潜在质量在葡萄酒中经济完美地表现出来,也能将较差原料的缺陷尽量修饰和掩盖。国内外葡萄酒酿造从业者对浸渍的研究较为宽泛,涉及热浸渍、低温浸渍、二氧化碳浸渍等,以及将各种浸渍联合应用,以期提升所酿酒的口感、香气、颜色、贮藏能力等[95]。

低温浸渍通常是为使红葡萄酒获得更优雅浓郁的果香[96],将破碎后的葡萄醪在低于 10℃ 条件下浸渍提取后再接种发酵的一种工艺方法。低温浸渍处理起源于法国勃艮第地区[97],是目前实际生产葡萄酒所采用的主要前处理工艺。研究表明,低温浸渍不利于主要花色苷浸提,但有利于黄酮类物质浸提,黄酮类物质可促进花色苷稳定,进而间接提高成品酒的色度[98],并具有在陈酿过程中保持颜色稳定的优势[99]。低温浸渍对葡萄酒色度的影响,主要是通过提高辅色素等非呈色多酚来实现的[100]。通过延长低温浸渍时间,可促使果皮中芳香物质的萃取,进而促进含香气物质的结合态糖苷酸解,最终提高'赤霞珠'等酿酒葡萄成品酒的香气物质含量[101]。在工业化生产条件下,'赤霞珠'葡萄品种经低温浸渍处理,可提高脂质物质含量,降低部分高级醇含量,提高成品酒香气品质[102]。此外,采用低温浸渍法处理蓝莓鲜果后再发酵成果酒,与传统发酵方法相比更有利于果皮中多酚类物质的浸出。刘奔等[103]采用低温浸渍处理技术酿造的蓝莓果酒酚类浸出物含量明显高于采用传统浸渍法的含量,色泽诱人,呈深宝石红色,酒体协调,且带有浓郁的玫瑰花香。

低温浸渍法中使用最广泛的是二氧化碳浸渍。二氧化碳浸渍的渊源可以追溯到 19 世纪法国著名微生物学家 Pasteur,而真正形成系统应用推广的人是 1935 年法国的 Flanzy[104]。二氧化碳浸渍法是将整粒浆果置于充满二氧化碳的密闭容器中,浆果细胞内进行发酵和浸渍作用,包括酒精和挥发性物质的形成、苹果酸的转化、蛋白质和果胶质的水解以及液泡物质的扩散、多酚类物质的溶解等,浸渍结束后破碎进行酒精后发酵的酿造[105]。与传统酿造相比,二氧化碳浸渍法香气物质种类相差不大,但香气物质含量有较大的差异[106]。例如,通过二氧化碳浸渍法获得的果酒中酯类和萜烯类物质含量高于传统方法,酒香更为独特。

相对于低温浸渍法,热浸渍法是指将红葡萄原料加热至 70℃ 以上浸渍 30～40 min,随后冷却至适宜温度,开始酒精发酵的前处理工艺。由于高温破坏了葡萄浆果细胞结构,细胞内水溶性的单宁和花青素等溶入葡萄醪,因此就整体而言,热处理可提高成品酒总酚含量[107]。高温还可破坏葡萄原料中来自霉菌的氧化酶系,防止葡萄醪氧化,进而可降低二氧化硫使用量,符合现代人们对绿色健康饮品的追求理念[108]。此外,采用热浸渍法处理蓝莓鲜果不仅提高了出汁率,还加速了花色苷的溶出。例如,包怡红等[109]利用热浸渍和果胶酶协同处理蓝莓鲜果,在 60℃ 条件下热浸渍 30 min 后,添加 0.21%果胶酶,在 44.72℃ 的温度下酶解 2.38 h,蓝莓出汁率大大提高。

6.3.2　强化浸渍的新型技术

传统浸渍方法加工时间较长,例如,传统糖渍生产过程一般需要 15 d 左右[110]。由于大多数原料表皮结构致密,甚至有蜡质层而不利于浸渍,强化浸渍首要解决的问题是提高果皮的通透性。目前常用人工法进行破壁,不仅效率低,且工序烦琐。因此为了缩短浸渍加工时间,真空浸渍法[111]、脉动压力法[112]和辅助超声波法[113]、脉冲电场等新型辅助浸渍技术应运而生。

研究表明,由于带电溶质在电场力的驱动下会发生了大规模的迁移运动[114],浸渍溶液形成离子电流,加速了浸渍处理进程[115]。因此,果蔬经过脉冲电场后,果蔬组织细胞膜的通透性增强,加速了离子在组织中的浸渍[116]。例如,López 等[117]用 5 kV 或 10 kV/cm 场强、75～100 MHz 的单极脉冲电场处理葡萄醪,发现发酵后果皮浸渍的时间缩短,使成品酒的色度、花色苷含量、总酚含量有所提高,并且不改变成品酒的颜色和其他成分。接下来 López 等[118]又通过研究经脉冲电场处理后葡萄醪与传统浸渍葡萄醪之间多酚组分含量,发现经脉冲场处理后,浸渍时间可缩短为 72～268 h。

6.3.3　电场强化浸渍的基本原理及常用实验装置

6.3.3.1　高压电场强化浸渍的基本原理

1) 改变组织细胞膜的通透性

生物组织的细胞破壁状况直接影响目标产物的提取率,传统的破壁方法有物理法、化学法和生物法[119]。脉冲电场破壁是利用瞬间脉冲高压电穿孔原理使细胞膜电位混乱,改变其通透性,使细胞内活性组分在细胞膜可逆与不可逆的破坏过程中回收的提取技术[120]。生物组织中的极性物质在电场作用下高速向电极方向运动,造成细胞膜电位混乱,细胞壁和细胞膜发生可逆或不可逆的破坏,从而使细胞内组分流出[121]。大量研究表明,脉冲电场能显著提高蔗糖等目标产物的浸出率[122-129]。

脉冲电场破壁的优势在于:生产成本低廉;预处理简单省时;处理过程产生的热能少;可连续处理,处理量大;后处理简单方便,胞内物质释放的同时不会产生细胞碎片,脉冲电场处理后通过离心就可以很方便地去除细胞残余物,处理过程没有任何污染[130]。

另外,在生物组织外部施加电场会改变细胞膜原有的电位差,造成细胞膜产生局部电击穿,改变了细胞膜通透性,从而加速盐离子进入组织细胞内[131, 132]。例如,Janositz 等[133]通过对马铃薯组织进行脉冲电场处理,发现脉冲电场可有效地促进马铃薯组织对盐离子的摄取。Yang 等[134]通过研究电场对鲜切苹果钙含量的影响，发现随着施加电压的增大，浸渍在 $CaCl_2$ 溶液中苹果的 Ca^{2+} 含量随之提高。Jin 等[135]利用感应的方法发现在盐渍黄瓜汁液中有明显的离子传导加剧现象，而新鲜的黄瓜汁液中无此现象，说明体系中的交变电场"推动"带电离子做往复运动。

　　2) 提高传质效率

　　从传质角度讲，电场强化浸渍主要通过三种途径[136]：①产生小尺寸的振荡液滴，增大传质比表面；②促进小尺寸液滴内部产生内循环，强化分散相液滴内传质系数；③分散相通过连续相时，电场加速作用提高了界面剪应力，增强了连续相的膜传质系数。在电场加工过程中，温度和电场强度是提升反应体系传质效率的主要因素，两者均通过增加对介质的能量输入来提高传质效率[137]。

　　Jemai 等[138]通过研究脉冲电场对苹果片中可溶性物质扩散系数的影响，认为脉冲电场可以使细胞膜产生电穿孔和电质壁分离，有效增加自由离子在果蔬组织内的扩散系数。而 McDonnell 等[139]通过研究脉冲电场对腌制猪肉腌渍速率的影响，发现较低的频率和较高的脉冲数可以加速盐离子在猪肉中的迁移速率。脉冲电场辅助浸渍时，交变的电场可使含有大量带电离子的浸渍液中产生离子电流，进一步加速其在植物组织中的渗透和扩散，且电压越大，频率越小，带电离子在植物组织中的扩散速率越高[140]。Kusnadi 等[141]通过对浸渍在盐溶液中的植物组织施加脉冲电场，发现脉冲电场可加速盐离子向植物组织的传质和扩散，同时扩散系数随着电场强度的增加而增加。

　　6.3.3.2　电场强化浸渍的常用装置

　　目前实验室常见的高压电场浸提系统如图 6-6 和图 6-25 所示。

6.3.4　电场强化浸渍的应用实例

　　6.3.4.1　果蔬加工

　　2004 年，Lebovka 等[142]发现，脉冲电场处理能够使果蔬组织细胞的细胞膜破裂，促进细胞内汁液流出；同时脉冲电场结合加热预处理能够更显著地软化果蔬组织，利于榨汁。2005 年，Chalermchat 等[143]研究了脉冲电场处理对马铃薯组织结构的影响，发现经脉冲电场处理的样品黏弹性发生变化，可降低榨汁过程中所需的压力；0.68 kV/cm 的脉冲电场处理后样品出汁率是未处理样品的 2 倍，同时出汁率在很大程度上受马铃薯特性和加压速度的影响，缓慢施压时出汁率较高。Jemai 等[144]研究了脉冲电场辅助甜菜丝冷榨汁的效果，发现脉冲电场处理可使榨汁率从 29% 提高到 80%，同时脉冲电场辅助榨汁得到的果汁纯度更高。Grimi 等[145]研究脉冲电场辅助处理对胡萝卜切片榨汁的影响，得到了相似的结论，即脉冲电

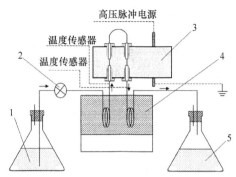

图 6-25　高压电场浸提系统示意图[141]

1. 未处理样品；2. 泵；3. 处理室；4. 恒温水浴；5. 处理后样品；箭头方向为样品流动方向

场前处理有利于提高榨汁率和果汁的纯度。Praporscic 等[146]应用 0.25～1 kV/cm 的电场强度对白葡萄榨汁进行前处理，使其出汁率从 49%～54%提高至 76%～78%。Eshtiaghi 等[147]在研究脉冲电场预处理对甜菜榨汁的影响中，先将甜菜切成大块，经脉冲电场(2.4 kV/cm、1 Hz、20 μs)预处理后，再切成 5～10 cm 的 V 型条，最后在液压为 2530 MPa 的条件下进行压榨提取，发现脉冲电场预处理可显著提高甜菜汁产率。由此可见，脉冲电场预处理在提高果蔬出汁率与果汁纯度方面有显著的效果。

此外，华南理工大学曾新安教授团队以金橘为对象，探讨了脉冲电场处理对金橘糖浸渍速率的影响，并优化了处理工艺，发现当脉冲数 40 个、处理次数 4 次、电场强度 1.5 kV/cm 时，金橘浸糖速率达到 1.66%/d，比传统工艺提高 78.49%，且经预处理后浸渍第 3～4 d，金橘果内糖度就可达到 42%左右，与传统浸渍 11 d 的效果相当；经脉冲电场处理后，金橘表皮出现明显增多的孔洞，且表皮精油腔中细胞形状不规整，有明显裂痕，如图 6-26 和图 6-27 所示。这说明脉冲电场作为蜜饯生产的辅助手段，可使金橘表皮产生系列孔洞，提高表皮通透性，达到失水、浸糖平衡，从而加快浸糖速率。

6.3.4.2　酿酒

Leong 等[148]使用‘Pinot Noir’酿酒葡萄，对比了强场强处理、弱场强处理以及传统低温浸渍之间的区别和联系，发现经脉冲电场处理后，浸出率提高，但维生素 C 含量下降。López-Giral 等[149]使用横跨两个年份的 3 种酿酒葡萄(‘Graciano’、‘Tempranillo’和‘Grenache’)进行对比研究，发现脉冲电场处理可增加‘Tempraillo’花色苷含量，‘Grenache’中 2～3 种多酚物质含量提高，而对‘Graciano’来说，各种单项成分并没有显著提高，表明脉冲电场处理改变成品葡萄酒主要受葡萄品种的影响。

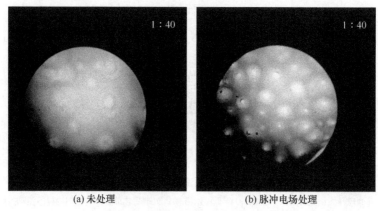

(a) 未处理　　　　　　　　　　　　　(b) 脉冲电场处理

图 6-26　脉冲电场处理前后金橘表皮切片的显微图像

处理条件为电场强度 1 kV/cm、脉冲数 10 个

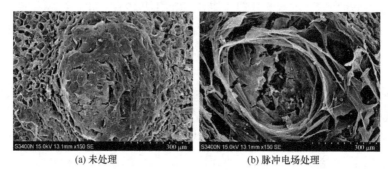

(a) 未处理　　　　　　　　　　　　　(b) 脉冲电场处理

图 6-27　脉冲电场处理前后金橘表皮油腔的扫描电镜图

处理条件为电场强度 1 kV/cm、脉冲数 10 个

6.3.4.3　益生菌富集

膳食健康日益受到关注，目前关于鲜切果蔬的功能性研究集中在矿物质和微量元素强化、抗氧化、抗褐变、涂膜、益生菌富集等领域。开发富含益生菌的功能性食品是当前研究的热点之一。益生菌特别是乳酸菌属可耐受较低的 pH 环境且菌体表面带正电。因此，可利用磁电辅助的方法使浸渍液中带电菌体受到不同变化规律且相互垂直的交变电场力和磁场力影响，加速菌体在多孔状植物组织中的扩散和渗透，如图 6-28 (a) 所示。当未施加交变电场和磁场时，浸渍液中的菌体主要受环境温度的影响做无规则的热力学运动，向多孔状植物组织缓慢扩散；当施加周期性的交变电场 $E(t)$ 和旋转磁场 $B(t)$ 后，带电菌体则受到电场力和磁场力合力的影响，发生定向性的大规模迁移，从而加速向样品组织的各个表面扩散，进入到细胞组织间隙，如图 6-28 (b) 所示[151]。

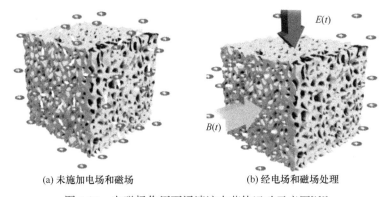

(a) 未施加电场和磁场　　　　　　　　(b) 经电场和磁场处理

图 6-28　电磁场作用下浸渍液中菌体运动示意图[150]

6.3.4.4　特殊材料的制备

浸渍法是目前催化剂工业生产中广泛应用的一种方法,基于活性组分(含助催化剂)以盐溶液形态浸渍到多孔载体上并渗透到内表面,而形成高效催化剂的原理。例如,加氢脱硫作为石油炼制和以石油为原料合成氨生产中的重要工艺过程,一直受到人们的重视。目前工业上一般是采用氧化铝为载体负载 Ni-Mo、Co-Mo、Ni-W 制成加氢脱硫催化剂,通过高压或者中压加氢技术以脱除油品中的硫。采用传统浸渍法制备该催化剂时,金属分散度往往较低,影响活性组分催化性能充分发挥。因此有必要研究制备方法对其催化性能的影响,这对提高催化剂的实际使用效率,降低催化剂的制造成本,提高催化剂的加氢脱硫性能具有重要意义。近年来,脉冲电磁场在材料制备领域的应用越来越广泛,且有研究发现,脉冲电磁场处理过的材料性能较常规材料有很大的提高[151]。例如,彭淑静等[152]采用等体积浸渍法和脉冲电磁场辅助浸渍法制备了 CoMo/γ-Al$_2$O$_3$ 催化剂,研究活性组分负载量及脉冲时间对催化剂催化噻吩加氢脱硫性能的影响。结果表明,当 Co-Mo/γ-Al$_2$O$_3$ 催化剂的 MoO$_3$ 负载量为载体质量的 12%、CoO 与 MoO$_3$ 的质量比为 1:6、脉冲处理时间为 60 s 时,活性最好,明显好于常规等体积浸渍法制备的催化剂,且噻吩转化率可达 91.49%;在适当强度的脉冲电磁场作用下,催化剂具有较大的比表面积和较好的孔结构。

6.4　本 章 小 结

近年来,国内外均有研制用于工业生产的高压电场干燥装置。我国研制的干燥装置一般包括高压发生系统、电极系统、温控系统、排湿系统等,在干燥过程中可以对样品温度进行实时有效的监控,但存在较多问题,如样品需要人工添加,不利于装置的产业化推广[153]。而国外高压电场干燥装置，例如，Lai[154]设计的装置包括电晕电场和 2 个方向相反且成一定角度的传送带，实现了样品的自动传送，但其干燥过程中的温度无法控制，干燥时样品往往容易暴露于环境中而被污染，最终影响产品质量。

思考题

　　1. 高强电场强化干燥的内在机理是什么?

　　2. 高强电场在浸渍方面的主要应用有哪些?

参考文献

[1] 韩玉臻, 李法德, 田富洋, 等. 高压电场在食品物料干燥中的应用研究[J]. 农业装备与车辆工程, 2006, (2): 5-7.

[2] Mujumdar A. International drying symposium series (IDS): a personal perspective[J]. Drying Technology, 1999, 17(1-2): 375.

[3] 王琳. 天然产物提取常用方法分析比较[J]. 辽宁化工, 2017, 46(7): 725-727.

[4] 罗丽. 茶叶加工中微波技术的系统应用[J]. 福建茶叶, 2002, (1): 23-25.

[5] Dalvi-Isfahan M, Hamdami N, Le-Bail A, et al. The principles of high voltage electric field and its application in food processing: a review[J]. Food Research International, 2016, 89: 48-62.

[6] Asakawa Y. Promotion and retardation of heat transfer by electric fields[J]. Nature, 1976, 261(5557): 220.

[7] Singh A, Orsat V, Raghavan V. A comprehensive review on electrohydrodynamic drying and high-voltage electric field in the context of food and bioprocessing[J]. Drying Technology, 2012, 30(16): 1812-1820.

[8] Lai F C, Sharma R K. EHD-enhanced drying with multiple needle electrode[J]. Drying Technology, 2003, 21(7): 1291-1306.

[9] Balcer B E, Lai F C. EHD-enhanced drying with multiple-wire electrode[J]. Drying Technology, 2004, 22(4): 821-836.

[10] Bajgai T R, Raghavan G S V, Hashinaga F, et al. Electrohydrodynamic drying—a concise overview[J]. Drying Technology, 2006, 24(7): 905-910.

[11] Moses J A, Norton T, Alagusundaram K, et al. Novel drying techniques for the food industry[J]. Food Engineering Reviews, 2014, 6(3): 43-55.

[12] 罗权权, 李保国, 许子雄. 高压电场组合干燥技术的研究进展[J]. 能源工程, 2018, 195(4): 67-70.

[13] Zhang M, Chen H, Mujumdar A S, et al. Recent developments in high-quality drying of vegetables, fruits, and aquatic products[J]. Critical Reviews in Food Technology, 2017, 57(6): 1239-1255.

[14] Moses J A, Norton T, Alagusundaram K, et al. Novel drying techniques for the food industry[J]. Food Engineering Reviews, 2014, 6(3): 43-55.

[15] 韩玉臻, 李法德, 田富洋, 等. 高压电场下不同位置处土豆片水分的变化规律[J]. 农机化

研究, 2006, (6): 149-152.

[16] 白亚乡, 孙冰. 工艺参数对电流体动力学干燥速度与能耗的影响[J]. 高电压技术, 2009, 35(9): 2193-2196.

[17] Lai F C, Lai K W. EHD-Enhanced drying with wire electrode[J]. Drying Technology, 2002, 20(7): 1393-1405.

[18] Zheng D J, Liu H J, Cheng Y Q, et al. Electrode configuration and polarity effects on water evaporation enhancement by electric field[J]. International Journal of Food Engineering, 2011, 7(2): 1556-1567.

[19] 白亚乡, 孙冰. 高压直流电场对豆腐干燥的实验研究及机理分析[J]. 高电压技术, 2010, 36(2): 428-433.

[20] 张璐, 李法德. 高压静电场在食品加工上的应用研究[J]. 食品与药品, 2001, (2): 9-10.

[21] 马尔妮, 王望, 李想, 等. 基于 LFNMR 的木材干燥过程中水分状态变化[J]. 林业科学, 2017, 53(6): 111-117.

[22] 李明勇, 马小愚. 农业物料电特性的研究与应用[J]. 农机化研究, 2008, (1): 186-188.

[23] 鲍重光. 静电技术原理[M]. 北京: 北京理工大学出版社, 1993: 287-289.

[24] 梁运章, 那日, 白亚乡, 等. 静电干燥原理及应用[J]. 物理, 2000, 29(1): 39-41.

[25] 丁昌江, 梁运章. 电场对含水物料中水分子作用的研究进展[J]. 物理, 2004, 33(7): 524-528.

[26] 丁昌江, 梁运章, 姚占全. 高压电场下玉米种子中水分子的输运特性[J]. 内蒙古大学学报 (自然版), 2003, 34(3): 271-273.

[27] Sale A J H, Hamilton W A. Effects of high electric fields on microorganisms: Ⅰ. Killing of bacteria and yeasts[J]. Biochimica et Biophysica Acta-General Subjects, 1967, 148(3): 781-788.

[28] Vega-Mercado H, Martin-Belloso O, Qin B L, et al. Non-thermal food preservation: pulsed electric fields[J]. Trends in Food Science & Technology, 1997, 8(5): 151-157.

[29] Ade-Omowaye B I O, Angersbach A, Taiwo K A, et al. Use of pulsed electric field pre-treatment to improve dehydration characteristics of plant based foods[J]. Trends in Food Science & Technology, 2001, 12(8): 285-295.

[30] Wang Y, Guo Y. Effect of high pulsed electric field pretreatment on dielectric constant of apples[J]. Sensor Letters, 2011, 9(3): 1170-1174.

[31] 秦文. 蔬菜物料的介电特性及其应用研究[D]. 重庆: 西南大学, 2006: 35-40.

[32] Wu L, Ogawa Y, Tagawa A. Electrical impedance spectroscopy analysis of eggplant pulp and effects of drying and freezing-thawing treatments on its impedance characteristics[J]. Journal of Food Engineering, 2008, 87(2): 274-280.

[33] 刘振宇, 郭玉明. 高压矩形脉冲电场果蔬预处理微观结构变形机理的研究[J]. 农产品加工 (学刊), 2009, (10): 22-25.

[34] Lebovka N I, Praporscic I, Vorobiev E. Enhanced expression of juice from soft vegetable tissues by pulsed electric fields: consolidation stages analysis[J]. Journal of Food Engineering, 2003, 59(2-3): 309-317.

[35] Kotnik T, Miklavčič D. Analytical description of transmembrane voltage induced by electric fields on spheroidal cells[J]. Biophysical Journal, 2000, 79(2): 670-679.

[36] Bazhal M, Vorobiev E. Electrical treatment of apple cossettes for intensifying juice pressing[J].

Journal of the Science of Food and Agriculture, 2000, 80(11): 1668-1674.

[37] Taiwo K A, Angersbach A, Knorr D. Influence of high intensity electric field pulses and osmotic dehydration on the rehydration characteristics of apple slices at different temperatures[J]. Journal of Food Engineering, 2002, 52(2): 185-192.

[38] Bazhal M I, Lebovka N I, Vorobiev E. Pulsed electric field treatment of apple tissue during compression for juice extraction[J]. Journal of Food Engineering, 2001, 50(3): 129-139.

[39] Li L T, Li F, Tatsumi E. Effects of high voltage electrostatic field on evaporation of distilled water and okara drying[J]. Biosystem Studies, 2000, (52): 43-52.

[40] Li L. Effects of high voltage electrostatic field on evaporation of distilled water[J]. Transactions of the Chinese Society of Agricultural Engineering, 2001, 17(2): 12-15.

[41] Kamkari B, Alemrajabi A A. Investigation of electrohydrodynamically-enhanced convective heat and mass transfer from water surface[J]. Heat Transfer Engineering, 2010, 31(2): 138-146.

[42] Yu Z, Liu L, Ouyang J. On the negative corona and ionic wind over water electrode surface[J]. Journal of Electrostatics, 2014, 72(1): 76-81.

[43] 张佩. 静电场干燥脱水机理及其在物料干燥中的应用研究[D]. 北京: 中国农业大学, 2006: 10-20.

[44] 梁运章, 丁昌江. 高压电场干燥技术及开发研究[J]. 科学技术与工程, 2003, 3(2): 196.

[45] 丁昌江. 电场对生物物料中水分子输运特性的试验及机理研究[D]. 呼和浩特: 内蒙古大学, 2004: 2-5.

[46] 白亚乡, 胡玉才, 刘滨疆. 现代静电技术在农业生产中的应用[J]. 当代农机, 2012, (1): 76-77.

[47] 孙剑锋, 李里特, 李法德, 等. 多针电极高压静电场下蒸馏水蒸发的研究[J]. 安徽农业科学, 2009, 37(22): 10363-10364.

[48] Barthakur N N, Arnold N P. Evaporation rate enhancement of water with air ions from a corona discharge[J]. International Journal of Biometeorology, 1995, 39(1): 29-33.

[49] Xue X, Barthakur N N, Alli I. Electrohydrodynamic (EHD) dried whey protein: an electrophoretic and differential calorimetric analysis[J]. Drying Technology, 1999, 17(3): 467-478.

[50] Cao W, Nishiyama Y, Koide S, et al. Drying enhancement of rough rice by an electric field[J]. Biosystems Engineering, 2004, 87(4): 445-451.

[51] Cao W, Nishiyama Y, Koide S. Electrohydrodynamic drying characteristics of wheat using high voltage electrostatic field[J]. Journal of Food Engineering, 2004, 62(3): 209-213.

[52] Basiry M, Esehaghbeygi A. Electrohydrodynamic (EHD) drying of rapeseed (*Brassica napus* L.)[J]. Journal of Electrostatics, 2010, 68(4): 360-363.

[53] 白亚乡, 梁运章, 丁昌江, 等. 高压电场在热敏性物料干燥应用中的研究进展[J]. 高电压技术, 2008, 34(6): 1225-1229.

[54] Chen Y, Barthakur N N, Arnold N P. Electrohydrodynamic (EHD) drying of potato slabs[J]. Journal of Food Engineering, 1994, 23(1): 107-119.

[55] 那日, 杨体强, 梁道明, 等. 静电干燥特性的研究[J]. 内蒙古大学学报(自然版), 1999, 30(6): 699-705.

[56] 刘振宇, 郭玉明. 高压脉冲电场预处理对果蔬脱水特性的影响[J]. 农机化研究, 2008, (12):

9-12.

[57] Rahaman A, Siddeeg A, Manzoor M F, et al. Impact of pulsed electric field treatment on drying kinetics, mass transfer, colour parameters and microstructure of plum[J]. Journal of Food Science and Technology, 201956(5): 1-9.

[58] 丁昌江, 梁运章. 高压电场干燥胡萝卜的试验研究[J]. 农业工程学报, 2004, 20(4): 220-222.

[59] 王维琴, 盖玲, 王剑平. 高压脉冲电场预处理对甘薯干燥的影响[J]. 农业机械学报, 2005, 36(8): 154-156.

[60] 徐建萍, 白亚乡, 迟建卫, 等. 应用高压电场干燥芸豆角的试验研究[J]. 农机化研究, 2008, (7): 155-157.

[61] 丁昌江, 杨茂生. 直流高压电场中枸杞的干燥特性与数学模型研究[J]. 农业机械学报, 2017, 48(6): 302-311.

[62] 刘振宇, 郭玉明, 崔清亮. 高压矩形脉冲电场对果蔬干燥速率的影响[J]. 农机化研究, 2010, 32(5): 146-151.

[63] 王维琴. 高压脉冲电场预处理对农产品渗透脱水和热风干燥的影响研究[D]. 杭州: 浙江大学, 2005: 35-40.

[64] 武新慧, 郭玉明, 冯慧敏. 高压脉冲电场预处理对果蔬动态黏弹特性的影响[J]. 农业工程学报, 2016, 32(18): 247-254.

[65] Amami E, Vorobiev E, Kechaou N. Modelling of mass transfer during osmotic dehydration of apple tissue pre-treated by pulsed electric field[J]. LWT-Food Science and Technology, 2006, 39(9): 1014-1021.

[66] Bajgai T R, Hashinaga F. Drying of spinach with a high electric field[J]. Drying Technology, 2001, 19(9): 2331-2341.

[67] Bajgai T R, Hashinaga F. High electric field drying of japanese radish[J]. Drying Technology, 2001, 19(9): 2291-2302.

[68] Hashinaga F, Bajgai T R, Isobe S, et al. Electrohydrodynamic (EHD) drying of apple slices[J]. Drying Technology, 1999, 17(3): 479-495.

[69] Amami E, Fersi A, Khezami L, et al. Centrifugal osmotic dehydration and rehydration of carrot tissue pre-treated by pulsed electric field[J]. LWT-Food Science and Technology, 2007, 40(7): 1156-1166.

[70] Bardy E, Hamdi M, Havet M, et al. Transient exergetic efficiency and moisture loss analysis of forced convection drying with and without electrohydrodynamic enhancement[J]. Energy, 2015, 89: 519-527.

[71] 白亚乡, 胡玉才, 杨桂娟, 等. 高压电场干燥斑鳜鱼的试验[J]. 高电压技术, 2008, 34(4): 691-694.

[72] 丁昌江, 卢静莉. 牛肉在高压静电场作用下的干燥特性[J]. 高电压技术, 2008, 34(7): 1405-1409.

[73] 李里特, 刘志会, 李法德. 高压静电场对琼脂凝胶干燥规律的试验研究[J]. 食品与机械, 2000, (2): 14-15.

[74] 王妮妮, 董振强, 周红梅, 等. 静电场下木材干燥实验研究及机理初探[J]. 能源工程, 2004, (1): 50-52.

[75] 杨军, 丁昌江, 白爱枝, 等. 高压电场干燥技术在生物制品中的应用[J]. 内蒙古大学学报（自然版）, 2004, 35（5）: 509-511.

[76] Carlon H R, Latham J. Enhanced drying rates of wetted materials in electric fields[J]. Journal of Atmospheric & Terrestrial Physics, 1992, 54（2）: 117-118.

[77] 顾平道, 邱燃, 刁永发, 等. 高压电场脱水分技术在转轮除湿机再生系统的应用[J]. 食品与机械, 2008, 24（5）: 70-72.

[78] Alemrajabi A A, Rezaee F, Mirhosseini M, et al. Comparative evaluation of the effects of electrohydrodynamic, oven, and ambient air on carrot cylindrical slices during drying process[J]. Drying Technology, 2012, 30（1）: 88-96.

[79] Dinani S T, Hamdami N, Shahedi M, et al. Mathematical modeling of hot air/electrohydrodynamic（EHD）drying kinetics of mushroom slices[J]. Energy Conversion and Management, 2014, 86: 70-80.

[80] 黄小丽, 杨薇, 王妮. 脉冲电场预处理对马铃薯微波干燥特性的影响[J]. 农产品加工（学刊）, 2009, （3）: 189-192.

[81] Sriariyakul W, Swasdisevi T, Devahastin S, et al. Drying of aloe vera puree using hot air in combination with far-infrared radiation and high-voltage electric field: drying kinetics, energy consumption and product quality evaluation[J]. Food and Bioproducts Processing, 2016, 100: 391-400.

[82] Martynenko A, Zheng W. Electrohydrodynamic drying of apple slices: energy and quality aspects[J]. Journal of Food Engineering, 2016, 168: 215-222.

[83] Dinani S T, Havet M. Effect of voltage and air flow velocity of combined convective-electrohydrodynamic drying system on the physical properties of mushroom slices[J]. Industrial Crops & Products, 2015, 70: 417-426.

[84] Dinani S T, Havet M. The influence of voltage and air flow velocity of combined convective-electrohydrodynamic drying system on the kinetics andenergy consumption of mushroom slices[J]. Journal of Cleaner Production, 2015, 95: 203-211.

[85] Dinani S T, Havet M, Hamdami N, et al. Drying of mushroom slices using hot air combined with an electrohydrodynamic（EHD）drying system[J]. Drying Technology, 2014, 32（5）: 597-605.

[86] 白亚乡, 胡玉才, 曲敏, 等. 高压电场与热风组合干燥海米[J]. 农业工程学报, 2008, 24（8）: 258-261.

[87] 王庆惠, 闫圣坤, 李忠新, 等. 高压静电场对杏子热风干燥特性及色泽影响[J]. 食品与机械, 2016, 32（9）: 22-27.

[88] Li F D, Li L T, Sun J F, et al. Electrohydrodynamic（EHD）drying characteristic of okara cake[J]. Drying Technology, 2005, 23（3）: 565-580.

[89] Bai Y, Li X, Sun Y, et al. Thin layer electrohydrodynamic（EHD）drying and mathematical modeling of fish[J]. International Journal of Applied Electromagnetics and Mechanics, 2011, 36（3）: 217-228.

[90] 丁昌江, 吕军, 宋智青. 基于 Weibull 分布函数的熟牛肉电流体动力学干燥过程模拟[J]. 湖北农业科学, 2016, 55（3）: 727-731.

[91] 刘振宇, 郭玉明. 应用 BP 神经网络预测高压脉冲电场对果蔬干燥速率的影响[J]. 农业工程学报, 2009, 25（2）: 235-239.

[92] Tedjo W, Taiwo K A, Eshtiaghi M N, et al. Comparison of pretreatment methods on water and solid diffusion kinetics of osmotically dehydrated mangos[J]. Journal of Food Engineering, 2002, 53(2): 133-142.

[93] Ade-Omowaye B I O, Angersbach A, Heinz V, et al. Effects of pulsed electric fields on cell membrane permeabilisation and mass transfer in food processing[J]. Chemie Ingenieur Technik, 2001, 73(6): 756-757.

[94] Gómez E, Laencina J, Martinez A. Vinification effects on changes in volatile compounds of wine[J]. Journal of Food Science, 2010, 59(2): 406-409.

[95] 张莉, 王华, 张艳芳. 浸渍工艺对红葡萄酒质量的影响[J]. 酿酒科技, 2006, (6): 82-84.

[96] Albanese D, Attanasio G, Cinquanta L, et al. Volatile compounds in red wines processed on an industrial scale by short pre-fermentative cold maceration[J]. Food and Bioprocess Technology, 2013, 6(11): 3266-3272.

[97] Heredia F J, Escudero-Gilete M L, Hernanz D, et al. Influence of the refrigeration technique on the colour and phenolic composition of syrah red wines obtained by pre-fermentative cold maceration[J]. Food Chemistry, 2010, 118(2): 377-383.

[98] 张将, 赵新节, 李蕊蕊, 等. 低温浸渍时间对赤霞珠干红葡萄酒品质的影响[J]. 酿酒科技, 2015, (7): 34-37.

[99] 张思雨. 太谷地区不同葡萄品种酿酒工艺的研究与茶酒的研制[D]. 晋中: 山西农业大学, 2016: 15-18.

[100] Cejudo-Bastante M J, Gordillo B, Hernanz D, et al. Effect of the time of cold maceration on the evolution of phenolic compounds and colour of Syrah wines elaborated in warm climate[J]. International Journal of Food Science & Technology, 2014, 49(8): 1886-1892.

[101] Moreno-Pérez A, Vila-López R, Fernández-Fernández J I, et al. Influence of cold pre-fermentation treatments on the major volatile compounds of three wine varieties[J]. Food Chemistry, 2013, 139(1-4): 770-776.

[102] 蔡建. 发酵前处理工艺对天山北麓'赤霞珠'葡萄酒香气改良研究[D]. 北京: 中国农业大学, 2014: 23-28.

[103] 刘奔, 刘卉, 高学玲, 等. 基于低温浸渍处理技术的蓝莓酒酿造工艺研究[J]. 安徽农业大学学报, 2011, 38(5): 792-796.

[104] 李华, 王华. 葡萄酒工艺学[M]. 北京: 科学出版社, 2007.

[105] 刘晶, 王华, 李华, 等. CO₂浸渍发酵法研究进展[J]. 食品工业科技, 2012, 33(3): 369-372.

[106] 董莹璨, 吴皓玥, 刘雪平, 等. 二氧化碳浸渍法对于蓝莓酒香气成分影响研究[J]. 中国酿造, 2015, 34(9): 135-140.

[107] Darra N E, Turk M F, Ducasse M A, et al. Changes in polyphenol profiles and color composition of freshly fermented model wine due to pulsed electric field, enzymes and thermovinification pretreatments[J]. Food Chemistry, 2016, 194: 944-950.

[108] 张莉, 王华, 李华. 发酵前热浸渍工艺对干红葡萄酒质量的影响[J]. 食品科学, 2006, 27(4): 134-137.

[109] 包怡红, 王芳, 孙义玄, 等. 热浸渍-酶法提高蓝莓果浆出汁率工艺研究[J]. 安徽农业科学, 2014, (13): 4057-4061.

[110] 刘新玲. 酸杨桃低糖果脯加工工艺探究[J]. 农业科技通讯, 2001, (9): 36.

[111] Chiralt A, Fito P, Barat J M, et al. Use of vacuum impregnation in food salting process[J]. Journal of Food Engineering, 2001, 49(2): 141-151.

[112] 王晓拓, 高振江, 曾贞, 等. 脉动压腌制双孢菇工艺参数优化[J]. 农业工程学报, 2012, 28(7): 282-287.

[113] Lin X. The optimization of ultrasonic pretreatment's parameter during curing of salted eggs[J]. Journal of Chinese Institute of Food Science & Technology, 2011, (6): 68-75.

[114] Kusnadi C, Sastry S K. Effect of moderate electric fields on salt diffusion into vegetable tissue[J]. Journal of Food Engineering, 2012, 110(3): 329-336.

[115] Peng C, Almeira J O, Abou-Shady A. Enhancement of ion migration in porous media by the use of varying electric fields[J]. Separation & Purification Technology, 2013, 118(6): 591-597.

[116] Coster H. A quantitative analysis of the voltage-current relationships of fixed charge membranes and the associated property of "punch-through"[J]. Biophysical Journal, 1965, 5(5): 669-686.

[117] López N, Puértolas E, Condón S, et al. Effects of pulsed electric fields on the extraction of phenolic compounds during the fermentation of must of *Tempranillo* grapes[J]. Innovative Food Science & Emerging Technologies, 2008, 9(4): 477-482.

[118] López N, Puértolas E, Hernández-Orte P, et al. Effect of a pulsed electric field treatment on the anthocyanins composition and other quality parameters of *Cabernet sauvignon* freshly fermented model wines obtained after different maceration times[J]. LWT-Food Science and Technology, 2009, 42(7): 1225-1231.

[119] 谢阁, 杨瑞金, 卢蓉蓉, 等. 高压脉冲电场和超声波协同作用破碎啤酒废酵母的研究[J]. 食品科学, 2008, 29(7): 133-137.

[120] 孙建华, 韦泽沼, 刘斌, 等. 响应面法优化高压脉冲电场提取匙羹藤总皂苷[J]. 广西大学学报(自然科学版), 2011, 36(3): 363-368.

[121] Ganeva V, Galutzov B, Teissié J. High yield electroextraction of proteins from yeast by a flow process[J]. Analytical Biochemistry, 2003, 315(1): 77-84.

[122] Puertolas E, Lopez N, Saldana G, et al. Evaluation of phenolic extraction during fermentation of red grapes treated by a continuous pulsed electric fields process at pilot-plant scale[J]. Journal of Food Engineering, 2010, 98(1): 120-125.

[123] 李明月. 山葡萄籽原花青素的高压脉冲电场提取及其稳定性与抗氧化活性[D]. 长春: 吉林大学, 2017: 12-18.

[124] Medina-Meza I G, Barbosa-Cánovas G V. Assisted extraction of bioactive compounds from plum and grape peels by ultrasonics and pulsed electric fields[J]. Journal of Food Engineering, 2015, 166: 268-275.

[125] Lebovka N I, Praporscic I, Vorobiev E. Combined treatment of apples by pulsed electric fields and by heating at moderate temperature[J]. Journal of Food Engineering, 2004, 65(2): 211-217.

[126] Schilling S, Alber T, Toepfl S, et al. Effects of pulsed electric field treatment of apple mash on juice yield and quality attributes of apple juices[J]. Innovative Food Science & Emerging Technologies, 2007, 8(1): 127-134.

[127] Belghiti K E, Vorobiev E. Mass transfer of sugar from beets enhanced by pulsed electric

field[J]. Food & Bioproducts Processing, 2004, 82(3): 226-230.

[128] López N, Puértolas E, Condón S, et al. Enhancement of the solid-liquid extraction of sucrose from sugar beet (*Beta vulgaris*) by pulsed electric fields[J]. LWT-Food Science and Technology, 2009, 42(10): 1674-1680.

[129] 孙炳新, 王月华, 冯叙桥, 等. 高压脉冲电场技术在果蔬汁加工及贮藏中的研究进展[J]. 食品与发酵工业, 2014, 40(4): 147-154.

[130] Zimmermann U, Beckers F, Coster H G L. The effect of pressure on the electrical breakdown in the membranes of *Valonia utricularis*[J]. BBA-Biomembranes, 1977, 464(2): 399-416.

[131] Hayashi H, Edin F, Li H, et al. The effect of pulsed electric fields on the electrotactic migration of human neural progenitor cells through the involvement of intracellular calcium signaling[J]. Brain Research, 2016, 1652: 195-203.

[132] Ho S Y, Mittal G S. Electroporation of cell membranes: a review[J]. Critical Reviews in Biotechnology, 1996, 16(4): 349-362.

[133] Janositz A, Noack A K, Knorr D. Pulsed electric fields and their impact on the diffusion characteristics of potato slices[J]. LWT-Food Science and Technology, 2011, 44(9): 1939-1945.

[134] Yang N, zhu L J, Tin Y M, et al. Effect of electric field on calcium content of fresh-cut apples by inductive methodology[J]. Journal of Food Engineering, 2016, 182: 81-86.

[135] Jin Y, Na Y, Ma Q, et al. The salt and soluble solid content evaluation of pickled cucumbers based on inductive methodology[J]. Food & Bioprocess Technology, 2015, 8(4): 1-9.

[136] 陈维楚. 超声协同静电场强化提取过程机理研究[D]. 广州: 华南理工大学, 2012: 34-42.

[137] Sakr M, Liu S. A comprehensive review on applications of ohmic heating (OH)[J]. Renewable & Sustainable Energy Reviews, 2014, 39(39): 262-269.

[138] Jemai A B, Vorobiev E. Effect of moderate electric field pulses on the diffusion coefficient of soluble substance from apple slices[J]. International Journal of Food Science & Technology, 2010, 37(1): 73-86.

[139] McDonnell C K, Allen P, Chardonnereau F S, et al. The use of pulsed electric fields for accelerating the salting of pork[J]. LWT - Food Science and Technology, 2014, 59(2): 1054-1060.

[140] Shi W, Wang Z, Li Z, et al. Electric field enhanced adsorption and diffusion of adatoms in MoS₂ monolayer[J]. Materials Chemistry & Physics, 2016, 183: 392-397.

[141] 于庆宇, 殷涌光. 高电压脉冲电场浸提果胶的机理[J]. 吉林大学学报(工学版), 2009, 39(S2): 349-352.

[142] Lebovka N I, Praporscic I, Vorobiev E. Effect of moderate thermal and pulsed electric field treatments on textural properties of carrots, potatoes and apples[J]. Innovative Food Science & Emerging Technologies, 2004, 5(1): 9-16.

[143] Chalermchat Y, Dejmek P. Effect of pulsed electric field pretreatment on solid-liquid expression from potato tissue[J]. Journal of Food Engineering, 2005, 71(2): 164-169.

[144] Jemai A B, Vorobiev E. Pulsed electric field assisted pressing of sugar beet slices: towards a novel process of cold juice extraction[J]. Biosystems Engineering, 2006, 93(1): 57-68.

[145] Grimi N, Praporscic I, Lebovka N, et al. Selective extraction from carrot slices by pressing and

washing enhanced by pulsed electric fields[J]. Separation and Purification Technology, 2007, 58(2): 267-273.

[146] Praporscic I, Lebovka N, Vorobiev E, et al. Pulsed electric field enhanced expression and juice quality of white grapes[J]. Separation and Purification Technology, 2007, 52(3): 520-526.

[147] Eshtiaghi M N, Knorr D. High electric field pulse pretreatment: potential for sugar beet processing[J]. Journal of Food Engineering, 2002, 52(3): 265-272.

[148] Leong S Y, Burritt D J, Oey I. Evaluation of the anthocyanin release and health-promoting properties of *Pinot noir* grape juices after pulsed electric fields[J]. Food Chemistry, 2016, 196: 833-841.

[149] López-Giral N, González-Arenzana L, González-Ferrero C, et al. Pulsed electric field treatment to improve the phenolic compound extraction from Graciano, Tempranillo and Grenache grape varieties during two vintages[J]. Innovative Food Science & Emerging Technologies, 2015, 28: 31-39.

[150] 杨哪, 金亚美, 徐悦, 等. 鲜切水果磁电方法益生菌增效研究[J]. 农业机械学报, 2016, 47(2): 258-263.

[151] Conrad H. Influence of an electric or magnetic field on the liquid-solid transformation in materials and on the microstructure of the solid[J]. Materials Science and Engineering A, 2000, 287(2): 205-212.

[152] 彭淑静, 唐立丹, 王建中. 脉冲电磁场作用下 CoMo/γ-Al$_2$O$_3$ 催化剂的制备工艺参数研究 [J]. 广东化工, 2015, 42(6): 22-23.

[153] Esehaghbeygi A, Basiry M. Electrohydrodynamic (EHD) drying of tomato slices (*Lycopersicon esculentum*)[J]. Journal of Food Engineering, 2011, 104(4): 628-631.

[154] Lai F C. A prototype of EHD-enhanced drying system[J]. Journal of Electrostatics, 2010, 68(1): 101-104.

第7章 脉冲电场强化化学反应与加速酒的陈酿

7.1 电场在化学反应方面的运用

众所周知，化工行业通过采用合适的催化剂或者改变反应条件(高温高压)等来实现反应过程的快速进行。但是，这些手段显然不适用于食品加工过程。食品中的化学反应历来是在常温非催化条件下进行，且是一个自然、缓慢的过程，很少有人以此为专题开展系统深入研究。近十多年以来，在食品、生物、医药和化工行业中运用交叉学科的原理，采用电、磁、声、光等物理场手段强化反应或者强化过程处理已发展成为一个全新的学科方向，在理论研究和工程应用上均取得了重要突破，这使得通过外场作用力强化常温非催化化学反应成为可能。脉冲电场处理方式由于电场分布均匀、待处理物料不与电极直接接触而具有处理均匀、升温小、无电化学反应等特点，是潜在的较好的强化处理方式之一。目前，关于脉冲电场强化化学反应主要集中体现在促进酯化反应、螯合反应和美拉德反应等方面，另外在酒类的催陈方面也有较多的运用。

7.2 电场强化酯化反应

7.2.1 酯的理化性质

酸(羧酸或无机含氧酸)与醇反应生成的一类有机化合物称为酯。酯的官能团是—COO—，分子通式为 $RCOOR'$。酯类难溶于水，易溶于乙醇和乙醚等有机溶剂，密度一般比水小，沸点、熔点等一般随分子中碳原子数的增多，呈现有规律的变化，酯的熔点和沸点要比相应的羧酸低。低级酯(低分子量酯)是无色、易挥发的具有芳香气味的液体，高级饱和脂肪酸单酯常为无色无味的固体，高级脂肪酸与高级脂肪醇形成的酯为蜡状固体。

在酸或碱存在的条件下，酯能发生水解生成相应的酸或醇。许多天然的脂肪、油或蜡经水解可制得相应的羧酸，油脂碱性水解生成的高级脂肪酸钠就是肥皂。酯的醇解反应是酯中的烷氧基被另一种醇的烷氧基所置换的反应，反应需在酸或碱催化下进行，此反应常用于从一类酯转变成另一类酯。酯可被催化还原成两分子醇，应用最广的催化剂是铜铬氧化物，反应在高温高压下进行，分子中如果含有 C═C 键，可同时被还原，此反应广泛用于油脂的氢化反应。酯与格氏试剂反应，可合成具有两个相同取代基的三级醇。

7.2.2　酯类物质的应用

酯是一类重要的化工原料，低级酯一般具有愉快的水果香味，在各种水果和花草中存在较多，如乙酸异戊酯有香蕉味、戊酸乙酯有苹果香味等，故常用作溶剂（如乙酸乙酯用作喷漆溶剂等）。有些酯还可用作塑料和橡胶的增塑剂、制药工业中的原料和中间体等。酯类也常作为防腐防霉剂、食品及饲料添加剂。酯类物质也是各种酒的香气组成成分，决定了各种白酒的香型，如清香型酒的主体香是乙酸乙酯和乳酸乙酯；浓香型酒的主体香是己酸乙酯，其次是乳酸乙酯和乙酸乙酯[1]。

各类酯的香气特征有所不同，其中含有 1~2 个碳的酯香气弱，持续性短；3~5 个碳的酯具有脂肪臭，含量不宜过多；6~12 个碳的酯香浓，持续性较强；12 个碳以上的酯类，几乎没有香气，下面列举了一些常见酯的香气特征及具体的用途[2]。

甲酸甲酯是无色液体，有芳香气味，是碳一化学中极其重要的中间体，具有广泛的用途，可直接用作处理烟草、干水果、谷物等的烟熏剂和杀菌剂。

甲酸乙酯有类似乙酸乙酯特有的辣的刺激味和菠萝香气，具有愉快、清灵、飘逸、温和的朗姆酒香，扩散力好，但是留香时间短暂，微带苦味。主要天然存在于菠萝蜜、覆盆子、卷心菜、醋、白酒、白兰地、草莓、洋葱、苹果汁、朗姆酒和甜橙中。常用作醋酸纤维或硝酸纤维的溶剂；在食用香精中主要用于调配樱桃、杏子、桃子、草莓、苹果、菠萝、香蕉、葡萄等果香型香精；在酒用香精中常用于调配朗姆、白兰地、威士忌和白葡萄等酒香型香精；也可用于日用香精的调配和医药生产。

甲酸丙酯具有甜香、清香、果香，并带有朗姆酒香，稀释到一定程度具有水果的味道。主要存在于菠萝、苹果、黑加仑、李子、白兰地中。主要用作有机溶剂，并用于制造香料、熏蒸杀虫剂和杀菌剂；用于调配菠萝蜜、樱桃、苹果等果香型食用香精以及朗姆酒、白兰地等酒用香精。

甲酸苯甲酯具有强烈的类似茉莉的香气及杏子和菠萝的甜味，并有辛香香韵。天然存在于玫瑰花油中。主要用作茉莉、橙花、栀子、风信子、香石竹等香精的调和香料，也可用于日化香精和食用香精的调配。

乙酸异戊酯又称为香蕉油、香蕉水，主要用作溶剂及用于调味、制革、人造丝、胶片和纺织品等加工工业；主要用于食用香精配方中，可调配香蕉、苹果、草莓等多种果香型香精，也可用于香皂、合成洗涤剂等日化香精配方中。

甲酸丁酯为无色液体，具有果子香味。己酸乙酯有似菠萝香，味道甜而爽口，是老窖酒的主体香气。庚酸乙酯有脂肪臭，具有似苹果香而爽快。辛酸乙酯有似梨或菠萝香，带刺激性脂肪臭。辛二酸二乙酯有愉快芳香。月桂酸乙酯有似玫瑰的香气，冲鼻，且放置后浑浊。油酸乙酯为月桂油香味，油面呈油珠状，放置后浑浊。亚油酸乙酯有脂肪臭和腐败味，浓度低产生浑浊。棕榈酸乙酯呈微弱的蜡香，低浓度产生浑浊。肉豆蔻乙酯有似蔬菜或奶油气味。乳酸乙酯香气弱，味微甜，浓度高则带苦涩。

7.2.3　酯化反应机理

7.2.3.1　醇的结构

醇分子结构中羟基的氧原子处于 sp^3 杂化状态，其中两对未共用电子对各占据一个 sp^3 杂化轨道，剩下两个 sp^3 杂化轨道分别与氢原子及碳原子结合，分别形成氢氧 σ 键和碳氧 σ 键，它们之间的键角近似等于 109°。醇分子中氧原子的电负性比碳原子的大，氧原子吸引电子的结果，使得碳氧 σ 键的长度比碳碳 σ 键短。因为醇分子中氧原子上的电子云密度较高，而碳原子上的电子云密度较低，所以醇分子具有较强的极性。醇分子的结构示意图如图 7-1 所示。

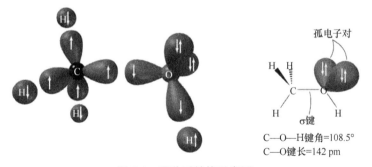

孤电子对

σ键

C—O—H键角=108.5°
C—O键长=142 pm

图 7-1　醇分子结构示意图

7.2.3.2　羧酸的结构

羧基的碳原子是 sp^2 杂化，三个 sp^2 杂化轨道在一个平面内，键角约为 120°，与羧基氧原子、羟基氧原子、氢原子或碳原子形成三个 σ 键。羧基碳原子的 p 轨道与羧基氧原子的 p 轨道都垂直于 σ 键所在的平面，它们相互平行在侧面形成一个 π 键。同时羟基氧原子的未共用电子对所在的 p 轨道与碳氧双键的 π 轨道平行在侧面交盖，形成共轭体系。电子在共轭体系中是离域的，使 O—H 键减弱，增加了它解离成负离子和质子的趋势，使羧酸具有酸性。更重要的是，羧酸解离后生成的 RCOO⁻负离子，由于共轭效应的存在，氧原子上的负电荷不是集中在一个氧原子上，而是在 p-π 共轭体系中，氧原子的电负性比碳原子大，电子云不是均匀地分布在体系中，氧原子的电子云密度较高，而碳原子的电子云密度较低，氧原子上带有部分负电荷，碳原子上带有部分正电荷，因此共轭体系中的氧原子可以发生亲核加成反应。羧酸分子结构示意图如图 7-2 所示。

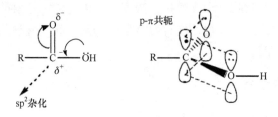

图 7-2　羧酸分子结构示意图

7.2.3.3　酯化作用过程

羧酸分子中有一个羰基，但由于与羟基中氧原子的电子对共轭，降低了羰基碳原子与亲核试剂结合的能力，因此羧酸与醇的酯化反应一般都在酸催化条件下才能顺利进行，羧酸与醇发生酯化反应，羧酸发生酰氧键断裂，反应过程中存在一系列平衡反应步骤，其反应机理如图 7-3 所示。

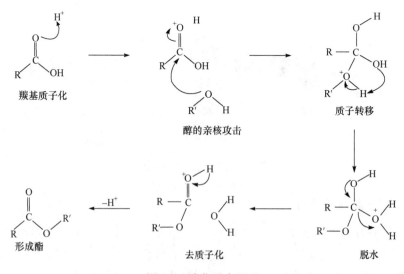

图 7-3　酯化反应机理

首先，羰基得到一个质子进行活化，使羧基的碳原子成为碳正离子，因而其具有更高的亲电性，更有利于亲核试剂(醇)的进攻；然后，醇进攻活化了的羰基，得到一个四面体活性中间体，此步骤为酯化反应的控制步骤；接下来发生质子转移，质子化使羟基成为一个易离去的基团；最后在氧的孤对电子的推动下脱去一分子水，接着脱去一个质子生成了羧酸酯。在以上过程中，质子并不增加或减少，仅起催化作用。如果没有质子酸的存在，醇酸酯化反应一般较难进行或者进行非常缓慢。

7.2.4　电场强化乙醇和乙酸酯化反应

乙酸乙酯是无色、具有水果香味的易燃液体。其能与醚、醇、卤代烃、芳烃等多种有机溶剂混溶，微溶于水。乙酸乙酯大量用作油漆、清漆、人造革、硝酸纤维素、乙酸乙烯酯等的溶剂，以及药物和有机酸的萃取剂，近年来又开发作为黏合剂和生物促进剂，并可作为染料、制药、化工的原料。乙酸乙酯也可用作食用香精，为我国国家标准 GB 2760—2014 规定允许使用的食用香料，用作菠萝、香蕉、草莓等水果香精和威士忌、奶油等香料的主要原料。

Lin 等[3]考察了脉冲电场对乙醇和乙酸酯化反应的影响，发现在反应时间 1 h，反应温度 20℃，场强分别为 6.6 kV/cm、13.3 kV/cm、20.0 kV/cm 条件下，电场处理的无水乙酸的转化率分别是对照组(场强为 0)的 1.2 倍、1.6 倍和 1.8 倍(图 7-4)。进一步分析表明，电场降低了乙醇和乙酸酯化反应的活化能，进而提高了酯化反应的速率，且场强越大，反应速率提高越多。在对应的场强下，乙酸和乙醇酯化反应的活化能分别从 76.64 kJ/mol 降至 71.50 kJ/mol、67.50 kJ/mol 和 59.10 kJ/mol。另外，与乙酸和乙醇的无水反应体系相比，脉冲电场对两者的

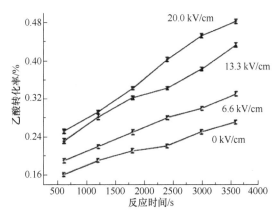

图 7-4　不同场强处理对乙酸转化率的影响

含水体系酯化反应的促进效果更为明显。例如，在场强为 20.0 kV/cm、反应温度为 30℃时，无水反应物体系和含水反应物体系中乙酸转化率分别提高了 3.6% 和 40.0%。

7.2.5　电场强化乙醇和丙酸酯化反应

丙酸乙酯为无色透明液体，在碱性溶液中不稳定，易燃，溶于醇、醚，也可混溶于多数有机溶剂。丙酸乙酯是一种用途广泛的有机合成原料和溶剂，可作为纤维素酯和醚类、各种天然或合成树脂的溶剂以及油漆用溶剂。丙酸乙酯具有苹果、香蕉香气，留香时间短。天然的丙酸乙酯存在于白葡萄、葡萄酒和可可豆中。合成的丙酸乙酯主要由丙酸和乙醇在浓硫酸存在下于三氯甲烷中沸腾酯化而成。其作为食品香料用于调和苹果香、香蕉香、李子香、菠萝香及黄油、洋酒及其他多种食品香精，可用作高级日用化妆品香精及生产抗疟药乙胺吡啶等的有机中间体，也用于有机合成及软饮料、果酱的制造等。与乙酸相比，丙酸分子碳链更长，结构更加复杂，使得丙酸分子极性弱于乙酸，与乙醇酯化反应难于乙酸和乙醇。

林志荣等[4]发现脉冲电场场强越大，丙酸与乙醇酯化反应速率提高越多。在反应时间 1 h，反应温度 20℃，场强分别为 6.6 kV/cm、13.3 kV/cm、20.0 kV/cm 条件下，脉冲电场处理所生成的丙酸乙酯的转化率分别是未施加电场时的 1.3 倍、1.8 倍、1.9 倍。与电场对乙酸和乙醇酯化反应促进效果相比，电场对丙酸和乙醇酯化反应促进效果更为明显。原因在于丙酸分子间形成的氢键缔合弱于乙酸，所以电场对丙酸体系氢键的影响更加明显。另外，电场对乙醇和丙酸酯化反应的促进效果显示在低温下较为明显。当反应温度分别为 10℃、20℃、30℃、40℃和 50℃，场强为 20.0 kV/cm，丙酸转化率分别是相同条件下未处理组的 2.1 倍、1.9 倍、1.5 倍、1.3 倍和 1.1 倍。原因可能与低温下原子处于较低的能级水平，容易受外界能量场的影响而被激发到较高的能量态有关。脉冲电场促进丙酸和乙醇酯化反应与降低两者反应的活化能也存在一定的关系。研究进一步发现场强分别为 6.6 kV/cm、13.3 kV/cm 和 20.0 kV/cm 时，丙酸和乙醇酯化反应的活化能分别从 77.05 kJ/mol 降至 72.60 kJ/mol、62.85 kJ/mol 和 62.49 kJ/mol。

7.2.6　电场强化乙醇和乳酸酯化反应

酯类物质是很多食品中主要香气的来源，酯类中的乳酸乙酯是《食品添加剂使用卫生标准》（GB 2760—2014)规定允许使用的食用香料，具有酯类物质特有的香味。乳酸乙酯作为一种酒用香精和食品香料主要用于配制朗姆酒、牛奶、奶油、葡萄酒、果酒、椰子等香精。乳酸乙酯是一种非挥发酯类，约占浓香型白酒总酯的 30%，是中国白酒显著特征之一，如果白酒中没有乳酸乙酯将失去白酒的固有风格。在制药工业中，乳酸乙酯可用作压制药片的润滑剂、药物"心得静"的中间体等。

刘新雨等[5]研究发现电场场强为 15 kV/cm、20 kV/cm、25 kV/cm 的处理条件均使乳酸乙酯的生成量有很大的提高，且同一反应时间内，电场对乳酸和乙醇反应的促进作用随着场强的增强而增加。例如，反应时间为 10 h 时，15 kV/cm、20 kV/cm、25 kV/cm 的场强处理所产生的乳酸乙酯的量是未处理组的 1.7 倍、1.9 倍和 2.1 倍(图 7-5)。

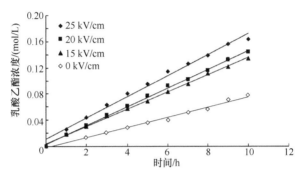

图 7-5　不同的脉冲场强对乙醇和乳酸酯化反应的影响

7.2.7　电场强化酯化反应的机理

脉冲电场对醇酸酯化反应的机理主要与以下因素有关。

(1)通过增加活化分子的数目。在无电场的作用下，这些氢键将独立的小分子通过链式连接，组成了相对大得多的分子基团。当反应物系放置在电场中并进行反应时，由于电场的作用改变了分子间力的存在方式，体系的氢键缔合作用减弱，大分子基团的形式被转换成相对独立的自由小分子，即电场导致体系内部的有序化结构被破坏，紊乱度增大，客观上的变化就是体系的熵在增大。根据反应的碰撞理论，参加反应的分子数增大的时候，其中的活化分子数也相应增加。因而，在同一时间内，可进行反应的分子数增多，引起反应速率的增大[6]。

(2)降低反应的引发条件，即加快四面体活化络合物的生成。酯化反应的控制步骤在于四面体活化络合物的生成。无电场作用下，分子容易通过氢键缔合成大的分子团，导致反应物的反应中心发生空间拥挤，这样必然使取代反应速率下降。但在电场体系中氢键缔合被破坏，醇和酸以游离的单个分子形式存在，降低了反应物的空间位阻，有利于亲核试剂的进攻，必然就加速了四面体活化络合物的形成。另外，在电场作用下，体系内的诱导极化和场效应均会受到影响，乙酸中的 C=O 极性键，在电场下进一步极化，电子云分布不均匀，羰基碳正离子进一步裸露,亲电性更强,更容易与亲核试剂结合,即加速了四面体活化络合物的形成,降低了酯化反应的活化能,酯化反应速率随之加快[7]。

(3)脉冲电场促进含水反应体系中乙酸分子电离出更多的 H^+。乙酸溶于水后电离出 CH_3COO^- 和 H^+,同时 CH_3COO^- 和 H^+ 又结合成 CH_3COOH 分子,乙酸水溶液中存在这样一个动态平衡。脉冲电场破坏乙酸分子间的氢键缔合状态,让更多的乙酸分子游离出来,从而能电离出更多的 H^+,加快了酯化反应过程中四面体活性中间体的形成,降低了酯化反应活化能,反应速率增大。这种动态的变化虽然具有可逆性,但是却对反应具有实质的促进作用,因为反应在电导率提高的过程中就已经发生了。脉冲电场破坏了体系中水化离子、水化分子结构,更多游离的离子、分子暴露在外面,增加了反应物分子间的碰撞概率,因此反应速率增加。

7.3　电场强化氨基酸螯合反应

7.3.1　螯合物的概念及特点

瑞士化学家维尔纳对配位数、配位键、配位化合物结构等概念进行了阐释,并解释了很多配合物的异构现象、电导性质及磁性[8]。配合物是一类由中心原子(离子)和围绕它的数个配体分子(离子)通过配位键或者离子键形成的具有特征化学结构的化合物。常见的配体分为单齿配体、多齿配体。单齿配体只能提供一个配位原子和中心原子成键,因此一个中心原子周围往往有多个配体,一般不成环。多齿配体可以提供多个配位原子的配体。螯合配体是多齿配体中应用最广泛的一种,是由螯合配体与中心原子形成的配合物,即螯合物。按照规定,氨基酸金属螯合物就是氨基酸和可溶性金属元素离子以一定的比例络合而成,分子量不超过 800 的化合物。它是一种特殊的螯合物,稳定性适中,有着重要的化学和生物意义。一般 α-氨基酸的螯合物为五元环,β-氨基酸能形成六元环。

螯合物作为一种配合物,其特殊性在于它具有环状结构,两个或两个以上配位体与同一个金属离子形成螯合环。由于其结构中经常具有五元环或六元环,一般来说它要比一般配合物稳定。金属元素氨基酸螯合物是中心原子为金属离子,配体为氨基酸的环状配合物。在金属元素氨基酸螯合物结构中,氨基酸能够和金属离子形成离子键,而且氨基酸上的 N 原子和 O 原子可以提供孤对电子,与金属离子的空轨道可形成配位键,形成稳定的五元环或者六元环,将金属离子围在中间(图 7-6),提高其稳定性,进而有效防止金属元素与草酸、柠檬酸等形成不溶物排出体外,从而影响其利用率。

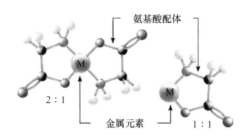

图 7-6 金属元素氨基酸螯合物的结构

7.3.2 氨基酸螯合物的应用

微量元素是指需要摄入量极少的,但又是生命活动不可或缺的元素。摄入过量、摄入不足,以及在体内的含量不平衡或缺乏都会引起生理上不同程度的异常甚至引发疾病。微量元素氨基酸螯合物作为一种新型的微量元素补充剂,在植物、动物和人体的微量元素补充方面,都发挥着重要的作用。它可以作为土壤肥料或者叶面喷施农药,对植物起到营养补充和杀菌抗虫的作用,也可以添加到动物饲料中,作为第三代微量元素补充剂,对动物的生长、发育和繁殖起着积极的促进作用。微量元素氨基酸螯合物也越来越多地被生产成各种制剂,在提高适口性的同时,补充人体所必需的微量元素,达到增强抵抗力,预防疾病的目的。

7.3.3 氨基酸螯合金属元素的方法

利用氨基酸螯合金属元素,制得具有生物活性的螯合金属元素的方法有多种,主要列举如下。

1)水相合成法

水相合成法是氨基酸螯合金属元素最常用的方法,制备工艺简单,可直接将氨基酸和金属盐经溶解混合并调节体系 pH,在一定温度下反应或回流,再利用有机溶剂提取螯合产物,进一步离心或过滤,干燥即可获得螯合物。此方法需要控制好二者体积比、反应温度、pH、反应时间等。主要缺点是反应周期长,温度和pH 较难控制,而且会产生大量的废液,对环境造成污染。优点是可获得较高的产率,因此此法仍然是应用最为广泛的工艺。

2)微波固相法

与水相合成法不同,微波固相法是将固体粉末状的氨基酸和金属盐混合后,利用微波这种电磁波的独特性能,促使分子极化旋转,从而促进螯合反应的进行。此法的优点是产生废水少,操作简便,省时,而且制得的产品纯度较高。缺点是反应过程中需要研磨,很难进行大规模生产,容易产生副产物且在微波下易焦烟;

并且该方法研究不够深入，需进一步完善。

3）电解合成法

电解合成法是在电压作用下，离子穿透离子选择性透过膜进入含氨基酸溶液的阴极室，在阴极室中离子与氨基酸形成氨基酸金属元素螯合物。有学者就曾运用此法制成甘氨酸钙。该法存在很多缺点，如资源消耗大，技术上也存在很多难题。

4）离子交换树脂法

该方法是指利用金属阳离子交换树脂，用 NaOH 调节 pH 到氨基酸的等电点以上，使两种离子在此条件下进行交换，生成氨基酸金属元素螯合物。总体上讲，该工艺具有一定的实用性，但整个流程需要大量时间。离子交换树脂法也是近年来国内学者提出的一种新型氨基酸螯合钙的制备方法。目前，该方法也处在试验规模的探索阶段。

5）高压流体纳米磨技术

设备以水作为介质，利用气穴坍塌原理，使氨基酸分子与金属离子迅速发生螯合反应；但设备生产成本高。目前该方法也处在试验探索阶段，没有投入工业化生产。

7.3.4　电场强化甘氨酸-铁反应活性

铁是人体需要的一种矿物质，是血红蛋白、肌红蛋白及各种酶的辅基且参与很多生化过程，如基因调控、细胞生长和分化、氧气及电子转运过程等。但是铁元素是最常见的人体缺乏的微量营养素，尤其在发展中国家，同时也是全世界贫血最常见的原因。大多数缺铁性贫血的人群主要为儿童、孕妇及老年人，存在一定的特殊性。此外，缺铁性贫血可以导致一些疾病的发生，如舌炎、蓝色巩膜，尤其是对儿童的神经发育不利。因此为了防止缺铁及治疗疾病，需要添加铁补充剂。为了加强食品中的铁，一般会采用向食品中添加一些无机铁盐，包括硫酸亚铁、氯化亚铁及乙二胺四乙酸等。这些物质的水溶性和人体吸收性不佳，而且可能会改变食品的风味，影响其原有品质。此外，人体摄入的一些植物类成分，如植酸、纤维、多酚类，也会影响某些铁强化剂在体内的吸收。

研究表明，脉冲电场处理可以明显增加甘氨酸与铁离子之间的螯合反应[9]。相比于水相合成法，脉冲电场在 4.0 kV/cm、6.7 kV/cm、9.3 kV/cm 和 12.0 kV/cm 条件下处理 60 min，导致甘氨酸-铁螯合物的产率分别增加了 43.96%、43.06%、37.23%、33.05%（表 7-1）。这一现象表明脉冲电场处理可以明显增加甘氨酸与铁离子之间的螯合反应。此外，处理时间越长，越不利于甘氨酸-铁螯合物生成。例如，当场强为 4.0 kV/cm、6.7 kV/cm、9.3 kV/cm 和 12.0 kV/cm 处理 15 min 时的甘氨酸-铁螯合物的产率分别为 81.22%、79.81%、74.84% 和 70.52%；当增加处理时间至 60 min 时，甘氨酸-铁螯合物产率却有所降低，分别为 78.04%、77.14%、71.31% 和 67.13%。发生这种现象的原因可能是随着脉冲电场处理时间的增加，溶液的性质发生了变化，如电导率及 pH，从而加速了螯合产物的分解过程。

表 7-1　不同处理方式下甘氨酸-铁螯合物的产率及螯合能力[9]

处理方式	时间/min	产率/%	螯合能力/(mg/L)
空白	60	34.08 ± 2.21	58.9 ± 3.1
PEF 4.0 kV/cm	15	81.22 ± 0.71	131.9 ± 7.3
	37.5	80.20 ± 1.45	133.2 ± 8.1
	60	78.04 ± 0.63	134.3 ± 4.4
PEF 6.7 kV/cm	15	79.81 ± 0.32	132.3 ± 5.2
	37.5	78.64 ± 0.70	135.8 ± 8.8
	60	77.14 ± 0.42	138.4 ± 7.2
PEF 9.3 kV/cm	15	74.84 ± 0.34	139.4 ± 7.3
	37.5	72.27 ± 0.78	140.7 ± 10.6
	60	71.31 ± 0.57	141.1 ± 9.4
PEF 12.0 kV/cm	15	70.52 ± 0.50	141.3 ± 2.1
	37.5	69.42 ± 0.46	142.0 ± 5.3
	60	67.13 ± 0.85	144.3 ± 4.8

另外从表 7-1 可以看出，与对照组相比，甘氨酸的螯合能力随着电场强度的增加而增大，当处理时间为 15 min 时，分别为 131.9 mg/L、132.3 mg/L、139.4 mg/L 和 141.3 mg/L；当处理时间增加至 60 min 后，其脉冲电场处理组的螯合能力分别为 134.3 mg/L、138.4 mg/L、141.1 mg/L 和 144.3 mg/L，表明随着处理时间的增加，甘氨酸-铁螯合物的螯合能力随之增加。这些结果说明脉冲电场场强的增加和处理时间的延长可以促进螯合反应过程并加快到达了螯合反应平衡。

7.3.5　电场强化甘氨酸-铜反应活性

铜元素是一种重要的微量元素，正常人体内铜含量为 2～3 mg/kg。它几乎存在于体内的每一个器官中，在人和动物的生长发育中扮演着重要的角色。例如，铜为细胞色素氧化酶的重要辅助因子，当体内缺乏铜元素时，这种酶参与的呼吸氧化作用降低，从而 ATP 的产生量减少，会导致能量不足，甚至脑部和神经系统都会发生障碍。铜也是酪氨酸酶的辅基，体内有足够量的铜才能够保证酪氨酸酶正常作用，将酪氨酸转换为黑色素。因此铜的缺乏会阻碍黑色素的转化，从而降低动物毛发的质量。铜还是赖氨酸氧化酶和胺氧化酶的辅基，直接参与骨骼的合成以及毛发、羽毛的色素沉着和角质化过程。铜还是铜蓝蛋白的辅基，催化二价铁离子氧化为三价铁离子，促进其吸收。对于超氧化物歧化酶来说，铜也是很重要的组成部分，它能够催化超氧离子转化为过氧化氢和氧，从而防止超氧离子对细胞造成损害。另外，铜元素对家禽和家畜的生长也非常重要。缺铜可引起猪毛发褪色，生长受阻，骨关节异常，腿关节软弱无力，也可导致鸡骨骼畸形，羔羊运动失调等。另外，氨基酸铜作为动物饲料中的微量元素补充剂，在促进家畜(猪和羊)、家禽(鸡)、反刍动物(牛和羊)以及水生动物(鱼和虾)的生长繁殖方面相比于无机铜盐有更优的作用。

于倩等[10]在螯合比为2∶1、pH为7.0、温度为50℃的反应条件下，采用不同场强的脉冲电场对甘氨酸和硫酸铜反应液进行处理。由图7-7可以看出，20 kV/cm的场强处理20 min后，甘氨酸铜产量明显高于未经电场处理的样品。随着电场强度的增大，促进效果增强。当场强达到40 kV/cm、处理时间为50 min时，甘氨酸铜的浓度提高了89%。另外，研究发现氨基酸铜在贮藏期间的分解速率、pH和电导率等方面的变化表明经过脉冲电场处理后获得的氨基酸铜具有更高的稳定性。例如，所有经电场处理的氨基酸铜溶液摩尔电导率均降低。其中，甘氨酸铜摩尔电导率从123 mS/cm降至105 mS/cm，赖氨酸铜从111 mS/cm降到103 mS/cm。

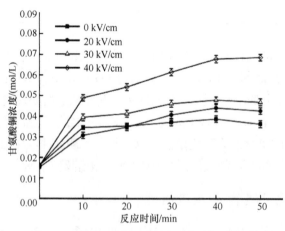

图 7-7 不同场强处理对甘氨酸铜产量的影响

7.3.6 电场强化氨基酸螯合反应的机理

在特定条件下，氨基酸水溶液共价键会发生均裂，形成自由基等具有不成对电子的原子团。这些自由基大多不稳定，不能单独存在，倾向于互相结合，或者与其他物质的离子、自由基反应形成新的更稳定的分子。脉冲电场两个电极之间可以认为是一个等效电阻，在运行过程中可以导致电极板之间聚集大量的电子。电子具有负电荷，可以与带有正电的离子结合，改变物质的电离过程，从而影响一些具有电荷的化合物，尤其是具有两性电离的氨基酸等。在脉冲电场作用过程中，由于电极板存在大量电子，电子可以主动与带正电的阳离子作用，从而影响氨基酸的电离过程(图 7-8)。这一过程使得氨基及羧基发生解离，进而促进了氨基酸与金属离子的相互作用，加速了螯合反应过程。

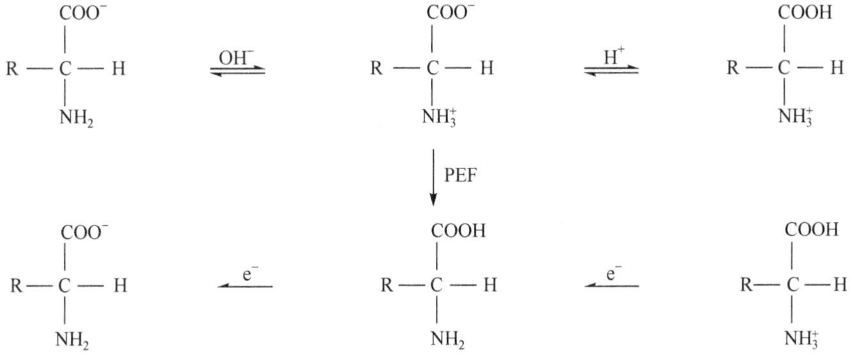

图 7-8　脉冲电场作用影响氨基酸的电离过程

　　以甘氨酸与亚铁离子之间的化学反应过程为例。两分子甘氨酸的羧基与氨基结合亚铁离子形成稳定的甘氨酸-铁螯合物(图 7-9)。根据碰撞理论，温度升高可以明显地增加分子和离子的热运动以及活化分子个数，从而增加了化学反应速率。对于电场处理过程，可能的机理如图 7-10 所示，即脉冲电场作用生成了少量的自由基以及过氧化氢，这些活性氧分子作用于甘氨酸的氨基及羧基基团从而改变了甘氨酸的电负性，促进了氨基及羧基的解离，促进了甘氨酸与亚铁离子的相互作用，从而促进了螯合反应过程。此外，研究表明脉冲电场可以增加物质的运动，因此脉冲电场过程可能促进了分子之间的有效碰撞，继而增加了螯合反应过程[11]。

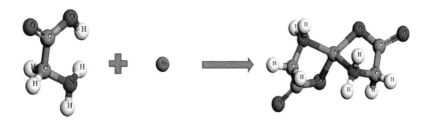

图 7-9　未经脉冲电场处理的甘氨酸与亚铁离子螯合反应过程

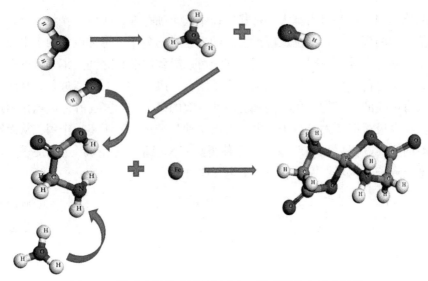

图 7-10　脉冲电场处理的甘氨酸与亚铁离子螯合反应过程

7.4　电场强化美拉德反应

7.4.1　美拉德反应及其机理

美拉德反应又称为褐变反应或羰氨反应,是氨基化合物与还原糖之间发生的非酶促褐变。美拉德反应经过一系列复杂的反应过程,最终生成棕色甚至是黑色的大分子类黑精或称拟黑素。由于羰基和氨基化合物在食品中广泛存在,因此美拉德反应具有普遍性。美拉德反应产生的活性中间产物和杂环类化合物可以为食品提供特殊的风味和色泽,还具有抗氧化、抗诱变等特性,故在食品、香料等行业都有重大的应用。但是该反应也存在一定的弊端,例如,造成氨基酸尤其是必需氨基酸的损失;可能造成食品的颜色过深影响色泽;产生的某些中间产物,如5-羟甲基糠醛(HMF)和丙烯酰胺等有害物质,对人体的毒副作用也不容忽视。

研究表明,美拉德反应机理分为三个反应阶段,其反应机理和产物十分复杂,其中广为接受的为 Hodge 提出的美拉德反应历程[12],如图 7-11 所示。

(1)初级阶段:反应物的羰基与氨基之间脱水缩合环化变为 *N*-糖基胺,再经 Amadori 重排转变成 1-氨基-1-脱氧-2-酮糖。

(2)中间阶段:Amadori 重排产物可经如下几条主要的路线进行反应。pH≤7 时,利于 1,2-烯醇化,经过 1,2-烯胺醇、3-脱氧-1,2-二羰基化合物,最终生成 5-羟甲基糠醛/糠醛和类黑素。pH>7 且温度较低时,利于 2,3-烯醇化,生成 2,3-烯二醇、1-甲基-2,3-二羰基化合物(脱氢还原酮)、乙酰基烯二醇(还原酮)。脱氢还原酮易使氨基酸发生脱羧、脱氨反应形成醛和 α-氨基酮类，即发生 Strecker 降解反应。pH＞7 且温度较高时，利于裂解，产生丙酮醇、丙酮醛和丁二酮等活性中间体。

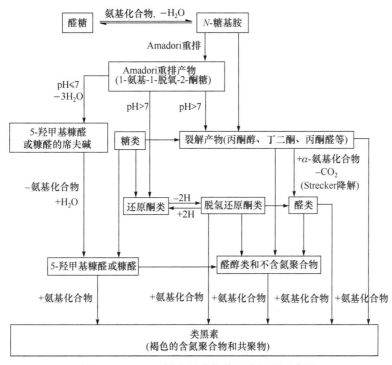

图 7-11　Hodge 提出的美拉德反应历程示意图

(3)高级阶段：此阶段相当复杂，其历程尚未完全清楚。大致包括醇醛缩合、醛-氨基聚合等一系列反应，产生了众多活性中间体及杂环类化合物，以及醛类(尤其是 α,β-不饱和醛)和胺类在低温下很快聚合或共聚为高分子的含氮类黑素。脱氮聚合物也可以与胺类发生缩合、脱氢、重排、异构化等一系列反应生成类黑素。类黑素是棕黑色的固体，一般含氮 3%～4%，结构不明，其组成与原料和生成方式有很大关系。目前已知类黑素分子结构中含有不饱和的咪唑、吡咯、吡啶、吡嗪之类的杂环以及一些完整的氨基酸残基等。

7.4.2　美拉德反应的应用

目前，通过美拉德反应制备蛋白质/氨基酸-糖共价复合物的方法主要有干热法和湿热法两种。干热法是最传统的一种方法，将蛋白质/氨基酸与糖分别溶解在水或缓冲溶液中，二者混合均匀后冷冻干燥，通过一系列反应形成共价复合物。

湿热法是将一定比例的蛋白质/氨基酸与糖混合水溶液放入密闭装置中,通过水浴或者油浴进行加热,最后通过冰浴来降低反应温度,从而结束反应。

由于美拉德反应独特的风味和有益的作用,被广泛应用于工业生产中。不同的糖和氨基酸反应,产生的香味不一样。例如,核糖和半胱氨酸反应可以产生烤猪肉味,和谷胱甘肽反应,则可以产生烤牛肉味。利用风味蛋白酶将脱脂大豆粉转变为酶解植物蛋白,然后加入核糖、半胱氨酸,通过一系列的美拉德反应即可制备出牛肉香味物质。

7.4.3　脉冲电场强化美拉德反应的运用

美拉德反应被认为是在食品加工或烹饪和储存过程中发生的最重要的化学反应之一。美拉德反应速率取决于许多因素,如食物组成、反应时间、温度、pH、还原糖或碳水化合物的含量和性质(即糖的类型)、氨基酸或蛋白质的类型等。热处理是促进美拉德反应的一种传统方法,然而它能够导致一系列有毒化合物产生,如丙烯酰胺和4-甲基咪唑。为了控制美拉德反应的程度并尽量减少传统热处理的不利影响,人们正在尝试使用一些新兴技术,如脉冲电场、超高静压、微波和超声技术等,减少美拉德反应过程中有害物的生成。目前,关于脉冲电场对美拉德反应的影响的报道很少,主要集中在脉冲电场对某些还原糖(如葡萄糖、果糖等)与氨基酸和蛋白质模拟体系中美拉德的促进和加强作用、有害物质产生的影响以及溶液pH、褐变程度、抗氧化活性等参数变化。

7.4.3.1　电场强化葡萄糖与甘氨酸的美拉德反应

葡萄糖是一种广泛存在于水果、蔬菜中的还原糖,且含量普遍较高;甘氨酸是中性氨基酸,较易发生美拉德反应。徐茜等[13]在脉冲电场作用下建立了葡萄糖与甘氨酸模拟反应体系,根据270 nm处吸光度,表征吡嗪类物质的形成速率及浓度的变化,作为美拉德反应发生的指标,考察了溶液pH、电场强度、处理时间以及贮藏期四个参数对葡萄糖-甘氨酸体系美拉德反应的影响。结果表明,当电场强度为28 kV/cm、pH为7.96时,脉冲电场处理对葡萄糖-甘氨酸溶液体系的美拉德反应具有明显的促进作用;当脉冲电场场强小于24 kV/cm,脉冲电场处理对美拉德反应过程无明显作用。此外,随着贮藏时间的延长以及温度的升高,经过脉冲电场处理后的溶液美拉德反应程度会增加。

Wang等[14]也研究了脉冲电场对葡萄糖-甘氨酸溶液的甘氨酸和葡萄糖美拉德反应的影响。其中反应体系在420 nm处的吸光度强度反映美拉德反应的高级阶段产物的含量,直接表征美拉德反应在食品中发生的程度。结果显示,在脉冲电场强度为40 kV/cm时,$A_{420\,nm}$随着处理时间的增加逐步升高。在7.35 ms处理后,

溶液的 $A_{420\,nm}$ 值约为 0.17。然而，在脉冲电场场强≤30 kV/cm 条件下，$A_{420\,nm}$ 仅出现轻微的增加(图7-12)。另外该研究还检测到处理样品的抗氧化活性增加与脉冲电场场强有关。当脉冲电场强度为 10 kV/cm 和 20 kV/cm 时，溶液的 DPPH 自由基清除活性略有增加。然而，当脉冲电场强度增加至 30 kV/cm 和 40 kV/cm 时，检测到 DPPH 自由基清除活性随着处理时间的增加而显著增加，可达 39.36%。此外，在该试验中，美拉德反应期间消耗了 13.09%甘氨酸和 50.76%葡萄糖。该研究表明脉冲电场处理，尤其是 30 kV/cm 以上的高强度脉冲电场处理，可显著强化甘氨酸-葡萄糖溶液中的美拉德反应。

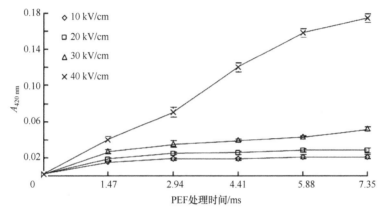

图7-12　不同电场强度对葡萄糖-甘氨酸模拟体系中美拉德反应发生的影响

$A_{294\,nm}$ 和 $A_{420\,nm}$ 分别表征美拉德反应中间产物和高阶产物的生成量

7.4.3.2　电场强化多种糖与谷氨酸钠的美拉德反应

脉冲电场处理能够显著强化果糖、葡萄糖、麦芽糖、乳糖及蔗糖与谷氨酸钠发生美拉德反应。研究结果表明，经脉冲电场(场强 4.0 kV/cm)处理后，果糖-谷氨酸钠体系美拉德反应最为显著，其中在 294 nm 和 420 nm 的吸光度最大(图7-13)[15]。

处理时间 1.88 ms 后，果糖-谷氨酸钠的美拉德反应产物的 $A_{294\,nm}$ 和 $A_{420\,nm}$ 分别从 0 增加到 1.71 和 0.07。而葡萄糖-谷氨酸钠、蔗糖-谷氨酸钠、麦芽糖-谷氨酸钠和乳糖-谷氨酸钠体系中的 $A_{294\,nm}$ 分别从 0 增加到 0.57、0.53、0.23 和 0.24，$A_{420\,nm}$ 分别从 0 增加到 0.03、0.02、0.01 和 0.01。$A_{294\,nm}$ 和 $A_{420\,nm}$ 的增加表明美拉德反应中间体的产生，褐色素形成。另外研究还发现，果糖、葡萄糖、蔗糖、麦芽糖和乳糖与谷氨酸钠体系的 DPPH 自由基清除率均有一定程度的增加。例如，果糖-谷氨酸钠体系的 DPPH 自由基清除率增加了 10.96%，而葡萄糖、蔗糖、麦芽糖和乳糖与谷氨酸钠体系在脉冲电场处理后 DPPH 自由基清除率分别增加了 3.89%、

3.66%、1.59%和2.61%。

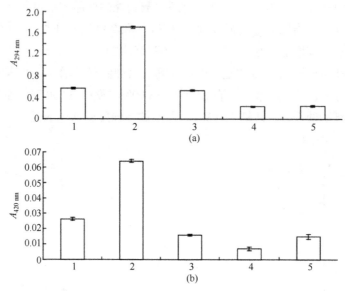

图 7-13　还原糖-谷氨酸钠反应体系的中间体产生 $A_{294\,nm}$（a）和褐变程度 $A_{420\,nm}$（b）
1. 葡萄糖-谷氨酸钠体系；2. 果糖-谷氨酸钠体系；3. 蔗糖-谷氨酸钠体系；4. 麦芽糖-谷氨酸钠体系；
5. 乳糖-谷氨酸钠体系

7.4.3.3　电场强化果糖与天冬酰胺的美拉德反应

脉冲电场处理也能够显著增强果糖与天冬酰胺溶液体系中的美拉德反应过程，并且在强化反应过程中没有有害物质（如丙烯酰胺和 5-羟甲基糠醛类化合物）的生成。Guan 等[16]通过监测果糖与天冬酰胺反应体系的褐变指数、紫外吸收强度和体系的抗氧化活性等方面，研究脉冲电场对两者发生美拉德反应的影响。结果显示，在脉冲电场强度为 40 kV/cm 条件下处理 7.35 ms，反应溶液在 294 nm 和 420 nm 处的吸光度分别从 0 显著增加至约 1.14 和 0.74。另外还检测到处理样品的抗氧化活性相应地增加了 20.33%。同时，还观察到反应体系中天冬酰胺含量降低了 14%，葡萄糖含量降低 66%。通过高效液相色谱分析证明，通过脉冲电场处理显著增强了果糖与天冬酰胺反应系统中的美拉德反应，并且没有发现 5-羟甲基-2-糠醛的产生。

7.4.3.4　电场强化葡聚糖与蛋白质的美拉德反应

乳清蛋白是牛奶和奶酪工业的副产品，主要由 β-乳球蛋白、α-乳清蛋白和牛血清白蛋白组成。近二十年来，由于其优异的功能特性和高含量的必需氨基酸，已被广泛用作营养和高蛋白食品成分。有不少研究尝试通过物理、化学或酶处理进一步改善其功能和物理化学性质，以提高其营养价值。研究表明，脉冲电场能够增强乳清蛋白与葡聚糖在水溶液中发生美拉德反应，进而显著改善乳清蛋白的乳化性能和热稳定性。如图 7-14 所示，与未处理的乳清蛋白-葡聚糖溶液相比，电场处理(15 kV/cm 和 30 kV/cm)后，溶液的 $A_{420\,nm}$ 随着电场强度的增加，分别从 0.032 增加至 0.217 和 0.389。该结果表明，脉冲电场处理导致乳清蛋白-葡聚糖溶液中美拉德反应产物的含量增加，一些中间产物可能趋于聚合并在美拉德反应中形成棕色物质，因此导致该溶液在 420 nm 处的吸光度增加。同时，由于与葡聚糖美拉德反应，乳清蛋白的二级结构具有一定损失。然而，与最初的乳清蛋白相比，其溶解度和乳化性能得到显著改善[17]。

　　另外研究发现，脉冲电场也能够显著增强牛血清白蛋白-葡聚糖美拉德反应 [18]。在 0~20 kV/cm 的强度范围内，牛血清白蛋白-葡聚糖溶液 $A_{294\,nm}$ 从 0.2 增加至 1.19，$A_{420\,nm}$ 从 0 增加至 0.38。该结果表明，脉冲电场处理可以在很大程度上促进美拉德中间产物和高级产物产生。

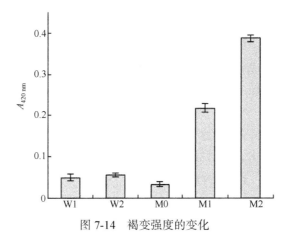

图 7-14　褐变强度的变化

W1 和 W2 表示经场强 15 kV/cm 和 30 kV/cm 处理的乳清蛋白；
M0、M1 和 M2 表示经场强 0 kV/cm、15kV/cm 和 30 kV/cm 处理的混合乳清蛋白-葡聚糖溶液

7.4.4　电场强化美拉德反应的机理

　　脉冲电场能够强化美拉德反应的机理可能是：反应体系处理过程中脉冲电场能够产生电子导致分子极化并且在正负极产生强的电子牵引效应，通过 OH⁻中氧原子含有的孤对电子作为电子转移的介质，加速氨(胺)类化合物中氮原子孤对电子攻击还原糖半缩醛羟基碳原子，产生电子迁移，从而促进美拉德反应初级阶段的进行[19]。然而，具体机理的研究非常有限，且不明确，有待深入研究。

7.5　电场在酒催陈方面的运用

7.5.1　几种酒类催陈技术

新酿制的酒,无论是发酵酒、蒸馏酒或配制酒,都有共同缺点,即酒冲、味辣、苦涩、香气不协调或漂浮,比较淡薄,饮后缺乏回味,酒质粗糙不圆润。因此,新酒需要经过一定时间的贮藏陈化后才能更好地饮用。传统的自然陈化过程缓慢,并且需要大量的贮酒容器和占地面积,严重制约着企业的发展速度和经济效益。近年来,一些科学工作者以提高酒的品格且缩短贮藏时间为主要目的,对酒的催陈进行了方法研究,主要包括冷热处理法、静电催陈法、超高静压催陈法、磁场催陈法、红外线催陈法、高能射线催陈法等[20]。

1) 冷热处理法

温度对酒成熟有直接影响,例如,温度高,低沸点成分挥发和发生化学反应较快,容易成熟。贵州茅台酒厂采用不同温度处理进行催陈,效果有好有坏。冷热处理催陈法也曾用于葡萄酒生产,但是其催陈效果不稳定,引起的热效应大,会对葡萄酒中的活性成分造成破坏,导致其功能性作用的降低或丧失,且有可能造成葡萄酒色泽劣变和产生异味,因此没有大规模投产应用。

2) 静电催陈法

酒的静电催陈是将适量的酒倒入特制的容器,置于静电场的作用下,发生一系列的物理和化学变化,从而加速了酒的陈化过程。处理时要适当控制电场强度和时间。经过静电场处理后的酒,其色、香、味与自然陈化一年的酒基本相同。

3) 超高静压催陈法

在超高静压作用下,葡萄酒的体积由于压力的增大而减小,酒中各分子之间的距离也因被压缩而减小,乙醇分子和水分子被重新排列,超高静压提供的能量可以被各组分的分子基团吸收并转化为后续反应所需的活化能,从而促进缔合反应的进行,加速陈化。在超高静压处理的整个过程中,温度变化不大,热效应小。超高静压处理能破坏高分子的氢键、离子键,而对共价键的影响较小,尤其是对小分子色素、维生素、氨基酸、多肽、果酸及香气成分几乎没有破坏作用。

4) 磁场催陈法

使新酒通过可透磁场的管道,对酒进行预处理,然后在酒中加入适量的助剂。此方法的具体应用取决于酒的质量及制酒时所用水的质量和原料等,处理后的酒色、香、味可达到自然陈化六个月至一年或者更长时间的陈酿效果。

5)红外线催陈法

用红外线照射新酒，处理时应严格控制酒的温度在 30～40℃之间，当用一定波长的红外线辐射酒时，不仅能因为温度升高而使分子运动速度加快，增加单位时间的碰撞次数，更主要的是因为温度升高和能量增加，会使一些原来非活化的分子获得足够的能量而活化，相应增加活化分子的比例，大大缩短新酒陈酿过程中物理和化学变化的时间，从而加快酒的陈酿速度。

6)高能射线催陈法

借助高能量的 X 射线和 γ 射线，酒中某些化学物质可以发生有力的碰撞，致使化学键断裂，使某些大分子变成小分子或络合物，以利于它们自行络合成新的分子，进而达到加速酒陈化的作用。例如，γ 射线能在常温下为乙醇与水的相互渗透提供活化能，使水分子不断解体成游离态氢氧根，同乙醇分子亲和，完成渗透过程，处理后的酒，香味有所增加，比原酒醇和，苦涩味减轻，进口更为柔和。

7.5.2　现有技术存在的缺陷

现有的酒类催陈方法都存在各自的缺陷，导致其不能在实际生产中大规模应用，主要缺陷如下。

(1)很多处理技术催陈的酒有不同程度的"返生"现象，催陈没有实际意义。

(2)有的方法，如 γ 射线处理，设备庞大，工业化应用不便。

(3)有的方法，如超高静压处理、红外、高能射线等方法，需要严格控制处理条件，否则会出现不利于口感提高的效果。

(4)有的方法需要改变温度，如冷热法会导致酒体香气的丧失和风格的改变。

相比之下，脉冲电场技术因其传递均匀、处理时间短、产热少，能够在较短时间内明显改善酒的品性，使酒香明显加强、口感柔和协调、更加饱满且几乎不出现"返生"现象等，已经成为加速酒类陈酿的潜在使用手段。

7.5.3　电场催陈葡萄酒及其香气成分的变化

刘学军以某干红葡萄酒(通化茂祥葡萄酒股份有限公司 2005 年生产)为研究对象，采用 2003 年份和 2004 年份对应的干红葡萄酒作对照，在高压脉冲电场频率为 3000 Hz，流速为 14 mL/min，处理温度为 20℃，电场强度分别为 5 kV/cm、10 kV/cm、15 kV/cm、20 kV/cm、25 kV/cm、30 kV/cm、35 kV/cm 条件下，探究了不同场强的脉冲电场处理后其物理指标和香气成分等的变化，进而探究脉冲电场对葡萄酒的催陈效应[21]。

相应的物化指标测定结果如表 7-2 所示。从表中可以看出，处理后酒中干浸出物的含量相对于未经电场处理的 2005 年产干红葡萄酒有了不同程度的增加，并且变化较为平稳，这说明电场促进了酒中成分的变化，干浸出物含量提高，可以使酒体口感变得更加饱满、富有内涵，符合陈酿变化规律。干浸出物含量在电场强度为 35 kv/cm 处有最大增幅，可能此条件更利于干浸出物含量的增加。经过电场处理后，酒中干浸出物的含量均大于或近似于 2003 年产干红葡萄酒（干浸出物含量为 18.0 g/L）。

表 7-2　　电场强度对葡萄酒物化指标的影响[21]

场强/(kV/cm)	干浸出物含量/(g/L)	挥发酸含量/(g/L)	pH	总酸含量/(g/L)	电导率/(μS/cm)
0	16.4	0.12	3.07	6.08	1147
5	17.5	0.14	3.1	6.05	1141
10	17.7	0.13	3.08	6.06	1146
15	17.8	0.14	3.08	6.07	1148
20	18	0.13	3.08	6.1	1161
25	18.8	0.14	3.08	6.12	1158
30	19.6	0.14	3.09	6.12	1158
35	20.6	0.13	3.09	6.13	1154

另外，从表 7-2 中可以看出，处理后酒样的总酸含量具有明显上升趋势，而在 5～15 kV/cm 区间，总酸的含量略低于原酒。这意味着较低的电场强度有一定的降酸作用，但随着电场强度逐渐增加，酒样中的游离氢离子也随之增多，可能原因是高压脉冲电场在提供能量的同时，加速了酒中氧化反应的过程，使酒中的部分醇类、醛类发生氧化反应转化为某些有机酸，提高了酒的酸度。电导率表征的是物质传送电流的能力，直接和溶解物的质量浓度成正比，反映了溶质的溶解状态。葡萄酒的电导率主要反映了酒石酸氢钾在酒中的溶解状态。在电场作用下，葡萄酒电导率的变化在 5～10 kV/cm 区间呈上升趋势，但都低于原酒的电导率值；在 20～35 kV/cm 之间的电导率基本保持在一个水平，变化不再明显。而在 20 kV/cm 之后，总酸含量仍保持上升趋势，电导率的变化不再明显，还略有降低，这可能是电场在促进酸度增加的同时，也促进了酒的聚合反应，形成了某些大分子的络合物，从而使电导率有下降趋势，但变化并不明显。

处理前后香气成分的变化具体数值见表 7-3 所示。从表中可以看出，随着电场强度的增大，葡萄酒中乙醇的含量呈下降趋势。当电场强度为 5 kV/cm、10 kV/cm 时，样品中乙醇的含量低于 2004 年产干红葡萄酒（11.60%）；电场强度增加至 15 kV/cm、20 kV/cm、25 kV/cm、30 kV/cm、35 kV/cm 时，样品中乙醇的含量低于 2003 年产干红葡萄酒（8.63%）。葡萄酒中乙醇含量适当降低可减少酒的刺激性，增强口感，但乙醇是葡萄酒的骨架，对酒的稳定性、陈酿以及感官特征有重要意义，因此葡萄酒中的乙醇含量不能无限制地减少，否则不利于其他香气成分在酒中溶解。综合考虑上述因素，确定电场强度在 10～25 kV/cm 这个范围时，葡萄酒中的乙醇含量得到了适当降低。

表 7-3　不同电场强度处理后的 2005 年产干红葡萄酒样中各类香气成分的变化[21]

成分名称	不同电场强度处理后各类香气的相对含量/%							
	0 kV/cm	5 kV/cm	10 kV/cm	15 kV/cm	20 kV/cm	25 kV/cm	30 kV/cm	35 kV/cm
乙醇	13.38	11.22	9.56	8.15	7.9	7.15	6.27	4.24
2-甲基-1-丙醇	3.73	2.18	1.98	2.46	2.38	2.85	2.86	2.97
2-甲基-1-丁醇	5.66	4.93	4.6	4.8	5.28	5.68	5.49	5.61
3-甲基-1-丁醇	21.86	17.55	16.52	18.71	18.54	19.76	26.5	27.35
1-己醇	0.29	0.29	0.24	0.25	0.48	0.54	0.37	0.56
1,3-丁二醇	0.24	0.16	0.16	0.15	0.12	0.15	0.17	0.2
2,3-丁二醇	0.86	0.86	0.81	0.83	0.79	0.87	0.82	0.91
3-甲硫基-1-丙醇	0.29	0.31	0.27	0.27	0.29	0.27	0.28	0.33
4-羟基苯乙醇	0.38	1.35	1.34	1.15	1.16	1.09	0.97	0.27
苯乙醇	5.81	8.23	8.96	8.67	8.21	7.9	7.59	8.09
乙酸乙酯	3.12	2.39	2.5	4.2	3.29	4.83	4.92	5.13
山梨酸乙酯	0.1	0.09	0.15	0.12	0.13	0.11	0.13	0.12
酒石酸二乙酯	0.21	0.71	0.72	0.64	0.67	0.56	0.44	0.11
丁二酸二乙酯	6.47	9.91	11.15	9.73	10.06	8.26	7.78	5.7
2-甲酸乙酯	0.51	0.93	0.94	0.64	0.77	0.71	0.7	0.28
辛酸乙酯	0.06	0.08	0.11	0.07	0.1	0.06	0.08	0.07
丁酸内酯	0.31	0.26	0.28	0.29	0.26	0.26	0.25	0.24
山梨酸	15.44	18.86	18.52	19.46	17.51	16.41	15.83	15.65
羟基丁二酸	1.2	2.75	2.7	2.2	2.56	2.18	2.15	1.88
2-甲基丙酸	0.11	0.1	0.09	0.07	0.08	0.07	0.06	0.04
2-羟基丙酸	4.55	5.5	6.17	7.22	6.57	6.62	7.03	5.92
3-羟基丁酸	0.03	0.04	0.03	0.03	0.03	0.03	0.03	0.03
乙酸	1.68	1.7	1.98	2.01	1.64	1.67	1.59	1.44
己酸	0.04	0.09	0.1	0.09	0.09	0.07	0.08	0.06
1,2-苯二甲酸	4.18	6.7	6.62	6.33	6.25	5.93	6.02	5.62

另外，经脉冲处理后的 2005 年产干红葡萄酒中总杂醇油的含量在一定的场强范围内有所降低。相反，总酯和总酸的含量有了较大的提高。该结果与葡萄酒快速陈化具有明显的相关性。例如，在 0～35 kV/cm 场强范围，2005 年产干红葡萄酒中总杂醇油的含量从 32.93% 变化至 26.28%、24.58%、27.47%、27.88%、30.12%、36.49% 和 37.93%。结果显示，总杂醇油的含量在 5～25 kV/cm 场强处理后出现了下降，达到 2003 年和 2004 年产干红葡萄酒中杂醇油的含量（分别为 27.08% 和

29.43%)水平。然而，随着电场强度的升高则出现增加的趋势。一般来说，杂醇油的合成途径有两个，一是氨基酸还原脱氨，二是糖代谢。从减少葡萄酒中杂醇油含量的角度考虑，较低的电场强度效果可能要好于高电场强度，其原因可能是高电场强度会造成葡萄酒中各有机分子的剧烈变化，促进氨基酸的还原脱氨或糖代谢，从而增加了杂醇油的含量。

总酯则在 5～35 kV/cm 场强下从 10.78%增加至 14.37%、15.85%、15.69%、15.28%、14.79%、14.30%和 11.65%。其中当电场强度为 5～30 kV/cm 时，样品中总酯的含量均高于 2004 年产干红葡萄酒(13.52%)；当电场强度为 10 kV/cm、15 kV/cm 时，样品中总酯的含量均高于 2003 年产干红葡萄酒(15.61%)。

综上所述，适当的电场强度会促进酯化反应的进行，使醇和酸进一步反应生成酯，而当葡萄酒中的醇、酸、酯的量达到平衡时，酯化反应不再进行，电场强度的增加只会促进酯的水解，使葡萄酒中酯的含量有所减少。与总酯含量较为一致的是葡萄酒中总酸的含量也出现类似的变化。

7.5.4　电场催陈白兰地酒及其香气成分的变化

张斌[20]在 5 L 和 2 L 法国橡木桶两端施加 1.0 kV/cm 左右的电场强度(频率 1 kHz)，连续处理 15 个月，全面分析白兰地陈酿 15 个月过程中各种物质的含量变化，主要包括多酚类、醛类、酸类、酯类、醇类物质，以及色度、pH、溶解氧、氧化还原电位等指标，并与工业化生产的 225 L 橡木桶中自然陈酿的白兰地酒进行了对比。结果发现，电场能够显著加速白兰地在橡木桶中的陈酿过程。

在 5 L 及 2 L 橡木桶中白兰地的酚类物质、酯类物质(图 7-15)及 β-苯乙醇含量随贮藏时间均呈现递增的趋势，但电场处理样的各物质含量均高于同期同容积的自然陈酿样。例如，在 5 L 橡木桶中，电场处理样的单宁(图 7-16)、缩合单宁、总酚、辛酸乙酯、乙酸乙酯及 β-苯乙醇含量比自然陈酿样在 6 个月时分别提高了31.6%、68.2%、7.5%、6.6%、16.6%和 1.6%；在 2 L 橡木桶中分别提高了 43.3%、60.3%、3.1%、10.8%、17.5%和 1.4%。与工业化生产所用 225 L 橡木桶陈酿白兰地 12 个月时的酚类物质、酯类物质及 β-苯乙醇含量相比，5 L 电场处理样的单宁、缩合单宁、总酚、辛酸乙酯、乙酸乙酯及 β-苯乙醇含量分别在 7 个月、7 个月、8 个月、8 个月、10 个月及 4 个月时超过 225 L 橡木桶陈酿白兰地的值，2 L 电场处理样则分别在 5 个月、5 个月、5 个月、7 个月、9 个月及 4 个月时超过 225 L 橡木桶陈酿白兰地的值。

另外，随着陈酿时间的延长，乙醛、乙缩醛、糠醛含量呈现先降低后升高的趋势；乙酸、辛酸、癸酸均呈现递增的趋势，但是电场处理样的增幅要小于同期同容积的自然陈酿样。例如，在 5 L 橡木桶中，电场处理样的乙酸、辛酸及癸酸

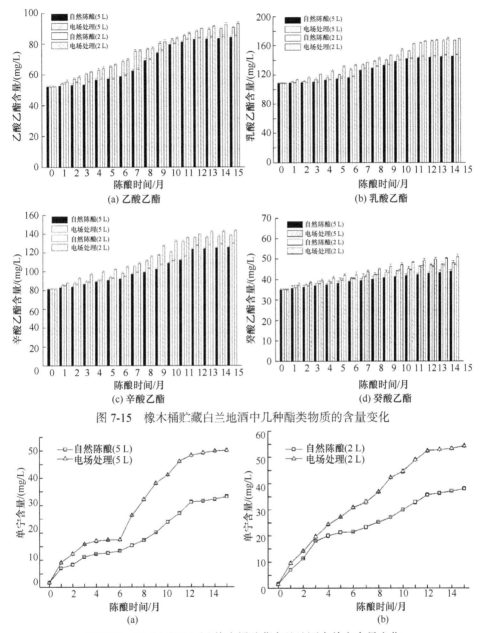

图 7-15　橡木桶贮藏白兰地酒中几种酯类物质的含量变化

图 7-16　5 L(a) 和 2 L(b) 橡木桶贮藏白兰地酒中单宁含量变化

含量比自然陈酿样在 6 个月时分别降低了 25.1%、53.7% 和 27.4%，12 个月时分别降低了 20.1%、50.1% 和 33.0%；在 2 L 橡木桶中，6 个月时分别降低了 33.4%、39.1% 和 24.7%，12 个月时分别降低了 36.0%、34.8% 和 33.2%。杂醇油及甲醇含量均呈逐渐降低的趋势，且电场处理样的杂醇油及甲醇含量要低于同期同容积的自然陈酿样。例如，在 5 L 橡木桶中，电场处理样的杂醇油及甲醇含量比自然陈酿样在 6 个月时分别降低了 8.26 mg/L 和 4.34 mg/L，12 个月时分别降低了 8.27 mg/L 和 5.06 mg/L；在 2 L 橡木桶中，6 个月时分别降低了 14.04 mg/L 和 6.97 mg/L，12 个月时分别降低了 10.34 mg/L 和 9.87 mg/L。

7.5.5　电场催陈白酒及其香气成分的变化

为了缩短白酒的陈酿时间，在保证白酒原有质量和风格的基础上改善品质和提高生产效率。赫桂丹[22]通过化学分析、气相色谱及口感鉴定等分析检测手段，对吉林"榆树大曲"白酒的高电压脉冲电场人工催陈效果及相关机理方面展开了系列研究。结果发现（表 7-4 和表 7-5），经过脉冲电场处理的 1 年的酒样，酒精度、总酸和总醛的测定结果均介于 1～6 年之间；总酯的含量比 6 年的还要有所增加；杂醇油和甲醇的含量都有所下降，而且甲醇含量还达到了自然储存 6～10 年的水平；随着贮藏时间的延长，发现白酒经过高电压脉冲电场催陈后并没有出现返生现象，催陈效果理想。这说明 1 年白酒经过高电压脉冲处理后可以达到陈酿 6 年左右的水平。

表 7-4　"榆树大曲"白酒的气相色谱外标法主要香气成分分析结果[22]

香气成分	含量/(g/L)		
	1 年	6 年	PEF
乙醛	0.125	0.391	0.217
甲醇	0.388	0.345	0.327
正丙醇	0.936	0.914	0.922
异丁醇	0.092	0.074	0.081
正丁醇	0.514	0.498	0.487
异戊醇	0.602	0.581	0.579
乙酸	0.862	1.925	1.854
己酸乙酯	0.154	0.173	0.186
乙酸乙酯	0.351	0.527	0.602
乳酸	0.212	0.269	0.241

表 7-5　"榆树大曲"白酒的主要香气成分气相色谱归一化分析结果[22]

成分	各成分的比例/%		
	1 年	6 年	PEF
总醛	0.13	0.3	0.21
总醇	94.45	91.66	91.6
总酸	3.72	5.87	5.33

7.5.6 电场催陈的机理研究

酒在自然陈酿过程中，会发生一系列复杂的物理和化学反应，其中主要的物理过程包括水分子缔合、乙醇分子缔合，以及乙醇和水分子、醛类物质、酸类物质缔合等，化学反应则存在酯化反应、氧化还原反应、缩合与聚合反应等。整个过程是酒质不断提升的过程，复杂而缓慢。各类酒经过陈酿，酒体澄清透明、香气悦人，同时增加了稳定性，这些变化都直接与上述化学反应密切相关。

在物理过程中，人们往往对乙醇和水分子的缔合作用比较了解，而酒中主要呈香物质(如酸、醛等)的缔合作用则不是很明确。其实，这些物质的缔合作用对酒质量的影响是很大的。举例来说，醛中的羰基是一个极性基团，羰基氧相对带负电，碳原子带正电，由于诱导效应的影响，醛基中的氢也带正电，于是分子间发生较大的静电吸引作用，这种作用虽然较醇中氢键弱一点，但它还是可以促进缔合的。另外，醛在水溶液中极易与水发生加成反应生成化合物，这一点也有助于缔合作用。对于酸，它除了含有羟基以外，还含有吸电子基团——羰基，这就使得羰基上的氢(通常称为羰基氢)正电性增强，因此它们之间的氢键作用远比醇中的氢键作用要强。当自然贮藏时间足够长时，缔合体之间会发生调整，较大的分子团会逐渐变小，小分子团会逐渐变大，溶液中逐渐形成相对稳定的大分子缔合体，各缔合体的总分子数及乙醇分子和水分子的组成比例基本一致，立体空间结构也比较类似，这种结构在力学角度比较稳定，在外界环境较稳定时稳定存在于酒中。在酒的陈酿老熟过程中，氢键的缔合是一个平衡过程，一旦平衡体建立后，表征氢键缔合的参数也就趋于一个恒定值，如果再延长贮藏期也不会增加其缔合度。葡萄酒各分子间氢键缔合作用的增强，可以使酒的刺激性相应减少，口感更为柔和。因此在陈酿过程中，乙醇水溶液氢键缔合度的增强对葡萄酒口感的改善有很重要的作用。

另外，在陈酿过程中，氧化和酯化作用等化学反应使酒中醇、醛、酸和酯等成分达到新的平衡，其反应历程如下[23]。

(1)醇氧化为醛的反应式：$2RCH_2OH + O_2 \longrightarrow 2RCHO + 2H_2O$

(2)醛氧化为酸的反应式：$2RCHO + O_2 \longrightarrow 2RCOOH$

(3)醇与酸酯化为酯的反应式：$R'OH + RCOOH \rightleftharpoons RCOOR' + H_2O$

(4)醇与醛缩合为缩醛的反应式：$2R'OH + 2RCHO \rightleftharpoons 2RCHOR' + H_2O_2$

在自然陈酿的条件下，酒中的极性分子和乙醇分子之间会形成多聚氢键，而这些由氢键缔合成的分子群较为稳定，化学反应的进行必须是相互碰撞的分子具有足够大的能量，为了能反应，分子必须吸收足够的能量先变成活化分子，自然陈酿所需的能量只能靠自然温度供给，这就导致了自然陈酿过程缓慢[24]。

在通常条件下，物质分子处于能量最低的基态上，处于基态的分子是最稳定的，因而它们的化学活性很差。这表现为在常温常压下，一般物质的分子不容易发生化学反应，即使发生化学反应也很缓慢。然而，利用高压电场能量处理，当分子吸收了电场能量后，电子振动能级或转动能级有选择地发生跃迁，产生能量较高的激发态分子，从而使分子的化学键断裂而处于自由基状态，使本来稳定的结构变得不稳定了，从而分子的化学活性大大提高了。它可以激发分子中的某一部位使之产生共振激发，从而显著加速反应的进行，起到类似于催化剂的作用。例如，当酒中醇类和醛类物质吸收电场能量后，醇类和醛类分子跃迁到激发态，很容易发生醇氧化为醛，醛氧化生成酸，酸再与醇反应生成酯的一系列化学反应。

电场使酒中的部分氢键发生断裂，酒中的极性分子与其他分子之间相互渗透，缔合成大分子群，它们既可以是同分子之间的缔合、不同分子之间的缔合，也可以是其他醇、醛、水分子之间的缔合，构成错综复杂的缔合现象，这些缔合体系的形成，减少了自由分子的数量，从而减少了酒的刺激性。同时，极性分子在外电场中获得能量，为参加化学反应提供了条件，尤其是促进了酯化和缩合反应的速度，增加了酒的香气。

另外，外加电场加速了分子运动速度和化学反应速率。电场提供能量，促使分子电离，降低了反应所需的活化能，活性提高的同时，处于动态平衡的化学反应都加快，提高了分子间的有效碰撞，加速酯化反应、缩合反应、氧化还原反应等的进行，同时促进了低沸点物质的挥发，从而达到了催陈的效果。

7.6 本 章 小 结

化学反应尤其是涉及食品体系的反应非常复杂，非常值得深入而系统的研究。本章主要介绍了脉冲电场在强化化学反应方面的运用，主要包括强化酯化反应、美拉德反应、氨基酸螯合反应和加速酒的陈酿过程，并且对相应的机理进行了一定的解释。

(1)脉冲电场强化醇酸酯化反应主要通过增加活化分子的数目，降低反应的引发条件，促进反应体系中乙酸分子电离出更多的 H^+。

(2)脉冲电场两个电极之间可以认为是一个等效电阻，在运行过程中可以导致电极板之间聚集大量的电子，进而改变物质的电离过程，使得氨基及羧基发生解离，进而促进了氨基酸与金属离子的相互作用，加速了螯合反应过程。

(3)脉冲电场能够导致分子极化并且在正负极产生强电子牵引效应，通过 OH⁻ 中氧原子含有的孤对电子作为电子转移的介质，加速氨(胺)类化合物中氮原子孤对电子攻击还原糖半缩醛羟基碳原子，产生电子迁移，从而促进美拉德反应初级阶段的进行。

(4)电场主要通过加速分子运动速度和化学反应速率，降低了反应所需的活化能，提高了分子间的有效碰撞，加速酯化反应、缔合反应、氧化还原反应等的进行，同时促进了低沸点物质的挥发，从而达到了催陈的效果。

思考题

1. 电场强化酯化反应主要与哪些因素有关?
2. 以甘氨酸与亚铁离子为例，解释电场强化两者螯合反应的机理。
3. 美拉德反应的概念，其历程可分为几个阶段?
4. 与脉冲电场技术相比，现有催陈技术存在哪些缺陷?

参考文献

[1] Yang H W, Pan D J. Discussion on the aging of Luzhou-flavor liquor[J]. Liquor-Making Science & Technology, 2008, 8: 78-79.

[2] Antalick G, Perello M C, de Revel G. Development, validation and application of a specific method for the quantitative determination of wine esters by headspace-solid-phase microextraction-gas chromatography-mass spectrometry[J]. Food Chemistry, 2010, 121(4): 1236-1245.

[3] Lin Z R, Zeng X A, Yu S J, et al. Enhancement of ethanol-acetic acid esterification under room temperature and non-catalytic condition via pulsed electric field application[J]. Food and Bioprocess Technology, 2012, 5(7): 2637-2645.

[4] 林志荣, 曾新安, 于淑娟. 脉冲电场对丙酸乙酯化反应影响[J]. 食品工业科技, 2013, 34(4): 140-143.

[5] 刘新雨, 曾新安, 林志荣. 高压脉冲电场对不同乳酸乙醇反应体系的影响[J]. 食品科学, 2012, 33(9): 64-67.

[6] Shukla M K, Leszczynski J. Guanine in water solution: comprehensive study of hydration cage versus continuum solvation model[J]. International Journal of Quantum Chemistry, 2010, 110(15): 3027-3039.

[7] 林志荣. 脉冲电场对醇酸常温酯化反应影响研究[D]. 广州: 华南理工大学, 2013.

[8] Constable E C, Housecroft C E. Coordination chemistry: the scientific legacy of Alfred Werner[J]. Chemical Society Reviews, 2013, 42(4): 1429-1439.

[9] Zhang Z H, Han Z, Zeng X A, et al. The preparation of Fe-glycine complexes by a novel method (pulsed electric fields)[J]. Food Chemistry, 2017, 219: 468-476.

[10] 于倩, 曾新安. 高强脉冲电场强化甘氨酸铜螯合反应[J]. 食品与发酵工业, 2013, 39(10): 69-72.

[11] Azmir J, Zaidul I S M, Rahman M M, et al. Techniques for extraction of bioactive compounds from plant materials: a review[J]. Journal of Food Engineering, 2013, 117(4): 426-436.

[12] Hodge J E. Chemistry of browning reactions in model systems[J]. Journal of Agricultural and Food Chemistry, 1953, 46: 2599-2600.

[13] 徐茜, 廖小军, 胡小松, 等. 高压脉冲电场对美拉德反应的影响[J]. 食品工业科技, 2011, (11): 98-100.

[14] Wang J, Guan Y G, Yu S J, et al. Study on the Maillard reaction enhanced by pulsed electric field in a glycin-glucose model system[J]. Food and Bioprocess Technology, 2011, 4(3): 469-474.

[15] 陈刚, 于淑娟. 脉冲电场对还原糖-谷氨酸钠体系美拉德反应的影响[J]. 食品工业科技, 2011, 32(7): 132-138.

[16] Guan Y G, Wang J, Yu S J, et al. A pulsed electric field procedure for promoting Maillard reaction in an asparagine-glucose model system[J]. International Journal of Food Science & Technology, 2010, 45(6): 1303-1309.

[17] Sun W W, Yu S J, Zeng X A, et al. Properties of whey protein isolate-dextran conjugate prepared using pulsed electric field[J]. Food Research International, 2011, 44(4): 1052-1058.

[18] Guan Y G, Lin H, Han Z, et al. Effects of pulsed electric field treatment on a bovine serum albumin-dextran model system, a means of promoting the Maillard reaction[J]. Food Chemistry, 2010, 123(2): 275-280.

[19] 刘燕燕. 脉冲电场对氨基酸的极化影响及其制备蛋白质纳米管研究[D]. 广州: 华南理工大学, 2014.

[20] 张斌. 电场对橡木桶陈酿白兰地酒的影响及其作用机理研究[D]. 广州: 华南理工大学, 2012.

[21] 刘学军. 对干红葡萄酒改性与增香的研究[D]. 长春: 吉林大学, 2007.

[22] 赫桂丹. 高电压脉冲电场白酒快速催陈的研究[D]. 长春: 吉林大学, 2006.

[23] Delgado P, Sanz M T, Beltrán S. Kinetic study for esterification of lactic acid with ethanol and hydrolysis of ethyl lactate using an ion-exchange resin catalyst[J]. Chemical Engineering Journal, 2007, 126(2-3): 111-118.

[24] Puértolas E, López N, Condón S, et al. Potential applications of PEF to improve red wine quality[J]. Trends in Food Science & Technology, 2010, 21(5): 247-255.

第8章 脉冲电场技术的工业化应用

非热加工是一种新兴的加工技术，在食品行业中主要用于杀菌与钝酶，包括超高静压、高压 PEF、高密度二氧化碳、电离辐射、PEF 等技术。其中，PEF 技术的应用成为越来越"热"的技术，在工业化应用方面得到了快速的发展。与传统的热加工技术相比，食品 PEF 加工具有杀菌温度低以及能更好保持食品固有营养成分、质构、色泽和新鲜度等特点。同时，PEF 对环境污染小、加工能耗与污染排放少。因此，该技术在食品产业中的应用已成为国际食品加工业的新增长点和推动力。近年来，消费者对食品的新鲜度、营养、安全和功能的要求越来越高，极大地推动了国内外对 PEF 在食品加工与应用方面的研究。

8.1 商业及产业化应用

8.1.1 果汁的杀菌

橙汁中含有大量的微生物，其主要来源于榨汁时的原料、加工设备及其他添加物，由于橙汁的 pH 较低，微生物往往限于酵母、霉菌及无孢子杆菌。目前，灌装橙汁及饮料均采用高温装填、真空密封、杀菌技术，这些技术虽然能取得良好的杀菌效果，但存在一些难以克服的缺点，如对热敏性产品的色、香、味、功能性及营养成分具有一定程度的破坏作用，经过热处理后的产品失去了其原有的新鲜度，甚至会产生异味，影响产品的质量。随着生活和消费水平的提高，人们对各种食品的总体质量要求越来越高，要求食品保持原来风味的同时，尽可降低对产品中营养成分的破坏。

2005 年，Genesis Juice 公司利用 PEF 杀菌技术生产的果汁(苹果汁、草莓汁等)，如图 8-1 所示，通过美国食品药品监督管理局认证并在波特兰市场上正式销售，深受广大消费者喜爱。所采用 PEF 系统为 OSU-5 型，处理速率约 200 L/h，货架保存期为 4 周[1]。但好景不长，由于全球金融危机，投资商对 PEF 的投资大大减少，Genesis Juice 公司于 2007 被收购，中断了 PEF 的商业化进程。直到 2012 年左右，一些欧洲企业重新开始引进 PEF 设备对果汁和食品进行加工，延长新鲜果汁的保质期，使得 PEF 再次用于商业用途。图 8-2 为 PEF 技术杀菌后不同容器中的食品。

图 8-1　PEF 技术加工的果汁[1]

果汁标签标明"新鲜"

图 8-2　采用 PEF 技术杀菌后的食品[2]

　　廖小军等[3]研究发现，高压 PEF 对橙汁有良好的杀菌钝酶效果。当电场强度为 12 kV/cm、1200 个脉冲时，橙汁中 *E. coli* 的数量减少了 1.73 log；10 kV/cm、400 个脉冲时，过氧化物酶活性下降 60%。而且对于橙汁总酸、总糖、pH、浊度和色差等指标的影响不大，较好地保存了橙汁的风味和口感。

　　Pedro 等[4]选用 PEF（35 kV/cm，单极 1000 μs；双极 4 μs，200 Hz）与传统热处理方法（90℃，1 min）处理橙汁并进行比较，经过 PEF 处理的橙汁在 4℃时可以保存 56 d，橙汁中维生素 C 含量更高，符合规定的日常摄入标准。在常温下，PEF处理后的果汁可以贮藏 30 d，但在 14 d 后其维生素 C 含量减少显著，由原来的42.8%降低至 25.2%，PEF 处理后的橙汁在贮藏过程中比热处理保持了更好的外观，且在酸度和糖度方面没有明显的改变。

　　美国农业部东部研究中心 Jin 团队采用 OSU-6 设备对石榴原汁进行了杀菌处理，如图 8-3 所示，PEF 处理条件为场强 38 kV/cm，脉宽 281 μs，处理温度 55℃，处理量 100 L/h。将 PEF 与常规巴氏杀菌对微生物稳定性及对石榴汁的颜色、亮度、pH、沉积物、抗氧化活性、总酚含量、花色苷和感官特性等的影响进行了比较，发现两种处理方式处理的果汁在 12 周贮藏期内均没有检测到酵母菌和霉菌（< 0.69 log），PEF 处理的果汁中具有较高的总酚和花青素的含量，pH 和亮度值与未处理的果汁相比没有显著差异。总体来说，PEF 处理的产品感官品质与未处理的新鲜样品相似，且明显优于巴氏杀菌[5]。

　　PEF 能有效杀灭细菌，但不会同时杀灭孢子，然而在酸性环境中可形成孢子的菌通常不会生长，因此酸性食品非常适合采用 PEF 技术进行杀菌处理。该技术与热杀菌技术相比最大的优势在于不会影响食品的风味，但相较于传统的热杀菌设备，成本较高，然而该技术的连续加工模式及杀菌效果吸引了越来越多生产商的注意。

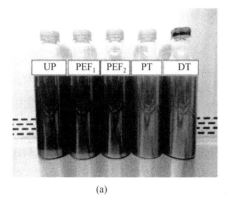

(a)　　　　　　　　　　　　　　　　(b)

图 8-3　经不同方式处理后，石榴汁在 4℃下贮藏 1 周(a)和 12 周(b)的样品(彩图见封三)[5]

UP 表示未处理组；PT 表示单次热处理组；DT 表示两次热处理组

8.1.2　辅助提取

PEF 产生磁场，这种电场和磁场交替作用，使细胞膜通透性增加，振荡加剧，膜强度减弱，因而细胞膜被破坏，膜内物质容易流出，膜外物质容易渗入，细胞膜的保护作用减弱甚至消失，这正是 PEF 技术提高提取率的原理。PEF 提取设备可应用于强化传质和提取、改变细胞通透性、导致植物细胞应力响应等。所需的电场及能量范围分别列举如下。

(1)果蔬及肉类的强化冷冻：$E \leqslant 1$ kV/cm，$W=10$ kJ/kg。

(2)强化浸提提取：$E \leqslant 1$ kV/cm，$W=5 \sim 6$ kJ/kg。

(3)强化切分/干燥：$E \leqslant 0.5 \sim 3$ kV/cm，$W= 0.2 \sim 1.5$ kJ/kg。

(4)强化渗透：$E \leqslant 0.5 \sim 3$ kV/cm，$W=15$ kJ/kg。

(5)强化压榨提取：$E \leqslant 0.5 \sim 5$ kV/cm，$W= 3 \sim 10$ kJ/kg。

Turk 在 2012 年采用流量达 4400 kg/h 的 PEF 工业化设备对苹果汁进行提取，并对品质进行了分析，PEF 应用于苹果汁生产的设备如图 8-4 所示，水果经压榨破碎，以浆液的形式进入 PEF 处理室。该设备是由法国 HAZEMEYER 公司研发设计，采用的是单极波，近似于直角波的波形，其最大场强和电流分别为 5 kV/cm 与 1000 A，采用频率 200 Hz，脉宽 100 μs，总处理时间 23.2 ms，能量输入 32 kJ/kg。通过对产量、品质及产品感官分析，发现通过上述条件的 PEF 处理能使果汁得率提高 5.2%。通过添加抑制酶促氧化的物质后，多酚含量有显著增加，增加量高达 8.8%。果汁颜色发生了明显变化，其黄度值从 17.9 上升到 26.8。通过 PEF 预处理所得到的果汁浊度较低，风味物质浓度更高，主要的特征风味物质含量均高于未处理样品。PEF 预处理得到的苹果汁较为浓稠，苹果风味更浓烈。通过分析其化学组分发现，苹果汁中的果糖、葡萄糖和苹果酸含量并无显著变化，但是果汁中的干物质含量增加，并且果渣中的果糖和葡萄糖的含量均有所下降。

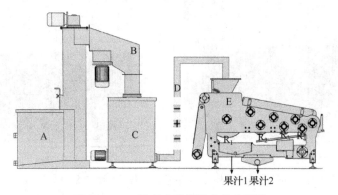

果汁1 果汁2

图 8-4　PEF 设备在苹果汁中的应用[6]

A. 清理工序；B. 破碎工序；C. 泵浆工序；D. PEF 处理室；E. 带式挤压工序；R_1~R_4 表示不同尺度的辊毂

Diversified Technologies（Bedford, MA, USA）公司对不同属的海藻（*Isochrysis*和 *Chlorella zofingiensis*）进行 PEF 处理，观察海藻中脂质的释放情况。从图 8-5 可以发现海藻细胞的破裂，同时观察到溶液的颜色逐渐加深，试管溶液是处理后的海藻经离心后得到的上清液，从海藻细胞中释放出来的色素溶于溶液，致使其颜色加深，颜色的加深代表海藻细胞中油脂的释放积累，常规 17 h 的处理时间，采用 PEF 处理需要 20 min 即可以达到效果，PEF 大大缩减了提取的时间，提高了提取效率[7]。

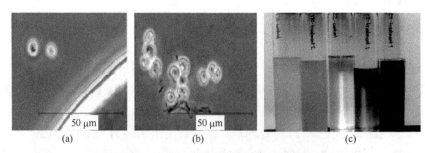

图 8-5　PEF 处理对海藻细胞的影响[7]

(a) PEF 处理前海藻细胞状态；(b) PEF 处理后海藻细胞状态；(c) 海藻细胞提取后的上清液，其中 *Isochrysis*（左二）和 *Chlorella zofingiensis*（右三），深颜色分别为经 PEF 处理的样品

经高压 PEF 处理 30 次后，电脉冲辅助提取方法较传统水热法提取的精油提取率最高可提升 51% 以上，精油提取率随着 PEF 场强的增大而提高，提取率在场强为 3 kV/cm 时可比传统水热法提高 58.2% 左右（图 8-6）。另外，通过设计不同的处理室，PEF 也可以直接作用于植物块根/块茎的固体物料，图 8-7 所示为用于马铃薯淀粉的提取设备，此设备也可用于其他果蔬提取。

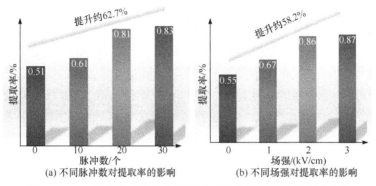

图 8-6 PEF 处理脉冲数和电场强度对柚皮精油提取影响试验[8]

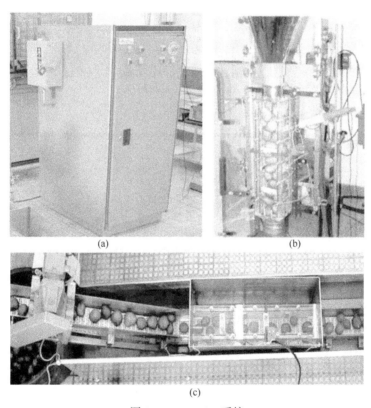

图 8-7 PurePulse 系统

(a)系统外形,可提供最大电压 10 kV 和平均功率 8000 J/s; (b)和(c)为不同的 PEF 处理室,
用于提取马铃薯中的淀粉

图 8-8 是在 PEF 电场为 2 kV/cm 下,通过控制能量输入,研究 PEF 对果汁提取效果的影响,水果'Royal Gala'在酶处理与 PEF 处理下的果汁提取率相似,

但 PEF 对'Jona Gold'的提取率高于酶处理, 且两者的提取率均较未经酶和 PEF 处理的效果好, 尤其是对于'Jona Gold'水果, 可以将提取率由 62%提升至 75%。图 8-9 为 PEF 在不同的处理强度下处理葡萄提取多酚活性物质的效果, 从该图中可以看出, PEF 对多酚的提取效果十分明显, 随着电场强度的增加, 从葡萄中提取的多酚越多, 导致液体颜色越深, 其中场强为 7 kV/cm 时提取效果最显著。

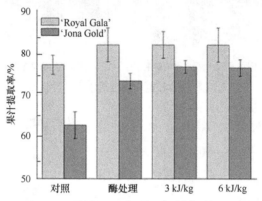

图 8-8 不同处理对果汁提取效果的影响[10]

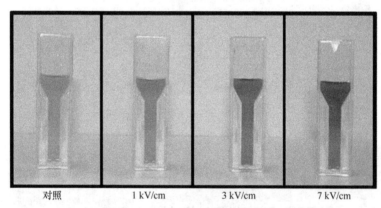

图 8-9 不同电场强度下 PEF 处理葡萄提取多酚的效果[11]

在利用 PEF 技术对植物中的成分进行提取时, 多是以电穿孔理论进行诠释, 如图 8-10 所示, 完整的植物细胞中含有蛋白质、碳水化合物、离子、色素等物质, 在外加电场的作用下, 细胞在细胞质中产生内外电压造成细胞膜的电穿孔现象, 致使细胞内的离子、色素、蛋白质、碳水化合物等物质转移出细胞, 从而利用该理论提取细胞内的活性成分。在对活性成分进行提取时, 通常用到的装备包括 PEF 和高压放电(HVED)装置, 如图 8-11 所示, PEF 通常采用方波, HVED 采用阻尼振荡波。图 8-12 是分别采用 PEF 和 HVED 从芒果皮与木瓜皮中提取蛋白质、多酚、碳水化合物的效果。

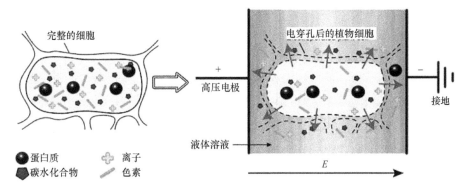

图 8-10 电穿孔辅助从植物细胞中选择性提取生物活性成分[12]

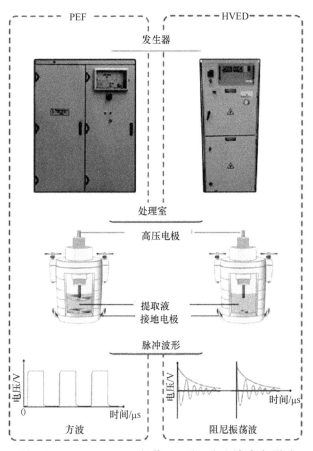

图 8-11 PEF 和 HVED 的装置、处理室和脉冲波形[12]

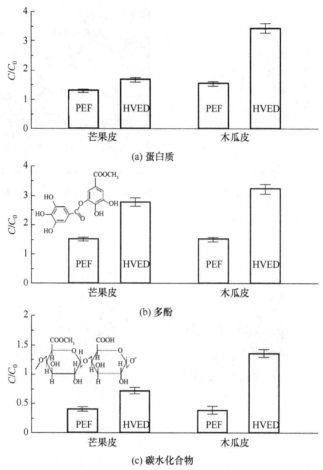

图 8-12　PEF 和 HVED 处理
辅助提取芒果皮和木瓜皮中的蛋白质、多酚和碳水化合物[12]
C/C_0 表示处理组与空白组浓度之比

　　图 8-13 是采用电穿孔和碱性条件萃取甜菜中糖的工艺步骤，具体为：先将洗过的甜菜片，浸在水中经过 PEF 处理室进行处理，随后与石灰乳通过盒式混合器混合均匀后，运送至萃取塔提取器，用逆流萃取法从甜菜片中提取糖。糖是由稀糖汁经传统的果汁蒸发、结晶、离心等工序精制而成。与传统的提取技术相比，采用电穿孔技术提取甜菜中的糖类具有相当大的节能效果[13]。一般来说，甜菜组织通常在大约 72℃便会发生裂解，热裂解后的甜菜细胞利于后续逆流萃取制糖工序的进行。PEF 处理取代加热致使细胞裂解，每吨甜菜组织所需 PEF 能量为 1～1.5 kW · h。虽然 PEF 处理可以在环境温度下进行，但由于在工业生产中，甜菜经切丝后需保存至少 60℃温度下，以防止细菌的滋生。PEF 电穿孔技术下的糖提

取，由于其工艺在萃取过程中需水量更少，因此 PEF 辅助萃取可以得到更纯净的糖汁，而且在蒸发阶段需要的能耗更低，与传统压榨方法相比，采用 PEF 可减少 30%的能源消耗。图 8-14 为传统压榨和 PEF 辅助提取对比下的糖汁量和 PEF 提取应用于工厂的示意图。

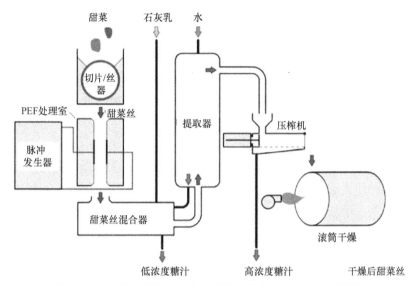

图 8-13　采用电穿孔和碱性条件萃取甜菜中糖的工艺步骤[13]

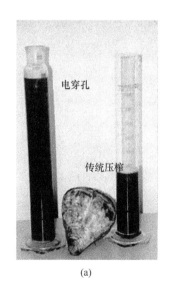

(a)

(b)

图 8-14　从甜菜中提取糖[14]

(a)采用电穿孔和传统压榨法从甜菜中提取糖汁；(b)示范厂，加工量 10 t/h，
含有两个 Marx 发生器(1.2 kJ/脉冲，20 Hz)

结合上述关于 PEF 在杀菌和提取中的应用不难发现，PEF 技术是目前研究较热的应用于工业生产的非热加工技术。在果汁的提取方面，PEF 技术既可提高提取率，同时又可达到杀菌的目的。采用的 PEF 强度一般为 15～100 kV/cm，放电频率为 1～20 Hz，该技术也可应用于牛奶的杀菌。其杀菌优势是在两个电极间产生瞬间高压，一般在常温下进行，处理时间为几十毫秒。这种方法有两个特点：一是由于杀菌时间短，处理过程中的能耗小于热处理；二是由于在常温常压下进行，处理后的食品与新鲜食品在物理性质、化学性质、营养成分上变化很小，风味、滋味没有明显差异，PEF 杀菌的效果明显能够达到商业无菌的要求。因此，PEF 技术特别适用于对热敏性很高的食品进行杀菌和活性成分的提取。

8.1.3　改善质构

生物细胞不可逆电穿孔的作用导致细胞膜半透性丧失，进而降低细胞内的压力。由于这种压力起着支持植物细胞结构的作用，压力降低导致组织软化。在各种生物制品的生产加工过程中，PEF 可以针对改变细胞膜通透性、改变植物细胞组织性能的特点进行工业应用。图 8-15(a) 所示为曾新安团队研发的 PEF 处理果蔬(固体食物)的处理室；从图 8-15(b) 中可以看出，处理后的马铃薯脆度降低。该团队经研究发现苹果、马铃薯、红薯和胡萝卜在 PEF 处理后组织软化，弹性模量降低，且经 PEF 处理后的马铃薯在制作薯片和薯条时，吸油率下降，弹性增加，这一结论与美国 DIL 公司(DIL Tech. Diversified Technologies)的研究一致。

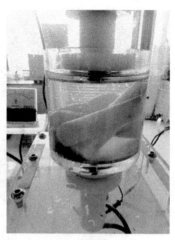

(a) 处理室

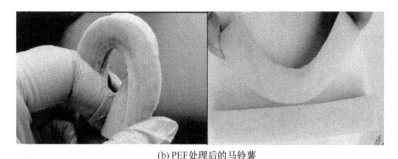

(b) PEF处理后的马铃薯

图 8-15　PEF 在马铃薯加工中的应用

　　Janositz 等采用一种流量为 20 t/h 的 PEF 工业化设备对马铃薯进行了切片，并对其产品质量进行评价。采用恒定场强 1 kV/cm、矩形脉冲、10 μs 脉宽、能量输入为 0.2～1.0 kJ/kg 的处理条件，使淀粉损失从 7.1 kg/t 降低到 5.9 kg/t，油炸薯条脂肪摄取量从 7.5%降低到 6.8%，且马铃薯条的弹性性能得到改善，其断裂损耗从 11.0%降低到 6.0%。虽然 PEF 预处理使马铃薯果泥结块率增加，但对马铃薯的剥皮无显著影响，如对果泥的流变特性没有影响。这表明使用 PEF 处理后的马铃薯对加工后的产品质量是有益的。图 8-16 是 PEF 处理前后马铃薯切片质构的变化，不难看出 PEF 处理后，马铃薯变软，脆度降低，更利于马铃薯削切工序的进行。

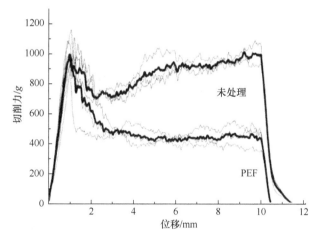

图 8-16　PEF（1.2 kV/cm, 10 kJ/kg）对马铃薯切片质构的影响[15]

　　PEF 处理可利于水果和蔬菜剥皮。最近研究表明[16]，在 PEF 处理电场为 4 kV/cm 或更低时处理水果和蔬菜，可减小果皮与果肉分离所需的力，从而易于果蔬去皮。图 8-17 使用的 PEF 条件为场强 4 kV/cm、能量输入 2.2 kJ/kg、脉宽 3 μs、脉冲数 30 个，图 8-18 使用的脉冲数为 50～200 个，经 PEF 预处理后，油桃皮或番茄皮可以很容易剥落去除。PEF 相对于常规蒸汽烫漂过程，可将消耗的能量降低近一个数量级，剥皮效果也优于蒸汽处理后的去皮效果，可节约能源成本。因此，PEF 可应用于果蔬生产过程，如新鲜水果、罐头水果、果酱或块根类蔬菜制作过程中的去皮工序。

图 8-17　对照和 PEF 预处理油桃的剥皮情况[16]

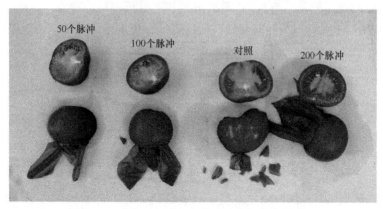

图 8-18　不同 PEF 处理条件下番茄的去皮效果[17]

图 8-19(a) 是 PEF 技术应用于果蔬干燥中水分的变化，由于 PEF 对果蔬质构的影响，在干燥过程中可以加快水分的损失，但对果蔬的形变影响较小。从图 8-19(b) 的形变中可以看出，PEF 的干燥技术明显优于冷冻干燥技术，当 PEF 处理时间过长时(0.1 s)，其形变明显，因此，该技术在干燥应用中需要严格控制作用时间及场强大小。目前 PEF 的干燥技术已被 Elea 公司应用于草莓、猕猴桃、苹果等的干燥中。

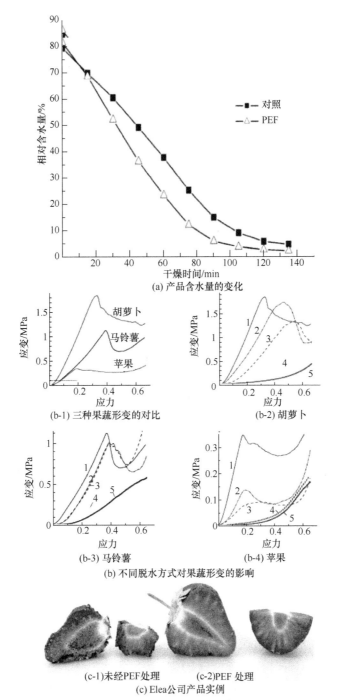

(a) 产品含水量的变化

(b-1) 三种果蔬形变的对比

(b-2) 胡萝卜

(b-3) 马铃薯

(b-4) 苹果

(b) 不同脱水方式对果蔬形变的影响

(c-1) 未经PEF处理　　(c-2)PEF 处理

(c) Elea公司产品实例

图 8-19　PEF 干燥过程中水分变化及不同脱水处理方式对果蔬形变的影响[10,18,19]

PEF 电场强度 1100 kV/cm, 处理时间 0 s(1)、4 s(2)、0.1 s(3)；338 K 热处理 2 h(4)；冷冻干燥(5)

8.1.4　酒类的催陈

　　PEF 催陈处理时间短，产热少，传递均匀，对食品营养特性影响小，能克服食品加热或化学单元操作带来的不良影响等。曾新安等针对果酒酿造、蒸馏及陈酿等后处理过程中存在的高耗低效问题，通过探明酒的自然陈酿及电磁场作用下有序缔合的机理、氧化还原电位变化规律，开发了 PEF 催陈装备，解决果酒安全化与陈酿难题。图 8-20 为 PEF 技术在酒催陈生产线上的应用。图 8-21 是将 PEF 技术应用于浸渍发酵前工序处理葡萄的酿酒厂模型图。

图 8-20　PEF 应用于酒催陈的生产线

http://www.pefxa.com

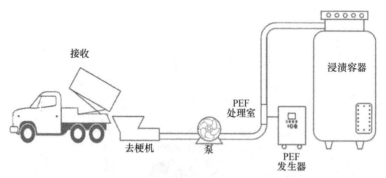

图 8-21　集成于酿酒厂内的 PEF 在浸渍发酵前处理葡萄的模型图[20]

　　研究人员在对酒进行自然陈酿及 PEF 作用催陈的研究中发现了"有序缔合"的规律，即酒自然陈酿时乙醇与水分子羟基氢键缔合体形成是随机动态可逆的，3分子缔合体是最简单形式，然而一定乙醇含量的酒存在着物理空间结构相对稳定的缔合结构，一旦形成不易逆转。新酒中游离态及各种缔合状态的乙醇分子共存，所以具有强烈刺激性，生冲爆辣；而酒的老熟过程是不断逐步形成稳定缔合结构的过程，直至达到饱和，这是一个缓慢的过程，往往需要陈酿一年至数年。陈酿形成稳定多分子缔合体后，游离醇减少，因而变得绵软醇和。外加 50~3000 Hz 电磁场，当场强超过 3 kV/m 时，能明显促进酒中稳定态缔合体的形成，称为“有序缔合”。采用核磁共振氢谱分析，发现新酒为平头峰，说明有多种状态羟基质子存在；成品酒为单一峰，说明形成了单一稳定的大分子缔合结构；电磁场处理酒样接近成品酒峰，证明电磁场促进了有序缔合；还发现了电磁场处理可显著促进常温非催化状态下的酯化反应，适用于工业化生产，处理时间短，效果显著，瓶灌装后传输带匀速过机催陈处理。目前，相关设备已在 20 多家企业应用。

国外对 PEF 技术的研究越来越多、越来越深，PEF 的产业化应用程度越来越高，我国在此领域的研究处于相对落后的阶段。究其原因可能是由两方面引起，一是对此技术领域的研究缺乏持续性，体系较差；二是在配套的加工手段上，缺乏有效的设备支撑，尚无法从整体上实现 PEF 技术的快速工业化推进。目前，我国政府部门、食品工业界以及食品领域的有关专家也已开始关注 PEF 技术的研究，一些大学和科研单位也建立了相关的研究室。随着非热加工技术研究的广泛开展和不断深入，国内的研究水平会得到进一步提升，并将加速该技术在国内的产业化应用和推广。

8.1.5　在木质纤维素生物精炼厂中的应用

木质纤维素生物质转化的生物精炼厂概念是近几年研究的热门话题。近年来，PEF 和高压放电在木质纤维素生物精炼厂中的应用显示出了巨大的潜力。木质纤维素的生物质主要由纤维素、半纤维素和木质素组成，含有少量果胶、蛋白质、非结构糖、叶绿素和灰分。现有的木质纤维素生物精炼厂方案包括热化学、物理、化学和生物(发酵、消化和微生物处理)技术。然而，这些技术需要很长的加工时间、大量的化学物质和溶剂，而且耗能很大。PEF 和高压放电技术可有效地用于木质素(锯末、木屑、树皮、青贮饲料等)的水解发酵，用于生产沼气，提取高附加值物质[21]。最近的发现证明，PEF 电穿孔技术在高效利用农工业废物、林业废物和半固态生物污泥方面具有极大的应用潜力。

8.2　脉冲电场设备的发展

过去 30 年来，国内外许多高校和研究团队对 PEF 在食品加工业中的应用进行了大量研究。据统计，截止到 2016 年底，约有 150 个商用 PEF 设备在世界各地运行，PEF 设备商业化的步伐正在加速。

1958 年，Doevenspeck 研发了具有 80 kW 的脉冲发生器，其频率在 1~16.7 Hz，

最大充电电压为 8.0 kV。由于设备的局限性，这套脉冲发生装置几乎不能设置可重复的电参数，因而也无法揭示电场强度对细胞破裂或杀死细菌的作用(图 8-22)。在 1986～1990 年期间，Sitzmann 作为研发部门的负责人，其任务是研究 PEF 对不同产品的可加工性及其作用机制，为了保护 Doevenspeck 的想法，申请了多项专利并注册了 ELCRACK© 和 ELSTERIL© 商标[22]。

1995 年，麦克斯韦实验室的子公司 PurePulse 开发了 CoolPure® 连续处理系统，最大场强为 5 kV/mm，废水处理量高达 2000 L/h。PurePulse 手册描述了两种装置，即 PureBright®(脉冲光)和 CoolPure®，后者如图 8-23 所示。

图 8-22　Doevenspeck 和他研究的　　　　　图 8-23　PurePulse 中试系统
　　　　脉冲发生装置　　　　　　　　　　　　CoolPure®反应室[23]

2001 年，第一台商业规模的 PEF 处理系统 OSU-6(图 8-24)在俄亥俄州立大学成功问世，现于美国农业部使用。该系统的输出电压 60 kV，矩形波脉冲，脉宽 10 μs，频率 2000 Hz，处理量 1000～5000 L/h[24]。整个系统的核心是一台大功率固态高压脉冲发生器，正负交替的脉冲通过一系列独立开关控制。俄亥俄州立大学同时还研制了不同处理量的两套杀菌系统 OSU-2(中试规模)与 OSU-4(实验室规模)，供各研究机构的科学研究使用[25]。

华盛顿州立大学食品非热处理研究中心坐落于普尔曼，此中心初期建立了利用脉冲电容储能、触发放电产生指数衰减波的 PEF 处理实验系统(图 8-25)。随后利用脉冲成型网络成功研制了高压方波处理实验系统，并在 2005 年实现了 PEF 巴氏杀菌处理的商业化[26]。

除了以上两所高校外，德国 Elea 公司设计了三个系列的 PEF 系统(图 8-26)。SmoothCut™系统用于处理固体产品，如根、叶、水果和蔬菜。Cool Juice™系统加工可泵送液体和半液体产品，如果汁、糖浆及捣碎可泵送非食品物料。PEF Pilot™系统能够对食品和非食品液体或半液体产品杀菌，保证产品新鲜度和质量。

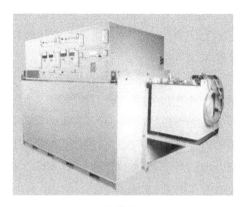

图 8-24　商业规模的 OSU-6 型 PEF
　　　　处理系统[24]

图 8-25　华盛顿州立大学开发的
　　　　PEF 工作站[26]

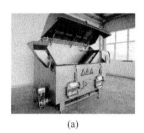

(a)　　　　　　　　　　(b)　　　　　　　　　(c)

图 8-26　Elea 公司(德国)开发的 SmoothCut™系统(a)、Cool Juice™ PEF 系统(b)和 PEF Pilot™
　　　　系统(c)示意图[19]

DTI 公司[7]的工业 PEF 系统(图 8-27)的功率范围在 25~600 kW,每小时可加

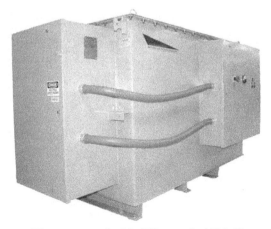

图 8-27　DTI 公司发明的 PEF 中试设备[7]

工多吨产品。DTI 的 PEF 系统允许针对特定应用进行优化，制定不同规格的产品。对于固体，如整个水果和蔬菜，使用带有定制处理室的水浴输送机，而液体则在同场流动室中进行连续处理。所有 DTI 系统都采用固体电子系统，该系统具有寿命长、效率高和运行成本低等优势。

2010 年，普埃布拉美洲大学提出了一种新型高压脉冲发生器。该脉冲发生器的最大特点是能够提供频率范围为 250 Hz～30 kHz 的方波，电压为 15 kV。系统采用两个变压器(T_1 和 T_2)，通过交流转直流、直流转交流的二次转换将普通的正弦交流电压转换为大小和频率都可控的交流电压，最后通过低功率的变压器(T_2)将电压提升到系统所需电压，其脉冲发生器结构如图 8-28 所示[27]。

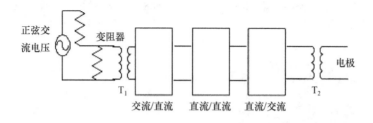

图 8-28　普埃布拉美洲大学高压脉冲发生器结构图[27]

2012 年，Ok 等[28]利用绝缘栅双极晶体管(IGBT)串联技术研制了一种新型固态脉冲功率调制器(图 8-29)。其调制器输出规格如下：输出脉冲电压为 1～40 kV，脉宽为 0.5～5 μs，电流为 150 A，最大脉冲频率为 3 kHz，平均输出功率为 13 kW。

图 8-29　固态脉冲功率调制器[28]

该调制器由基于高效谐振逆变电源的高压电容充电器和 24 个功率单元串联的脉冲发生器组成。

与国外相比，国内有关非热加工技术的设备研究起步稍晚，具体的设备研发情况及相关科研单位如下。

清华大学经过四代 THU-PEF 系统的改进，研制了场强可达 40～50 kV/cm、脉宽为 1～1000 Hz、处理能力达 100 L/h 的适合工业化应用的 PEF 设备（图 8-30）。其产生的脉冲波形涵盖了单/双极性指数波、单/双极性方波（μs 级）和陡前沿单/双极性方波（ns 级）[29]。

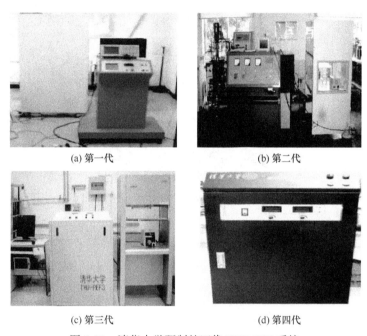

(a) 第一代　　　　　　　　　　　　(b) 第二代

(c) 第三代　　　　　　　　　　　　(d) 第四代

图 8-30　清华大学研制的四代 THU-PEF 系统

江南大学自主研发了 PEF 杀菌系统，其最大输出电压为 30 kV，可以使用正负交替的矩形波脉冲，脉冲上升沿时间低于 200 ns，最大脉宽为 10 μs，最高频率为 3000 Hz（图 8-31）。该设备已投用于生产实践，既可以连续工作，又可以间歇工作[30]。

大连理工大学选用大功率开关器件 IGBT 作为逆变电路的主器件，配合脉冲升压变压器研制了脉冲电压 0～10 kV、脉冲频率 10～5000 Hz、脉冲宽度 2～30 μs 的高压脉冲发生器。该发生器通过复杂可编程逻辑器件来产生脉冲触发信号，后经 IGBT 模块驱动，实现了各个参数的精确控制（图 8-32）[31]。

(a) PEF操控台

(b) PEF设备总体图

(c) PEF处理室

图 8-31　江南大学开发 PEF 系统[30]

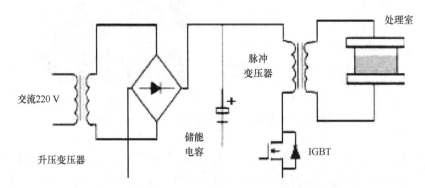

图 8-32　大连理工大学高压脉冲发生器结构示意图[31]

华南理工大学 PEF 课题组从 1994 年开始自主研发 PEF 试验系统，高压脉冲电源的获取方式为脉冲源信号逐级放大形式，处理器为小孔放大的形式。至今已经研制了四代中试型 PEF 设备，其中第二代设备"脉冲电场低温杀菌器 SY-50 型"列入国家重点新产品计划，如图 8-33 所示。SY-200 型设备功率 4 kW，频率 500～3000 Hz，脉宽 10～40 μs，场强最大可达 70 kV/cm，带温控系统，杀菌处理量为

30 L/h，强化反应或改性处理量为 200 L/h。华南理工大学 PEF 课题组目前研制该型号设备多套，在中国热带农业科学院和湖南农业大学等单位作为科研设备使用。

(a) SY-50　　　　　　　　　　　(b) SY-200

图 8-33　华南理工大学 PEF 试验系统

华南理工大学还研发了如图 8-34 所示的基于强电场处理的数字式酒类催陈设备。新产酒生、冲、爆、辣，不宜饮用，需要陈酿一年至数年；经技术设备处理后短时间内降低"生冲爆辣"等杂味，酒味变得绵软适口，醇和甘润，口感改善明显。设备基于加速氢键有序缔合的陈酿技术，由于电极电流与酒没有直接接触，无任何化学添加，无电化学反应，酒体无升温，可达到快速醇化、改良酒质的目的，同时可大幅度减少扩产投资，缩短资金周转时间，受到用户高度评价。

(a) 输送瓶装酒类快速催陈装置　　　　　(b) 管道式酒类高压电磁场快速催陈装置

图 8-34　华南理工大学开发 PEF 催陈酒类设备

华南理工大学最新研发了 PEF 提取仪 EX-1900（图 8-35），该脉冲提取设备针对提取样品量大小配备多种规格的样品容器，具有更方便、更人性化的设计。其可广泛应用于从生物化学、植物、中药、食品、化工行业的液体和半固体中提取精油、黄酮多酚、多糖、蛋白质等活性物质。在一定范围内随着提取次数的增多和脉冲场强的增大，提取率可逐渐提高，大大缩短了提取时间，提高了提取率。

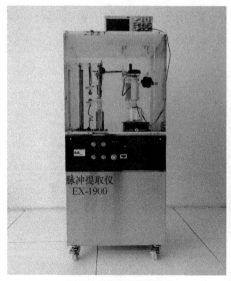

(a) EX-1900型实验室设备　　　　　　　　　　(b) 多级杀菌设备

图 8-35　华南理工大学开发的 PEF 提取和杀菌设备

http://www.pefxa.com

8.3　脉冲电场的应用前景展望

目前，国内对 PEF 设备的研究多集中在中试水平，尚未应用于工业化生产规模。国内对 PEF 技术及设备的研究主要以高等院校为主，缺乏企业的参与和政府的政策调控。经过二十多年的研究发展，各研究机构已经取得了较为丰富的研究经验，通过与各优势学科相结合，将未来的重点放在大功率电源的设计与改进、处理腔的设计与制作、杀菌工艺的研究与应用、扩展应用领域等方面。

在过去的十年中，PEF 加工已从实验室研究跃升至商业市场应用，并在不同的加工行业得到应用，相信商业市场的极大需求会进一步促进工业化 PEF 系统的快速发展。这种转变将会促进处理量更大、自动化程度更高的产品设备及系统的发展，以满足商业食品加工设施的要求。

8.3.1　下一步研究方向与重点

1) PEF 的加工安全性

食品物料在 PEF 处理室中直接与电极接触，可能会发生电化学反应，该反应不仅会引起电极腐蚀，减少仪器的使用寿命，还可能会影响与电极直接接触部分的食品质构，降低产品的品质。目前未有研究表明 PEF 处理是否会导致食品中微生物遗传物质的改变，但仍应展开对该领域的研究。因此，在食品加工过程中，应加强从分子水平上研究 PEF 对食品组分的影响机制及其杀菌钝酶机理，充分考虑电极腐蚀的因素并选择适当的电极材料，就加工食品的长效安全性问题进行系统、透彻的研究。

2) 对 PEF 杀菌机制探索的深入和完善

关于 PEF 对微生物的致死机制，至今仍停留在最初提出的细胞膜电极化穿孔模型以及电机械挤压模型等，杀菌机制尚未研究透彻，而这些模型也多为假设理论，缺乏深入的理论支撑，成熟、系统的杀菌机制与模型的研究仍然是下一阶段技术领域的主要研究方向。目前单独采用 PEF 处理，往往需要较高的能量才能使微生物达到巴氏杀菌水平，而芽孢的致死率问题限制了 PEF 技术的应用与发展。若是通过长时间的高强度处理，往往会增加杀菌成本，如长时间循环处理需要较高的能量输入，形成的高温需要配套的冷凝系统来降温，这同样是限制其商业化的一个重要因素。另外，高强度处理的实现也存在一定的技术困难。目前，大于 30 kV/cm 的场强往往容易造成电弧现象。

3) 固态食品应用的局限性

目前 PEF 处理室并非对所有的食品都适用，大部分只适用于液体食品和半固态食品，而在黏性食品及含固体颗粒食品中应用还有待进一步研究，因此，应加强处理室的多样化设计，开发针对不同物料电介质特性的系统，优化操作条件，进一步拓展该技术的应用领域。

4) PEF 对酶的作用机制尚不明确

一方面，PEF 可以在低强度电场处理下刺激有益酶类的活性，主要通过改变酶的二级（α 螺旋、β 折叠）、三级（空间构象）和四级（蛋白质亚基的数量和排列）结构影响酶的活性，PEF 的诱导作用对一级结构的影响还尚不明确。另一方面，与 PEF 作用相关的电化学效应和欧姆加热均有助于酶结构及功能的改变，此外，酶的物理化学性质、PEF 处理参数、加工条件、培养基组成等因素对酶的活性均会产生影响。目前仍不明确在 PEF 处理下酶在溶液中的作用是否与食物中的蛋白质分子作用机制一样。因此，需要进一步研究 PEF 处理对食物基质中酶的结构和功能的影响，使 PEF 技术在食品和制药行业得到推广应用。此外，PEF 与温度对酶协同作用的机理需要进行系统研究，以节约能源成本，使 PEF 加工技术能够可持续发展。

5) PEF 的生物医学应用

PEF 的生物医学应用的发展趋势是进一步的学科交叉和融合，生产出综合电工新技术、电子、计算机、通信、机电一体化等领域的生物医学应用产品。目前细胞膜穿孔效应被大部分生物学家所接受，该理论虽有其独到之处，但还不完善，细胞膜和电场相互作用的具体过程及相关机理还尚未进行系统研究，今后应在深入了解 PEF 与生物细胞和组织之间作用机制的基础上更好地使用 PEF 技术。

6) 高效率、大功率、运行稳定的 PEF 设备研制

高效率、大功率、运行稳定的 PEF 设备研制尚存在较大挑战。对微生物进行有效杀灭所需要的 PEF 场强通常在 30 kV/cm 以上，对比空气电击穿场强（10 kV/cm），这是一个非常高的电场强度，发生、控制与放大均很困难；PEF 处理技术为电脉冲直接释放到待处理的物料中，系统的电学输出性能与物料的电导率密切相关，而不同物料电导率差异较大，且处理过程中的温升也会导致电导率的变化，由此导致处理对象的不稳定，设备的高电压输出特性也不稳定，影响了处理效果的均匀性。因此，研发造价合理、运行稳定的脉冲发生器是此项技术走向产业化应用的关键技术之一。

此外，PEF 对食品组分的影响不仅与该组分自身的结构及特点、反应体系的 pH、电导率和体系浓度有关，同时与 PEF 发生装置的电场强度、脉冲波波形、脉冲波频率、单极波和双极波、处理室体积、两电极间距离等设备参数有很大的关系。PEF 技术的研究和发展表明，阻碍 PEF 技术工业化的主要因素为工业规模条件下施加较高功率和较高电场强度时，脉冲电源开关的不稳定和不可靠。从实验室规模到中试规模再到工业化规模，所需电压和功率逐步增加。如今，虽然电源要求仍是挑战，但是高性能半导体工业的高性能闸流管和晶体管为开发工业级的固态开关提供了新的解决途径。固态开关以其体积小、重复性好、寿命长、可靠性高、易于控制的优点逐渐成为主流的脉冲电源开关。为了进一步实现规模化、增强稳定性和减少维护费用，近年来的设计倾向于使用标准件构建模块化结构。

7) PEF 技术在改性修饰、强化反应等非杀菌领域实现中试规模应用

PEF 技术有别于其他物理场技术的特征在于其对带电荷物质（粒子）的作用力。大自然中的绝大多数物质（分子）均为极性物质（极性分子），分子极性与其功能特性密切相关，永久性极性改变可对其结构性质进行修饰，并影响其化学反应性能。化学反应的本质就是分子间基团与电荷的转移，并伴随着能量的变化，PEF 可在瞬间提供超过 100 kJ/mol 的能量及强电荷引力，其能量值超过了诸多常见反应的活化能，其诱导电荷极化的能力可大大改变反应物的反应性质，因此 PEF 技术在大分子改性修饰以及强化化学反应等方面也具有广阔的应用前景。

8.3.2　对策及建议

随着人们生活水平的提高，人们对产品的风味与营养的追求越来越高。我国作为农业大国，但是由于目前杀菌技术滞后、深加工利用程度较低，产品缺乏市场竞争力。作为非热加工技术中极适合流体食品加工、又能对固体食品进行天然组分提取与干燥预处理的一种技术，高压 PEF 不仅效果好，而且成本低，非常适

合我国国情。但是，国内对高压 PEF 杀菌方面的研究还处于起步阶段，特别是对设备的开发(高压脉冲发生器和处理室的研究)。对此，人们有必要从高功率设备的研发、新工艺的研究等方面着手，加快高压 PEF 技术的产业化研究与应用。具体从以下几个方面努力。

1)多学科协同创新，加强边缘技术、配套技术的攻关

PEF 技术的发展涉及食品、生物、高压电、电介质物理学、机械工程与多个交叉学科的相互配合，缺一不可。而目前每一个单一研究团队要融合如此广泛的科学力量均难度较大，特别是限制装备研制及产业化的一些核心技术，如脉冲功率放大技术、大功率的 IGBT 开发与利用等。目前 PEF 即使是在高压电领域都属于前沿技术，以政府为主导的多学科协同创新机制建立非常必要。

2)针对现有设备，开发新工艺

首先，广泛开展理论研究，研究在高压 PEF 应用过程中微生物的致死作用机理，针对在处理过程中亚致死现象开发出强化杀菌效果、确保微生物安全的新工艺；其次，针对其在蛋白类食品加工过程中容易造成蛋白变性从而降低产品功能的特点，开发出适合蛋白类食品加工的工艺。

3)重点领域突破

针对目前该领域所做的基础研究，第一，重点开发较易实现杀菌钝酶的果蔬汁产品；第二，在亟需非热加工应用的蛋白类食品的应用上，加速研究与开发高压 PEF 技术与天然抑菌剂、温度等协同杀菌新工艺；第三，针对其对固体食品的组织细胞穿孔现象，将其广泛应用于固体食品中天然组分的提取、果蔬干燥等方面；第四，加速电极材料与原材料检测技术的发展，确保产品安全；第五，加快进行高压 PEF 处理各类食品的经济效益评估，加快其工业化进程。

思考题

1. 目前脉冲电场技术已应用于哪些工业化生产行业？

2. 脉冲电场技术产业化应用方面有哪些局限性？

3. 相较于国外的研究，国内脉冲电场技术的不足表现在哪里？

参考文献

[1] Zhang Q H. A Pulsed Electric Field Case Study[M]. Spain: Madrid, 2008.

[2] Jin T Z. Pulsed electric fields for pasteurization: defining processing conditions//Miklavcic D. Handbook of Electroporation[M]. Berlin: Springer, 2017: 1-25.

[3] 廖小军, 钟葵, 王黎明, 等. 高压脉冲电场对橙汁大肠杆菌和理化性质的影响效果[J]. 食品科学, 2003, 24(6): 59-61.

[4] Pedro E, Solivafortuny R C, Olga M. Comparative study on shelf life of orange juice processed by

high intensity pulsed electric fields or heat treatment[J]. European Food Research & Technology, 2006, 222(3-4): 321-329.

[5] Guo M, Jin T Z, Geveke D J, et al. Evaluation of microbial stability, bioactive compounds, physicochemical properties, and consumer acceptance of pomegranate juice processed in a commercial scale pulsed electric field system[J]. Food and Bioprocess Technology, 2014, 7(7): 2112-2120.

[6] Turk M F, Vorobiev E, Baron A. Improving apple juice expression and quality by pulsed electric field on an industrial scale[J]. LWT-Food Science and Technology, 2002, 49(2): 245-250.

[7] Kempkes M, Roth I, Reinhardt N. Enhancing industrial processes by pulsed electric fields[D]. Diversified Technologies Inc., Bedford, MA, 2012,1730.

[8] 魏静妮. 脉冲电场辅助提取柚皮精油及其抑菌性研究[D]. 广州: 华南理工大学, 2018.

[9] Jaeger H, Balasa A, Knorr D. Food industry applications for pulsed electric fields//Lebovka N, Vorobiev E. Electrotechnologies for Extraction from Food Plants and Biomaterials[M]. New York: Springer, 2009.

[10] Toepfl S. Pulsed electric fields (PEF) for permeabilization of cell membranes in food and bioprocessing-applications, process and equipment design and cost analysis[D]. Berlin: University of Technology, 2006.

[11] Guillermo S, Luengo E, Eduardo P, et al. Pulsed electric fields in wineries: potential applications//Miklavcic D. Handbook of Electroporation[M]. Berlin: Springer, 2017.

[12] Barba F J, Brianceau S, Turk M, et al. Effect of alternative physical treatments (ultrasounds, pulsed electric fields, and high-voltage electrical discharges) on selective recovery of bio-compounds from fermented grape pomace[J]. Food and Bioprocess Technology, 2015, 8(5): 1139-1148.

[13] Vorobiev E, Lebovka N. Pulsed electric fields processing for sugarbeet and whole crops biorefinery//Miklavcic D. Handbook on Electroporation[M]. Berlin: Springer International Publishing Switzerland, 2016.

[14] Haberl S, Miklavcic D, Sersa G, et al. Cell membrane electroporation—Part 2: The applications[J]. IEEE Electrical Insulation Magazine, 2013, 29(1): 29-37.

[15] Janositz A. Auswirkung von Hochspannungsimpulsen auf das Schnittverhalten von Kartoffeln (Solanum tuberosum) [D]. Thesis, Berlin: Technische Universität Berlin, 2005.

[16] Puértolas E, Saldaña G, Raso J. Pulsed electric field treatment for fruit and vegetable processing//Miklavcic D. Handbook of Electroporation[M]. Berlin: Springer, 2016: 1-21.

[17] Toepfl S. Process design by innovative techniques[C]. Hanover: Presented at the Innovation Food Conference, 2013.

[18] Lebovka N I, Praporscic I, Vorobiev E. Effect of moderate thermal and pulsed electric field treatments on textural properties of carrots, potatoes and apples[J]. Innovative Food Science and Emerging Technologies, 2004, 5(1):1-16.

[19] Kempkes M A, Tokusoğlu Ö. PEF systems for industrial food processing and related applications[J]. Improving Food Quality with Novel Food Processing Technologies, 2014: 427.

[20] Saldaña G, Luengo E, Puértolas E, et al. Pulsed electric fields in wineries: potential applications//Miklavcic D. Handbook of Electroporation[M]. Berlin: Springer, 2016: 1-18.

[21] Vorobiev E, Lebovka N. Application of pulsed electric energy for lignocellulosic biorefinery//Miklavcic D. Handbook of Electroporation[M]. Berlin: Springer, 2017: 2843-2861.

[22] Sitzmann W, Vorobiev E, Lebovka N. Pulsed electric fields for food industry: historical overview//Miklavcic D. Handbook of Electroporation[M]. Berlin: Springer, 2016: 1-20.

[23] Toepfl S, Heinz V, Knorr D. 2-History of pulsed electric field treatment[J]. Food Preservation by Pulsed Electric Fields, 2007,（2）: 9-39.

[24] Gaudreau M P J, Hawkey T, Petry J, et al. A solid state pulsed power system for food processing[C]. PPPS-2001 Pulsed Power Plasma Science 2001. 28th IEEE International Conference on Plasma Science and 13th IEEE International Pulsed Power Conference. IEEE, 2001, 2: 1174-1177.

[25] Min S, Jin Z T, Min S K. et al. Commercial-scale pulsed electric field processing of orange juice[J]. Journal of Food Science, 2003, 68（4）: 1265-1271.

[26] Gustavo V, Barbosa-Cánovas. Pulsed Electric Fields. http://sites.bsyse. wsu. edu/barbosa/CNPF/Technologies%20list/PEF.html[2019-9-7].

[27] Rocher E G, Palomares R A, Sánchez P B. A high voltage pulse generator for pulsed electric field pasteurization[C]. 2010 20th International Conference on Electronics Communications and Computers（CONIELECOMP）. IEEE, 2010: 276-280.

[28] Ok S B, Ryoo H J, Jang S R, et al. Design of a high-efficiency 40 kV, 150 A, 3 kHz solid-state pulsed power modulator[J]. IEEE Transactions on Plasma Science, 2012, 40（10）: 2569-2577.

[29] 张若兵, 陈杰, 肖健夫, 等. 高压脉冲电场设备及其在食品非热处理中的应用[J]. 高电压技术, 2011, 37（3）: 777-786.

[30] 胡大华. 中试规模 PEF 杀菌系统研制与实验性能研究[D]. 无锡: 江南大学, 2014.

[31] 但果, 邹积岩, 丛吉远, 等. 高精度高压脉冲电源原理与实验研究[J]. 大连理工大学学报, 2003, 43（5）: 623-626.

附　录

附表 1　本书研究团队关于脉冲电场技术相关研究已毕业硕士、博士研究生资料

学生姓名	毕业论文名称	毕业院校	毕业年份
汪浪红	柚皮素协同脉冲电场杀灭大肠杆菌和金黄色葡萄球菌机制研究[博]	华南理工大学	2019
艾和	脉冲电场和超声波对椰枣产品中生物活性化合物的影响研究[博士后]	华南理工大学	2019
何天夫	肉桂醛协同脉冲电场对大肠杆菌致死机理研究[硕]	华南理工大学	2019
王倩怡	基于大肠杆菌细胞膜特性研究丁香酚协同脉冲电场的灭菌机制[硕]	华南理工大学	2018
魏静妮	脉冲电场辅助提取柚皮精油及其抑菌性研究[硕]	华南理工大学	2018
王金花	脉冲电场辅助制备玉米多孔淀粉及其性质研究[硕]	华南理工大学	2018
洪静	脉冲电场协同淀粉酯化的改性研究[博]	华南理工大学	2017
张智宏	脉冲电场对甘氨酸等食品小分子化合物效应及机理探究[博]	华南理工大学	2017
周康	白花木瓜中齐墩果酸提取及低聚果糖制备综合利用研究[硕]	华南理工大学	2017
欧赟	基于细胞膜脂质的脉冲电场致死鼠伤寒沙门氏菌的机理研究[硕]	华南理工大学	2017
刘志伟	基于脂质体细胞膜模拟脉冲电场致死微生物研究[博]	华南理工大学	2016
熊夏宇	脉冲电场辅助提取油菜蜂花粉中黄酮类物质研究[硕]	华南理工大学	2016
王满生	脉冲电场作用酿酒酵母亚致死损伤及生理行为研究[博]	华南理工大学	2016
陈茹娇	脉冲电场对醋酸酯淀粉制备及其性质的影响研究[硕]	华南理工大学	2015
陈达	荔枝酒橡木桶微氧陈酿及醒酒技术研究[硕]	华南理工大学	2015
若那	非热技术对柚子汁质量影响研究[博]	华南理工大学	2014
刘燕燕	脉冲电场对氨基酸的极化影响及其制备蛋白质纳米管研究[博]	华南理工大学	2014
于倩	脉冲电场辅助制备氨基酸螯合铜的研究[硕]	华南理工大学	2014
管永光	Maillard 反应过程中 HMF 的形成与反应调控机理及免疫分析研究[博]	华南理工大学	2013
陈婧	柚皮苷及其金属络合物与脉冲电场协同杀菌作用研究[硕]	华南理工大学	2014
赵丹	酒体系中原花青素的聚合转化及其性质的研究[硕]	华南理工大学	2013
林志荣	脉冲电场对醇酸常温酯化反应影响研究[博]	华南理工大学	2013
阳梅芳	柚子黄酮类物质提取、分离及生物特性研究[硕]	华南理工大学	2013
张斌	电场对橡木桶陈酿白兰地酒的影响及其作用机理研究[博]	华南理工大学	2012
贾晓	脉冲电场对磷脂分散体系稳定性的研究[硕]	华南理工大学	2012

学生姓名	毕业论文名称	毕业院校	毕业年份
刘新雨	脉冲电场对乳酸乙醇酯化反应的影响[硕]	华南理工大学	2012
唐超	脉冲电场臭氧协同处理装置设计及降解壳聚糖应用研究[硕]	华南理工大学	2012
罗文波	脉冲电场-活性氧协同作用降解壳聚糖研究[博]	华南理工大学	2011
韩忠	不同电场处理对玉米淀粉理化性质影响研究[博]	华南理工大学	2011
李云	荔枝酒的非酶褐变影响研究[硕]	华南理工大学	2011
杨星	酒类陈酿过程中分子缔合及电化学参数变化探究[硕]	华南理工大学	2011
樊荣	柚皮精油的提取分析及活性研究[硕]	华南理工大学	2011
林花	牛血清白蛋白-葡聚糖接枝改性及机理研究[硕]	华南理工大学	2010
刘燕燕	脉冲电场处理对大豆分离蛋白理化性质的影响[硕]	华南理工大学	2009
资智洪	强脉冲电场处理对脂质影响研究[硕]	华南理工大学	2008
张鹰	脉冲电场对大肠杆菌和酿酒酵母细胞结构与机能影响研究[博]	华南理工大学	2007
岳强	荔枝酒的酿造及后处理研究[硕]	华南理工大学	2006
张鹰	高强脉冲电场对牛乳灭菌效果及其品质影响研究[硕]	华南理工大学	2004
曾新安	豉香型米酒自然陈酿和高强电场催陈效果机理研究[博]	华南理工大学	2001
曾新安	高压脉冲电场灭菌机理研究[硕]	华南理工大学	1997

索　引